現代汽車引擎

黃靖雄、初郡恩　編著

全華圖書股份有限公司

AUTHOR
作者簡介

黃靖雄

◎現職

1. 南開科技大學機械工程系 榮譽教授。
2. 國立彰化師範大學車輛科技研究所 兼任教授。
3. 中華民國汽車工程學會 第十三屆榮譽理事長。
4. 中華民國汽車駕駛教育學會 顧問
5. 中華民國技職教育暨產業發展協會 第五屆理事長。

◎學歷

1. 日本國立廣島大學工學部研究(汽車排氣污染控制技術)。
2. 美國東北密蘇里州立大學實用技藝碩士 。
3. 省立台灣教育學院職業教育學系學士。
4. 省立台北工專機械工程科汽車組畢業。
5. 省立台中高工汽車修護科畢業。

◎重要經歷

1. 南開技術學院機械工程系教授、工程學群召集人、車輛產業技術研發中心主任。(6 年)
2. 國立彰化師範大學工業教育學系 講師、副教授、教授(23 年)
3. 國際技能競賽(WSC)33 汽車技術職類 國際裁判(第 31~41 屆)。
4. 中華民國全國技能競賽汽車修護職類 裁判長(第 19~41 屆)。
5. 中華民國汽車工程學會第二屆理事長，第五~十二屆榮譽理事長(8 屆)。
6. 中區職業訓練中心 訓練師、第五科主任、教材課長(4 年)。
7. 汽車修護技術士技能檢定規範修訂及命題委員召集人(6 年)。
8. 省立台中高工汽車修護科教師、科主任(10 年)。
9. 台灣區車輛噪音、排氣污染及油耗研究小組委員(4 年)。
10. 參與行政院衛生署環境保護局制定「交通工具空氣污染物排放標準」草案。

◎重要著作

1. 建立我國汽車修護職類技能檢定職業證照制度之研究(榮獲國科會 83 年度甲種著作獎)。

2. 現代汽車學(榮獲教育部 77 學年度優等著作獎)。

3. 汽車排氣污染與控制全書(80 年 3 月)。

4. 其他有關汽車之技術叢書、教科書、論文等數十篇。

初郡恩

◎現職

1. 鉅賦福斯汽車 總工程師

◎學歷

1. 國立台北科技大學車輛工程系畢業

2. 國立台中高工汽車科畢業

◎重要經歷

1. 太古汽車櫻花廠 副廠長

2. 太古標達汽車 總代理工程師

3. 太古汽車櫻花廠 廠工程師

4. 第十一屆環保省油車製作競賽 電動車組第一名

5. 汽車修護職類甲級技術士

6. 第三十六屆國際技能競賽 汽車修護職類優勝

7. 第三十屆全國技能競賽 汽車修護職類第一名

序 言

　　本書前身「現代汽車引擎88年修訂版」內容完整多達980頁，出版社因讀者反應作為大專用書不易掌握要點，學生負擔也重，要求本人做刪減修訂，留下精華及現代引擎使用中之新裝置，刪去較陳舊內容。本人年事已高，希望有年輕人協助我完成此項工作；很高興找到代表我國參加2001年在韓國首爾舉辦之第36屆國際技能競賽汽車技術職類國手初郡恩君願意協助我。經商量後決定重新安排章節，留下基礎知識，刪去2000年以前引擎使用各項裝置之複雜內容，保留引擎主要裝置做簡單介紹；增添2000年以後現代引擎使用之新裝置作詳細介紹，將全書控制在600頁以內。

　　第一章　汽車引擎性能：先介紹汽車引擎規格表，接著介紹排汽量、壓縮比、功、扭矩、功率、馬力、燃料消耗率、引擎效率、平均有效壓力、熱能分配、容積效率與進氣量等相關名詞及影響引擎性能因素。

　　第二章　液體及氣體燃料先介紹石油的成份與煉製，接著介紹燃料的種類及性質、燃料與空氣的混合比，並以汽油及柴油為例。再分別對汽油引擎之燃燒(火花點火)及柴油引擎之燃燒(壓縮點火)燃燒過程及爆震做詳細介紹。

　　第三章　引擎概論：先介紹內燃機之循環，再介紹四行程汽油引擎之基本構造包括：引擎本體、燃料裝置、點火裝置、冷卻裝置、潤滑裝置、排氣裝置、起動裝置等。接著說明四行程汽油引擎之工作原理：進氣、壓縮、動力、排氣行程。隨後介紹四行程柴油引擎之基本構造、工作原理包括：引擎本體、燃料系統、潤滑系統、增壓器、起動預熱裝置等。二行程引擎之工作原理方面先介紹掃氣方法，再介紹二行程汽油及柴油引擎之工作原理。最後做柴油引擎與汽油引擎之比較。迴轉活塞式引擎的基本構造及工作原理，優缺點也做簡要介紹。

　　第四章　引擎潤滑系統：先說明潤滑概要、機油的功用：密封、防震、冷卻、清潔、液壓、緩衝、防蝕作用，低硫低灰份等。接著介紹汽油引擎的潤滑方法、自我調節式機油循環系統，機油泵：齒輪式、轉子式機油泵、柱塞式可變輸出量機油泵、自

我調節式機油泵；機油濾清器之必要性、機油過濾方式、機油濾清器之構造，積極式曲軸箱氣體發散裝置。

　　第五章 引擎冷卻系統：先說明冷卻系統之必要性、演變，重點在現代高功率低油耗引擎使用之**智慧熱能管理系統**、智慧熱能管理系統冷卻水迴路，渦輪增壓引擎冷卻系統等作詳細說明。

　　第六章 **進排氣系統為現代引擎為提升進氣效率、降低排汽污染改變最多之部分**。本章先說明進排氣系統概要、進汽歧管、可變進汽系統，排氣歧管、消音器，排氣再循環(EGR)裝置，二次空氣供給裝置、觸媒轉換器、含氧感知器，進氣增壓系統、渦輪增壓進氣引擎之保護裝置。**四行程汽油引擎新構造**包括：汽缸數自動變換機構、多氣門引擎、進氣渦流強化系統、氣門數與正時控制機構、**可變氣門正時與揚程機構**：日產 (NISSAN)VTC 、 C-VTCS，寶馬 (BMW) VANOS 、 Valvetronic ，豐田(TOYOTA)VVT-i、 VVTL-i，本田(HONDA)VTEC 、 i-VTEC，三菱(MITSUBISHI)MIVEC，福斯奧迪(VAG) AVS，無凸輪軸引擎：Camless Engine 等均有詳細介紹。

　　第七章 汽油引擎排汽污染與控制：先做汽車各部排出之污氣分析，引擎曲軸箱吹漏氣體、汽車燃料系蒸發之污氣，汽車排出污染物成分之不良影響：一氧化碳(CO)、碳氫化合物(HC)、氮氧化合物(NOx)、甲醛($H \cdot CHO$)、鉛化合物、二氧化硫(SO_2)，汽車排出污氣之發生過程與引擎工作情況之關係：CO、HC、NOx 之發生過程，混合比、點火時間、引擎運轉條件、引擎負荷、引擎設計與污氣發生之關係，控制汽車排出污氣的方法：減少曲軸箱吹漏氣、燃料氣體、排氣管排出污氣之方法。

　　第八章 汽油引擎燃料系統：先介紹液化石油氣燃料系統，汽油噴射系統概述、演變、種類，**缸內汽油直接噴射系統**為本書重點包括：三菱(Mitsubishi)GDI 引擎、豐田(TOYOTA)D-4 引擎、日產(NISSAN)Di 引擎、福斯奧迪(VAG)FSI 引擎等有詳細介紹。壓縮天然氣(CNG)燃料系統亦有深入介紹。

第九章 柴油引擎燃料系統：先把傳統燃料系統作回顧，電腦控制柴油噴射系統概述：五十鈴(ISUZU)I-TEC、豐田(TOYOTA)2L-TE 電腦控制柴油引擎噴油系統、電腦控制 PE 型線列式、VE 分配式噴射泵柴油噴射系統、單體式油泵柴油噴射系統，共管式柴油噴射系統：Bosch 共管式柴油噴射系統的構造與作用、Bosch 新型共管式柴油噴射系統、Caterpillar/ Navistar 共軌式柴油噴射系統各零件的構造與作用、VAG 柴油共軌噴射燃料系統、單體式油泵柴油噴射燃料系統等均有詳細介紹。

　　本書限於篇幅許多資料必須捨棄，讀者對汽車引擎電系(點火系、啓動系、充電系、儀錶等)內容請參閱本人另一著作「現代汽車電系」，其他較舊之引擎構造想多了解，可參考高職汽車引擎教材。對本書內容或有不妥之處，請各位先進惠予指教。

黃靖雄　謹識

2016 年 8 月於台中

編輯部序

　　「系統編輯」是我們的編輯方針，我們所提供給您的，絕不只是一本書，而是關於這門學問的所有知識，它們由淺入深，循序漸進。

　　本書將目前在道路上使用的新舊大小型汽車用引擎(包括汽油、柴油、LPG、CNG等)各系統及零組件的構造及作動原理，做最有系統的介紹。文字淺顯配以精美插圖說明使讀者容易瞭解。本書適合汽車工程師、技術人員及對汽車引擎有興趣者研讀，更可做為大專機械工程、農機工程、車輛工程科系中的汽車引擎、內燃機、柴油引擎課程之教材或輔助教材用書。

　　同時，為了使您能有系統且循序漸進研習相關方面的叢書，我們以流程圖方式，列出各有關圖書的閱讀順序，以減少您研習此門學問的摸索時間，並能對這門學問有完整的知識。若您在這方面有任何問題，歡迎來函連繫，我們將竭誠為您服務。

相關叢書介紹

書號：0591702
書名：自動變速箱(第三版)
編著：黃靖雄.賴瑞海
16K/424 頁/450 元

書號：0554301
書名：內燃機(修訂版)
編著：薛天山
20K/600 頁/520 元

書號：06285
書名：內燃機
編著：吳志勇.陳坤禾.許天秋.張學斌
　　　陳志源.趙怡欽
16K/304 頁/390 元

書號：06083
書名：汽車未來趨勢
日譯：張海燕.陶旭瑾
校閱：吳啓明
20K/256 頁/300 元

書號：06270
書名：無人飛機設計與實作
編著：林中彥.林智毅
16K/264 頁/380 元

書號：10475
書名：汽車碰撞安全(簡體版)
日譯：韓 勇.陳一唯
16K/352 頁/500 元

◎上列書價若有變動，請以
最新定價為準。

流程圖

書號：04754006
書名：電工大意(附習作簿)
　　　(動力機械群專用)
編著：汪永文

書號：0425603
書名：電子學－汽車科專用
編著：廖福源

書號：04032046
書名：汽車學 III (汽車電學篇)
　　　(附習作簿)
編著：賴瑞海

書號：0556603
書名：汽車防鎖定煞車系統
　　　(第五版)
編著：吳金華

書號：0277102
書名：現代汽車引擎(第三版)
編著：黃靖雄.初郡恩

書號：0395002
書名：現代汽車電子學(第三版)
編著：高義軍

書號：0618001
書名：車輛感測器原理
　　　與檢測(第二版)
編著：蕭順清

書號：0556903
書名：現代汽油噴射引擎
　　　(第四版)
編著：黃靖雄.賴瑞海

書號：0609601
書名：油氣雙燃料車－
　　　LPG 引擎
編著：楊成宗.郭中屏

CONTENTS

第 7 章　汽油引擎排汽污染與控制

第 8 章　汽油引擎燃料系統

第 9 章　柴油引擎燃料系統

CHAPTER 1

汽車引擎性能

汽車引擎規格表

　　每台汽車引擎都會將重要規格加以標示如表 1-1-1 所示，使購買汽車者容易掌握引擎之重要性能特徵。

⊕ 表 1-1-1　汽車引擎規格表

引擎代號	AXW	CRBC
燃油	98 無鉛汽油	符合 EN590 標準的柴油
引擎型式	直列四缸 D0HC16V 自然進氣	直列四缸 DOHC16V 渦輪增壓
排氣量(cm^3)	1984	1968
最大馬力(kW×rpm)	110×6000	110×3500～4000
最大扭力(Nm×rpm)	200×3500	320×1750～3000
缸徑(mm)	82.5	81.0

🌐 表 1-1-1　汽車引擎規格表(續)

引擎代號	AXW	CRBC
行程(mm)	92.8	95.5
壓縮比	11.5:1	16.2:1
噴射方式	缸內直接噴射	缸內直接噴射
點火方式	火花點火	壓縮點火
引擎管理系統	Bosch MED-9.5.10	Bosch EDC-17
廢氣排放標準	EU4	EU5
點火順序	1-3-4-2	1-3-4-2

VW 自我學習課程 322，VW 自我學習課程 514

1-2　排汽量

(一) 活塞自上死點 TDC 移到下死點 BDC 所走過之距離稱為行程，活塞移動一個行程曲軸旋轉 180°。

(二) 活塞在上死點時，其上部所餘留的容量稱為餘隙容積或壓縮容積或燃燒室容積。活塞在下死點時，汽缸內之容積稱為總容積。活塞自上死點移到下死點時，所增加之容積稱為活塞位移容積或活塞變位容積，引擎各缸活塞位移容積之和稱為該引擎之排汽量。

$$PDV = \frac{\pi \times D^2 \times S}{4}$$

$$或 \quad 排汽量 = \frac{\pi \times D^2 \times S \times N}{4}$$

PDV：活塞位移容積

D：汽缸直徑

S：行程

N：汽缸數

1-3　壓縮比

汽缸總容積與餘隙容積之比稱為壓縮比，如圖 1-3-1 所示。即

$$壓縮比 = \frac{汽缸總容積}{餘隙容積} = \frac{活塞位移容積 + 餘隙容積}{餘隙容積}$$

$$CR = \frac{CCV + PDV}{CCV}$$

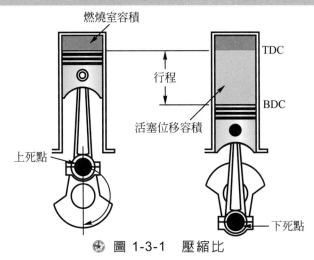

燃燒室容積

TDC

行程

BDC

活塞位移容積

上死點

下死點

⊛ 圖 1-3-1　壓縮比

例：某單缸引擎之缸徑為 10 cm，行程為 12 cm，若該引擎之壓縮比為 8，則該引擎之排汽量為若干？汽缸總容積為若干？

解 (a) $PDV = \dfrac{\pi \times 10^2 \times 12}{4} = 942\,cm^3\,(c.c.)$

(b) 因 CR = 8，設 CCV = 1

則 PDV = 8 − 1 = 7

故汽缸總容積 $= CCV + PDV = \dfrac{942}{7} + 942 = 1076.5\,cm^3\,(c.c.)$

答：(a) 該汽缸之排汽量為 942 cm³(c.c.)

　　(b) 該汽缸之總容積為 1076.5 cm³(c.c.)

1-4　迴轉活塞式引擎之排汽量與壓縮比

迴轉活塞式引擎動作室之最大與最小容積如圖 1-4-1 所示，最大容積與最小容積之差稱為排汽量。

設 V_b＝排汽量

V＝動作室最大容積(轉子上凹槽之容積除外)

v＝動作室最小容積(轉子上凹槽之容積除外)

d＝轉子槽之容積

則 $V_b = (V+d)-(v+d) = V-v$ 排汽量可由下列二式求得

$$V_b = 5.2R \cdot e \cdot H$$

$$V_b = 0.325(A^2 - B^2)H$$

如圖 1-4-1 所示，其中

R＝由轉子中心到頂點之距離，稱為創成半徑。

e＝偏心量(偏心軸中心到轉子中心之距離)。

$A = 2(R+e)$，　$B = 2(R-e)$

H＝轉子室之寬

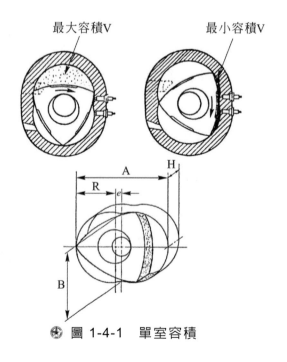

❀ 圖 1-4-1　單室容積

1-5 功

(一) 一力作用於一物體而能產生位移時，即稱該力使該物體做功，以 [W] 表示，功為以力乘以在施力方向所產生之位移，即：

> 功＝力×位移　　　$W = F_x \times S$

(二) 功之常用單位

　　1.　國際制以公尺-牛頓[m-N]為常用單位。

　　2.　公制以公尺-公斤[m-kg]為常用單位。

　　3.　英制以呎-磅[ft-lb]為常用單位。

(三) 功之常用單位換算：

	m-N	m-kg	ft-lb
1m-N	1	0.102	0.7378
1m-kg	9.8	1	7.233
1ft-lb	1.356	0.138	1

1-6 扭矩

(一) 當一力作用於一物體而使該物體繞一個固定軸而旋轉，作用力與該力垂直之半徑的乘積，稱為該力之扭轉力矩，簡稱扭矩(torque)，如圖 1-6-1 所示。

螺帽旋轉力矩T

力之作用半徑r

拉力F

⊛ 圖 1-6-1　扭矩

> 扭矩＝力×半徑　　　$T = F \times r$

(二) 扭力之常用單位

1. 國際制以牛頓-公尺[N-m]為常用單位。

2. 公制以公斤-公尺[kg-m]為常用單位。

3. 英制以磅-呎[1b-ft]為常用單位。

1-7 功率

以一分鐘之時間將重 4,500 公斤之物升高 1 公尺所需之動力即為 1 馬力 (horsepower)，以 HP 或 PS 表之。

亦即：1 PS=4,500 kg-m/min(公制)【1 HP=33,000 ft-lb/min(英制)】

(一) 單位時間做功之能力稱為功率(power)，以[P]表示。即：

$$功率 = \frac{功}{時間} \qquad P = \frac{W}{t}$$

(二) 功率之常用單位

1. 國際制以仟瓦(kilowatt)[kW]為常用單位。

$$1kW = 1,000W$$
$$1 瓦特[W] = \frac{m-N}{sec}$$

2. 公制以公制馬力[PS](德文 Pferdestark)為常用單位。

$$1 馬力[PS] = 75 \frac{公尺-公斤}{秒} \left[\frac{m-kg}{sec}\right] = 4,500 \frac{公尺-公斤}{秒} \left[\frac{m-kg}{min}\right]$$

3. 英制以英制馬力[HP](horse power)為常用單位。

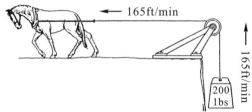

🏵 圖 1-7-1　一匹馬能在一分鐘內做 33.000ft-lb 之功

$$1\,馬力[HP] = 550\,\frac{呎-磅}{分}\left[\frac{ft-lb}{min}\right]如圖\ 1\text{-}7\text{-}1\ 所示。$$

(三) 功率常用單位換算

	國際制 kW	公制 PS	英制 HP
1kW=	1	1.3596	1.341
1PS=	0.7355	1	0.9863
1HP=	0.7455	1.0319	1

1-8　引擎馬力

一、概述

　　汽油引擎和柴油引擎之馬力可分為在汽缸內發生之馬力與曲軸實際輸出之馬力兩種，前者由引擎活塞行程和汽缸內壓力關係用圖示而成之壓容圖 (PV 線圖)計算而得之馬力稱為指示馬力(indicate horse power)，簡稱 IHP，後者為引擎實際輸出馬力，用測功計(dynamo meter)測試而得之馬力稱為制動馬力(brake horse power)，簡稱 BHP。IHP 比 BHP 之值大。

二、指示馬力之求法

$$(公制)\ IHP = \frac{n \cdot \frac{\pi}{4} \cdot D^2 \cdot P \cdot L \cdot N}{75 \times 60 \times 2}\ (四行程)$$

$$IHP = \frac{n \cdot \frac{\pi}{4} \cdot D^2 \cdot P \cdot L \cdot N}{75 \times 60}\ (二行程)$$

n　：汽缸數

D　：汽缸直徑(cm)

P　：平均有效壓力(kg/cm²)　　L：活塞行程(m)

N　：每分鐘轉速(rpm)

$$(\text{英制})\ IHP = \frac{n \cdot \frac{\pi}{4} \cdot D^2 \cdot P \cdot L \cdot N}{33,000 \times 2}\ (\text{四行程})$$

$$IHP = \frac{n \cdot \frac{\pi}{4} \cdot D^2 \cdot P \cdot L \cdot N}{33,000}\ (\text{二行程})$$

n：汽缸數

D：汽缸直徑(in)

P：平均有效壓力(psi)

L：活塞行程(ft)

N：每分鐘轉速(rpm)

三、制動馬力之求法

　　制動馬力係由測試而得，測功計可分為電磁式及制動式兩種。電磁式測功計為發電機之一種，吸收引擎動力使發電機旋轉，由發電機發出之電壓及電流而測出制動馬力。亦即

　　功率＝電壓×電流。例如：

$$100V \times 10A = 1,000W = 1kW = 1.3\ \text{馬力}$$

　　制動式測功計係在曲軸飛輪上裝一制動帶，其內配有摩擦金屬，使與飛輪密切配合，制動帶經一臂桿擱於磅秤的平台上，引擎轉速加快，利用螺絲收緊，加水冷卻，引擎動力由摩擦力來吸收之，此時由臂桿及重量計顯示之扭矩及轉速錶測得之轉數即可求得制動馬力。如圖 1-8-1 及 1-8-2 所示。

$$BHP = \text{扭矩} \times \text{角速度} \qquad \text{扭矩} = L \times W$$

角速度 $= 2\pi \times N$

L：飛輪中心至磅秤接點之距離，用 m 或 ft 表示之。

W：磅秤指示重量，用 kg 或 b 表示之。

N：引擎轉數(rpm)。

$$(公制)\ BHP = \frac{2\pi \times N \times L \times W}{75 \times 60}$$

$$(英制)\ BHP = \frac{2\pi \times N \times L \times W}{33,000}$$

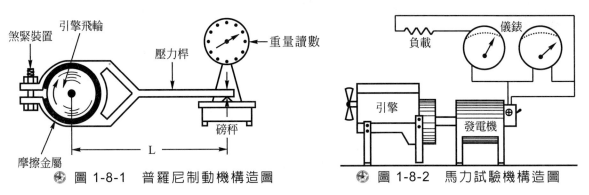

◉ 圖 1-8-1　普羅尼制動機構造圖　　　　◉ 圖 1-8-2　馬力試驗機構造圖

四、淨馬力與總馬力

　　廠家測量制動馬力依引擎全裝備及卸下各種附件而分為淨馬力及總馬力兩種。由光引擎，即卸下引擎各種附件，如空氣濾清器、消音器、發電機、風扇及其他附件等狀況測量而得者，稱為總馬力；由全裝備引擎，即引擎裝有全部附件之狀況測量而得者，稱為淨馬力。按美、日、德、義各國之規格，其測量條件不盡相同，習慣上所表示者為總馬力，若為淨馬力則另有註明。淨馬力較總馬力約低 7～10%。

五、底盤馬力試驗機

　　汽車驅動輪實際能輸出之馬力與扭矩，一般使用底盤馬力試驗機(chassis dynamometer)來測試，其構造如圖 1-8-3 所示，係利用車輪驅動滾輪，再驅動發電機及水泵以算出馬力及扭矩值。

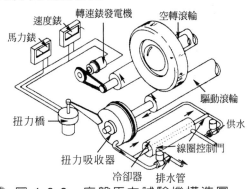

◉ 圖 1-8-3　底盤馬力試驗機構造圖

六、摩擦馬力

　　摩擦馬力(frictional horse power)，簡稱 FHP，為引擎及其他傳動系統之摩擦而損失之馬力，可由指示馬力與底盤制動馬力之差求得。

1-9　引擎扭矩

一、概述

　　(一) 引擎扭矩是使引擎曲軸發生旋轉之力量，圖 1-9-1 所示為引擎扭矩曲線，扭矩在中速時高，高速及低速時較低，這是因為隨引擎轉數燃燒壓力變化的緣故。

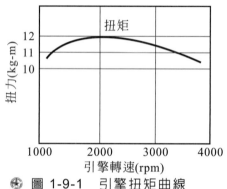

❀ 圖 1-9-1　引擎扭矩曲線

　　(二) 圖 1-9-2 所示，當壓力 P_0 作用於活塞，經活塞銷、連桿傳達至曲軸臂成垂直向時之力量為 P_1 時，此 P_1 與曲軸臂長度 r 之乘積即為當時使曲軸旋轉之扭矩，因此，同一引擎之燃燒壓力愈大，扭矩值也愈大。

二、馬力與扭矩關係

　　(一) 引擎馬力、扭矩、燃料消耗率、機械效率、熱效率、平均有效壓力等，並非固定不變，乃依轉速而變化。隨轉速關係表示其性能者稱為引擎性能曲線，其中制動馬力、扭矩、燃料消耗率為表示引擎性能最重要之項目，如圖 1-9-3 為一引擎之性能曲線，指示馬力與扭矩之關係。

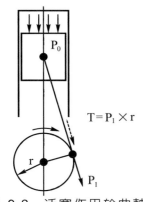

⊛ 圖 1-9-2　活塞作用於曲軸之扭矩　　　⊛ 圖 1-9-3　引擎性能曲線圖

(二) 柴油引擎和汽油引擎一樣，轉速愈高馬力愈大，在馬力達到最高值後，轉速再高，馬力反而下降。柴油引擎之扭矩曲線較為平坦。

(三) 馬力與扭矩關係可由下式求之：

(公制)

$$\text{制動馬力(PS)} = \frac{2\pi \cdot N \cdot L \cdot W}{70 \times 60} = \frac{N \cdot T}{716}$$

$$\therefore T = \frac{716 \cdot PS}{N}$$

T：扭矩(kg-m)

N：轉數(rpm)

(英制)

$$\text{制動馬力(HP)} = \frac{2\pi \cdot N \cdot L \cdot W}{33,000} = \frac{N \cdot T}{5252}$$

$$\therefore T = \frac{5252 \cdot HP}{N}$$

T：扭矩(ft-lb)

N：轉速(rpm)

1-10　燃料消耗率

　　燃料消耗率係表示引擎在一定工作下耗油量之多寡，其單位用 1 馬力 1 小時所消耗的燃料重(公克)表示之。即 gr/PS-hr 或 gr/Hp-hr。由圖 1-9-3 中得知，燃料消耗率有一最低點，對於更低或更高的轉數，燃料消耗率均將增高，其主要原因為轉速太低時，汽缸失熱時間增長，且空氣與燃料之混合亦欠均勻，故熱效率降低而燃料消耗率增高，於轉速太高時，因制動功率速下降，故燃料消耗增高。

　　引擎燃料消耗愈小，其經濟性愈優，引擎性能愈好，在性能曲線中顯示，燃料消耗率最小值大約在最大扭矩附近，此時之轉速稱為經濟速度。

1-11　引擎效率

1-11-1　熱效率

一、概述

　　定量燃料燃燒轉換為功之熱能和輸入引擎之燃料總熱能之比，稱為熱效率。依功率之表示方法可分為三種：

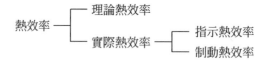

二、理論熱效率

　　在一個理論循環中變為功之熱能和供給熱能之比稱之。

三、指示熱效率

　　汽缸中氣體所作的功和供給燃料之熱能的比例稱為指示熱效率。氣體所作的功或指示功或指示馬力，可由壓力容積線圖求得，因需要耗去冷卻損失及進排汽所需之功，指示功較理論功為小，故指示熱效率較理論熱效率為小。圖 1-11-1 所示為引擎性能與轉數之關係。

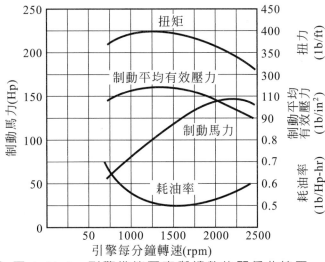

四、制動熱效率

引擎實際輸出的功和供給燃料總熱能的比例稱為制動熱效率，亦稱為全熱效率(overall efficiency)。

$$制動熱效率\eta_0 = \frac{制動馬力}{輸入燃料總熱能}$$

(一) 計算制動馬力可變成熱單位，即：

$$公制\ 1\ 馬力小時(PS\text{-}hr)之熱單位 = \frac{75}{427\,(熱當量)} \times 3600\ kCal$$

$$= 632\ kCal$$

英制 1 馬力小時(HP-hr)之熱單位 = 2545 BTU

(二) 輸入熱能之計算：

(公制)
輸入熱能 = H_c kCal/kg × B kg/hr

(英制)
輸入熱能 = H_c BTU/lb × B lb/hr

Hc：燃料之低熱值

B：引擎每小時之耗油量

(三) 制動熱效率之計算：

$$（公制）\eta_e = \frac{632 \cdot N_e}{H_c \cdot B}$$

$$（英制）\eta_e = \frac{2545 \cdot N_e}{H_c \cdot B}$$

η_e：制動熱效率

N_e：制動馬力

五、熱效率愈高，燃料消耗率愈低，在各種引擎中柴油引擎之熱效率最高 (30～40%)，燃氣輪機次之(22～30%)，汽油引擎再次之(25～28%)，蒸氣機最低。

1-11-2　機械效率

制動馬力和指示馬力之比稱為機械效率(mechanical efficiency)。

$$制動效率 \eta_m = \frac{制動馬力}{指示馬力} \times 100\%$$

機械效率和機械摩擦多寡有關，指示馬力減去制動馬力稱為摩擦馬力，機械內部摩擦及驅動附件所損失之動力，有時以摩擦馬力來代表。

1-11-3　平均有效壓力

(一) 引擎每一循環之功率除以汽缸每行程之排汽量稱為平均有效壓力。其數值隨排汽量及引擎轉速而異，通常用來比較引擎性能。平均有效壓力和熱效率一樣，可分為理論平均有效壓力、指示平均有效壓力和制動平均有效壓力三種。

(二) 指示平均有效壓力和機械效率之乘積稱為制動平均有效壓力(brake mean effective pressure，簡稱 BMEP)。

BMEP=指示平均有效壓力×機械效率

(三) 計算制動平均有效壓力之公式為：

$$BMEP = \frac{4\pi T}{10V} = 1.257\frac{T}{V}(四行程)$$

$$BMEP = \frac{2\pi T}{10V} = 0.628\frac{T}{V}(二行程)$$

BMEP：制動平均有效壓力(kg/cm^2)

T：扭矩(m-kg)

V：總排汽量(ℓ)

(四) 將汽缸排汽量相同之汽油引擎比較，柴油引擎之馬力較小，即平均有效壓力較低，汽油引擎之平均有效壓力約為 6.5～8.0 kg/cm^2，柴油引擎約為 6.5 kg/cm^2。

1-12　熱能分配

燃料燃燒後產生之熱能對於一般內燃機其分配比例可分為下列四類：

(一) 有效功率(制動馬力)。

(二) 排汽損失及輻射熱。

(三) 冷卻損失。

(四) 摩擦損失。

熱能分配情形如圖 1-12-1 所示，其分配比例則依引擎種類、轉速、負荷狀態而有不同，表 1-12-1 為柴油引擎和汽油引擎之比較。

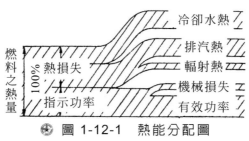

❀ 圖 1-12-1　熱能分配圖

🌑 表 1-12-1　柴油引擎和汽油引擎之比較

	柴油引擎%	汽油引擎%
制動馬力	30～34	25～28
排汽損失及輻射熱	30～33	33～37
冷卻損失	30～31	32～34
機械損失	5～7	5～6

　　燃料所含熱能僅約 30%使用於有效功率，其餘 70%全部損失掉。柴油引擎因壓縮比較高，熱能用於有效功率之比較高，且燃燒氣體較能充分膨脹，排汽溫度降低，因此排汽損失之熱能較少，不過柴油引擎之機械損失較多。

1-13 容積效率與進氣量

(一) 汽缸內吸入多少空氣和輸出馬力有著直接之影響，研究引擎性能必須瞭解吸入空氣效率，通常比較吸入作用之良否為容積效率。

$$容積效率 = \frac{(PT)實際吸入空氣之重量}{(PT)汽缸可容納空氣之重量}$$

上式　P=760mmHg，T = 288°K (15°C)，即在標準大氣壓力下所求之比率。

(二) 容積效率之高低受引擎轉數、通道阻力、汽缸及燃燒室溫度等之影響。轉數愈高，容積效率愈大，但至最大扭矩之轉數點或其附近後，逐漸減低如圖 1-13-1；汽門頭直徑愈小及汽缸、燃燒室溫度愈高，容積效率愈低。

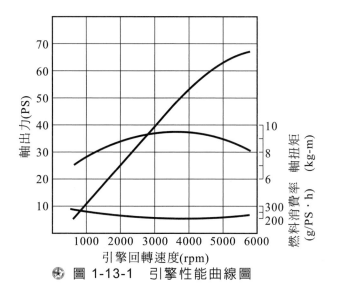

🌑 圖 1-13-1 引擎性能曲線圖

(三) 柴油引擎之容積效率一般為 0.8～0.9，汽油引擎因節汽門之阻力，進氣壓力降低，容積效率僅約 0.65～0.8，如使用增壓器，容積效率可達 1.5。

(四) 增加容積效率之方法：

1. 使用增壓器。

2. 進排汽歧管分開對置如圖 1-13-2 所示，使進汽溫度降低。

3. 盡量利用慣性，不使進汽劇烈改變方向。

4. 加大或增加進汽門以消除空氣通道阻力。

汽油引擎增加容積效率即可增加馬力，但柴油引擎因容積效率大約一定，不像汽油引擎有節汽門之通道阻力，故藉增加容積效率以期增加馬力，殊無可能。另一方面，柴油引擎最高馬力限制在於燃燒之發煙界限，很稀薄之混合汽亦可燃燒，故對柴油引擎而言，空氣過剩率遠此容積效率重要。

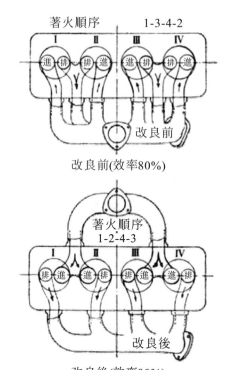

圖 1-13-2　進排汽歧管改良前與改良後之比較

1-14 影響引擎性能因素

一、引擎性能好壞常以下列性能因素做為比較標準

   (一) 每單位排汽量的制動馬力以 BHP/c.c.或 BHP/in^3 為單位表示之。

   (二) 每一制動馬力的引擎重量以 kg/BHP 或 lb/ BHP 為單位表示之。

   (三) 制動平均有效壓力以 kg/cm^2 或 lb/in^2 為單位表示之。

   (四) 每一制動馬力小時所消耗燃料的重量以 kg/BHP．hr 或 lb/BHP．hr 為單位表示之。

二、壓縮比

   (一) 理論和實際都證明指示平均有效壓力隨壓縮比之增大而比例增高，因而單位排汽量的馬力及扭矩也隨之增加。

三、汽缸直徑與活塞行程

   (一) 如活塞行程不變，則汽缸直徑變大時，開始發生爆震的壓縮比減小，且減小比率頗大。

(二) 同大的汽缸直徑，則活塞行程變大時，開始發生爆震的壓縮比也減小，但減小比率較低。

(三) 活塞行程小，則曲軸慣性小，轉速可以增高，震動也可以減小。汽油引擎的活塞行程均較短。

四、地區高度和溫度

(一) 引擎馬力和進氣管空氣進口處的大氣壓力及空氣密度成正比。大氣壓力每減少 1 吋 Hg 柱，馬力即減少 4%。

(二) 引擎馬力約和絕對溫度的平方根成反比。進氣溫度每升高 1℃，馬力減少約 1%。

(三) 地區高度愈高，空氣密度也愈小，故引擎的馬力也必然減小。

(四) 以引擎在海平面處的馬力為標準，則在 1,000 公尺(3,300 呎)高度時。引擎馬力約減少 10%。在 3,000 公尺(10,000 呎)高度時，引擎馬力約減少 30%。在 6,000 公尺(20,000 呎)高度時，引擎馬力約減少 53%。

(五) 大氣中的濕度增大時，引擎馬力減小，但耗油率則將增大。蒸汽壓力每增加 1 吋 Hg 柱，馬力減少 4%。

五、引擎轉速

(一) 引擎轉速增大，則摩擦馬力增大甚速。

(二) 引擎轉速增大，則容積效率降低。

(三) 引擎轉速增大，則機械效率降低。

(四) 制動馬力、制動平均有效壓力、扭矩、耗油率與轉速的關係如圖 1-11-1 所示。

CHAPTER 2

燃料與燃燒

2-1　概述

2-1-1　液體燃料

目前最經濟的燃料來源為石油(petroleum)，若其供應低於需求或產品成本超過目前水準時，燃料油可從油頁岩(oil shale)、煤(cole)或植物(vegetable)等內提煉出燃料油來。

2-1-2　氣體燃料

氣體燃料計有天然氣(natural gas)、液化石油氣(liquid petroleum gas，簡稱 L.P.G.)，或從煤精煉產生之污氣(sewage gas)等。液化石油氣現已廣泛的使用於貨車、公共汽車、牽引車、鐵路機車等引擎上。

⚙ 2-1-3　石油的成分

原油(crude oil)和天然氣產於地下高達每平方吋數百磅壓力之地層內。二者通常均發現於同一井內。石油由碳(carbon 簡寫 C)原子和氫(hydrogen 簡寫 H)原子互相結合成碳氫化合物，其內尚混合有硫與氮之化合物、少量可溶性的有機化合物及少許雜質，如水和沉積物。一般言之，石油內碳氫化合物可分為三種族類，即石臘油族(parafins)以分子式 C_nH_{2n+2} 表示，如甲烷(methane)為 CH_4；石腦油族(napthens)以分子 C_nH_{2n} 表示，如環戊烷(cyclopentane)為 C_5H_{10}；芳香油族(aromatics)以分子式 C_nH_{2n-6} 表示，如苯(benzene)為 C_6H_6。

⚙ 2-1-4　石油的精煉

先將原油加熱，大部分均蒸發，蒸發後的汽體流經分餾冷卻塔(fractioning cooling tower)，再依其凝結溫度而分離出煤氣(gases)、生汽油(raw gasoline)、生煤油(raw kerosine)、蒸餾油(distillate)、重氣油(heavy gas oil)、潤滑蒸餾油(lube distillate)、重底層(heavy bottoms)，較重部分需更進一步使大分子裂化(cracking)成較小之分子，形成較輕之油料；煤氣體部分形成之小分子，可以經過較大分子之聚合(polymenization)或吸收(absorption)而構成汽油。重底層部分能經過最後提煉成焦煤(coke)、柏油(asphalt)。

📐2-2　燃料的種類及性質

⚙ 2-2-1　汽油的種類

(一) 汽油是由石油精煉而成，汽車引擎所使用汽油通常用下列三種汽油混合而製成：

1. 天然汽油(natural gasoline)：由天然氣加壓冷凝後製成，揮發性較高。

2. 直餾汽油(straight run gasoline)：由石油中蒸餾冷凝後製成，其蒸餾溫度約為 37～224℃ 或 100～435℉。

3. 裂煉汽油(cracked gasoline)：由在高溫及高壓下將較重的碳氫化合物分解重組為較輕的碳氫化合物及碳而製成，或用加觸煤裂煉法(catalytic cracking)製成。此種汽油的沸點較高，揮發性

較差，但抗爆品質較佳。

4. 此外，還有氫生成法(Hydrogenation)、碳氫氣聚合法(Polymeritation)及烷化法(Alcylation)等提煉汽油之方法。

(二) 車用汽油以屬於石臘油族者較多，其碳氫化合物的各種主要成分及名稱如下：

1. 戊烷(pentane)C_5H_{12}，高熱值 21000BTU。
2. 己烷(hexane)C_6H_{14}，高熱值 20705BTU。
3. 庚烷(heptane)C_7H_{16}，高熱值 20598BTU。
4. 辛烷(octane)C_8H_{18}，高熱值 20522BTU。
5. 壬烷(nonane)C_9H_{20}，高熱值 20462BTU。
6. 癸烷(decane)$C_{10}H_{22}$，高熱值 20417BTU。

(三) 商用汽油均為無鉛汽油(unleaded gasoline)，依辛烷值分為 92、95、98 等三種。

2-2-2　汽油的性質

一、密度和比重

(一) 單位體積的汽油在 60°F時的重量和同體積的水在 39°F時的重量之比稱為汽油的比重(gravity)，其值通常都在 0.678 至 0.750 之間。

(二) 汽油之密度(density)用 API 度數(American Petroleum Institute)標示之。API 度數可用比重計(hydrometer)在 60°F時直接測量而得。

(三) 比重愈大，API 度數愈小，反之亦然；汽油的 API 度數約在 60 度左右。汽油的比重及 API 度數可用換算表(conversion table)折算，或使用下列公式求出。

$$比重 = \frac{141.5}{131.5 + API度數}$$

二、揮發性(volality)

(一) 汽油的汽化溫度範圍隨其組成的汽油種類和數量的多少而不同，通常約至 37°C (100°F)開始汽化，至約 224°C (435°F)時完全汽化乾淨。

(二) 揮發性高的汽油在低溫範圍的汽化百分比大，容易和空氣充分混合，使燃燒較完全，冷引擎容易發動，但熱引擎時容易造成氣阻(vapor lock)，致混合汽過稀或引擎回火。

(三) 揮發性低的汽油不能和空氣充分混合，燃燒不完全，冷引擎發動困難，且曲軸箱機油易被沖淡，而且進入各汽缸混合汽之濃度亦不均勻。

(四) 夏天應用揮發性低的汽油，冬天應用揮發性高的汽油。

三、抗爆率(anti knock rating)

(一) 壓縮比高的引擎動力大，耗油率小；但引擎的壓縮比受汽油的抗爆品質(anti knock quality)的限制。車用汽油的抗爆品質號數(octane No.)表之。

(二) 汽油的辛烷號數用聯合燃料研究引擎(C.F.R.engine)〔由美國聯合燃料研究委員會(Cooperative Fuel Research Committee，簡稱 C.F.R.C.)所創製，現改稱 Coordinating Research Council，簡稱 C.R.C.〕及爆震指示計(detonation indicator)測試出來。此種 C.F.R.引擎的壓縮比可以變更，在標準試驗情況下，先用待測的汽油為燃料，逐漸增加引擎的壓縮比，直至某一程度的爆震發生時停止。保持試驗狀況及 C.F.R.引擎的壓縮比不變，然后使用異辛烷(iso octane)及正庚烷(normal heptane)的混合液為燃料，逐漸變更其所含異辛烷的容積百分比量，直至同樣強度的爆震發生時，即表示二種燃料的抗爆品質或抗爆率相等，並以混合液所含的異辛烷容積百分比，為該種汽油的辛烷號數。例如某種汽油在試驗時，其抗爆品質和 85%的異辛烷與 15%的正庚烷之混合液的抗爆品質相同，則該種汽油的辛烷號數即為 85。

(三) 異辛烷和正庚烷都是經常存在於汽油中的碳氫化合物，二者的沸點相同，其他性質亦極相似，惟其抗爆品質截然不同。異辛烷的抗爆性極佳，而正庚烷則極差。

(四) 將依索液體(ethyl fluid)加在汽油中，可提高汽油的抗爆品質，此法採用最多，其最大混合量為每加侖中混入 3 立方公分的依索液體。

其主要成分為四乙化基鉛(tetraethyl lead)、溴化合物(bromide compounds)合物(chlorine coupounds)三者混合而成。

(五) 壓縮比高的引擎必須使用辛烷號數高之汽油，如誤用較低者，就會引起爆震，發生引擎無力、過熱及機件加速損壞等弊害，耗油率也會增大。壓縮比低的引擎使用辛烷號數高的汽油，並不能增大引擎的動力，反而因燃燒溫度過高，使排汽門燒壞。茲將引擎壓縮比和所適用的汽油辛烷號數列述如表 2-2-1 所示。

❄ 表 2-2-1　壓縮比與辛烷號數之關係

壓　縮　比	通用辛烷號數
6-7	75- 87
7-8	87- 92
8-9	92- 95
9-10	95-100

四、熱值(heat value)

(一) 汽油的熱值是指在過量空氣或氧氣供應狀況下燃燒時所產生的熱量，以 BTU/lb 或 kCal/kg 表示之。

(二) 可分為高熱值(higher heat value)及低熱值(lower heat value)二種。高熱值包含燃燒生成物的水蒸汽凝結熱(latent heat)在內，低熱值則不設該項熱量。

(三) 通常使用的石臘油族汽油，其低熱值平均每磅 19,000 BTU，碳氫化合物中的含氫量增大時，其熱值也隨之提高。

五、蒸汽壓力(vapor pressure)

(一) 汽油蒸汽壓力是指在任何溫度，當汽油表面全被一層由其本身蒸發而形成的汽油蒸汽包覆時，液體汽油變成汽體時的壓力而言。通常使用雷氏法(Reidmethod)測試，稱為雷氏汽壓，其溫度固定在 37.7℃ 或 100℉。

(二) 車用汽油的雷氏汽壓通常為 10 lb／in^2 左右，雷氏汽壓在 12 lb／in^2 以下時發生氣阻的可能性極少。

(三) 蒸汽壓力高，則在油管及油嘴中容易發生氣阻。

六、蒸汽密度(vapor density)

　(一) 蒸汽密度是指在同一溫度和同一壓力下，同體積的汽油蒸汽和同體積空氣的重量比。

　(二) 汽油的蒸汽密度為 4，意即謂汽油蒸汽較空氣重四倍，故在空氣中汽油蒸汽下沉。

七、分壓力(partial pressure)

　(一) 在一狹小空間的汽油蒸汽的分壓力，是指僅汽油蒸汽單獨存於該空間時的氣壓而言，在某一溫度時，汽油將連續汽化，直至汽油表面混合汽中的蒸汽分壓力等於其蒸汽壓力時為止。

　(二) 汽油蒸汽的分壓力愈低，汽油愈容易汽化。

八、含硫量(sulfer content)

　含硫量太高會對金屬零件發生銹蝕，車用汽油之含硫量不得超過 10ppm。

九、含膠量(gum content)

　(一) 含膠量太多容易造成膠垢，阻塞噴射器的噴嘴及油道，並黏附在各有關機件上，如汽門導管、活塞等。

　(二) 含膠量愈低愈佳，每 100 c.c.汽油中不得超過 0.3%為限。汽油中通常加入抗氧劑以延遲或防止膠污的形成。

十、車用汽油規範

　表 2-2-2 為中國石油公司出品之車用汽油規範

✿ 表 2-2-2　平均車用汽油規範(修訂日期 2012.09)

項目		無鉛汽油			酒精汽油	試驗方法	
		(92 UL)	(95 UL)	(98 UL)	(95E3)	CNS	ASTM
密度：Density at15℃, g/mL	Min	0.720			0.720	1207	D1298
	Max	0.775			0.775	1444	D4052
辛烷值：Octane No., Research, Min.		92	95	98	95	12011	D2699
顏色：Color		Blue	Yellow	Red	L Green	Visual	Visual
雷氏蒸氣壓：Reid Vapor Pressure, at 37.8℃, kPa, Max.	Max.	60				12012	D323
						14628	D4953
						14666	D5191
						14860	D5482

表 2-2-2　平均車用汽油規範(修訂日期 2012.09)(續)

項目		無鉛汽油		酒精汽油	試驗方法	
		(92UL)(95UL)(98UL)		(95E3)	CNS	ASTM
腐蝕性：Corrosion, Copper strip, 3hr. at 50 ℃ , Max.	Max	No.1		No.1	1219	D130
氧化穩定 Ox：Oxidation stability, induction period, minutes, Min.	Min	240		240	12014	D525
含膠量：Existent gum, mg/100mL, Max.	Max	4		4	3382	D381
含氧量：Oxygen content, Wt.%, Max.	Max	2.7		3.24	14297 14627	D4815 D5599
含硫量：Sulfur content，ppm w/w	Max	10		10	13877 14116 14505 14862 14745 15461	D2622 D3120 D5453 D6334 D4045 D7039
含鉛量:Lead content，g Pb/L，	Max	0.013		0.013	12013 12762	D3237 D5059
燃料乙醇含量:Fuel grade ethanol ，vol.%	Max	--		3	14297	D4815
水溶限制(相分離)溫度，℃	Min	---		-7	15129	
蒸餾溫度:Distillation temperature，℃					1218	D86
10%(v/v)，Evaporated	Max	70		70		
50%(v/v)，Evaporated	Max	121		121		
90%(v/v)，Evaporated	Max	190		190		
End point.	Max	225		225		
蒸餾殘餘:Distillation residue，%(v/v)		2		2		

台灣中油股份有限公司–車用無鉛汽油規範

2-2-3 柴油的種類及性質

一、概述

柴油係由原油精煉而成之產物,由已將汽油、煤油等較易揮發之輕油提出後剩下之粗油渣中提煉而成。

二、柴油的性質

(一) 比重:單位體積的柴油與同體積的水在 60℉的重量比稱為柴油的比重,通常其比值約為 0.82～0.89。

(二) 密度:用 API 度數表之,或可用比重計在 60℉時直接測量而得,亦可用下列公式求出:

$$API度數 = \frac{141.5}{比重60/60℉} - 131.5$$

柴油的 API 度數約為 27-41 之間。

(三) 揮發性

係以「蒸餾試驗」中所得之溫度表示之,當 90% 之柴油蒸餾變成蒸汽後之溫度,即為其揮發性之溫度。此溫度愈低,其揮發性則愈高,柴油之揮發性以能確保完全霧化及燃燒良好即可,因揮發性高,其含熱量則低。一般高速柴油引擎所用之柴油,其揮發性最大值在 375℃ 或 675℉左右,「蒸餾試驗」中的沸點(end point)最大值約為 385℃ 或 725℉。

(四) 黏度(viscosity)

所謂黏度乃液體內部分子對流動之阻力或為液體內部分子間之摩擦。柴油之黏度係以 SSU(seconds saybolt universal)秒數表之,係以 60 c.c.之柴油在 100℉之溫度下,置于塞波特通用黏度計(Saybolt universal viscosimeter)中,經一定大小之油口流出,其完全流出所需之秒數即為此柴油之黏度。柴油之黏度需適宜,太低則噴射機件易磨損,太高則噴油時不易霧化,普通約在 35～45 秒之間。

(五) 流點(pour point)

流點乃液體可以流動之最低溫度,流點對於引擎之發動及燃料之處理極為重要。柴油流點通常為 0-35℉之間。

(六) 點火性(ignition quality)

柴油必須在引擎汽缸中所具之高溫高壓下自動燃燒，此種自燃之性質即為點火性。其以十六烷值(cetane No.)表示，係由點火性良好的十六烷($C_{16}H_{34}$)與點火性不良的甲基萘(α-methyl-naphthalene)($C_{10}H_{17}$)，以各種不同的混合比例混合後，定為標準燃油，在 C.F.R.引擎上，試驗其點火性能，比較決定；如十六烷 70 號的柴油，是指此柴油的點火性能與 70%的十六烷和 30%的甲基萘的比例混合成的燃料點火性能是一樣的。現在高速柴油引擎所用之柴油，其十六烷值約為 45 號左右。

(七) 燃點(flash point)

燃點乃燃料必須加熱至可點火產生燃燒之最低溫度，藉此乃可產生足量易燃燒之蒸汽，此種蒸汽與火焰接觸時，即可產生發火或暫時燃燒之現象。燃料之燃點愈低，貯存及處理時愈危險，柴油之燃點最低為 140°F。

(八) 含硫量

目前其值不得超過 10 ppm。

(九) 熱值

可用一熱量計(calorimeter)測量之，亦分為高、低二種熱值。普通柴油之高熱值可由下列公式算出：

高熱值 BTU/ lb=18640+40(API 度數-10)

三、燃料添加劑(fuel additives)

加入柴油中以提高燃料的性能。

(一) 硝化戊烷(amyl nitrate)：為十六烷值點火性之改良劑，其可增加燃料的十六烷值及縮短點火遲延時期。

(二) 清潔添加劑(detergent additives)：其能保持整個燃料噴射系統的清潔。

(三) 氧化抑制劑(oxidation inhibitors)：當儲存期間和在廣泛的溫度變化時，改進燃料的穩度。

(四) 腐蝕抑制劑(corrosion inhibitors)：減少燃料的腐蝕作用。

2-3 燃料和空氣的混合比

2-3-1 空氣之組成

空氣中主要成份為氮(N_2)及氧(O_2)，依重量計氧佔 23%，氮佔 76.9%；依體積計氧佔 20.8%，氮佔 79.2%，故空氣中有 1 公斤(kg)氧即有 3.33 公斤氮，即 4.33 公斤空氣中才有 1 公斤之氧；或有 1 立方公尺(m^3)氧即有 3.8 立方公尺之氮，即 4.8 立方公尺之空氣中才有 1 立方公尺之氧，如表 2-3-1 所示。

表 2-3-1　空氣之成分表

比較標準	氧百分比	氮百分比	氮與氧成分比	空氣與氧成分比
容積	20.8	79.2	3.8 :1	4.8 :1
重量	23.1	76.9	3.33 :1	4.33 :1

空氣中除氮及氧外，尚有極少量之稀有氣體如氬(Ar)、氖(Ne)、氦(He)、氪(Kr)、氫(H_2)、二氧化碳(CO_2)、水蒸氣(H_2O)，灰塵及其他物質等，因其量甚微，且與燃燒不發生關係，在燃燒計算時可以不必考慮。

2-3-2 空氣與汽油之正量混合比

有關元素之分子量為 $O_2=32$，$N_2=28$，$H_2=2$，$C=12$。通常我們以辛烷 C_8H_{18} 代表汽油元素，在燃燒過程中，氮與辛烷不發生作用，可以不必考慮，茲以純氧與辛烷燃燒，其反應式如下：

$C_8H_{18} + 12.5O_2 \rightarrow 8CO_2 + 9H_2O$

依重量計，其前後之分子重如下：

$(12 \times 8 + 1 \times 18) + 12.5 \times 32 \rightarrow 8 \times (12 + 32) + 9(2 + 16)$

$\Rightarrow 114 + 400 \rightarrow 352 + 162$

燒 1 份 C_8H_{18} 需 x 份 O_2，

則 1 ：x=114 ：400

得 x= 3.5

故燒 1 公斤汽油需 3.5 公斤之純氧，但 4.33 公斤空氣中才有 1 公斤之氧，故燒 1 公斤之汽油需要 3.5 × 4.33=15.16 公斤之空氣，即空氣與汽油之混合比(重量比)為 15 .16：1。

2-3-3　空氣與汽油之實際混合比

(一) 汽油引擎的混合汽普通皆使用按重量計的空氣汽油比(air gasoline ratio)來表示。

(二) 空氣與汽油的實際混合比，能燃燒之極限混合比最濃為 7：1，最稀為 20：1。

  1. 在怠速(即引擎慢車空轉)節汽門全關、引擎無負荷時，空氣流速很低，進汽歧管分汽作用差且廢汽排不乾淨，故混合汽需比較濃，約 11.8～12.8，怠速愈低，汽門早開晚關度數愈多，則混合汽濃度需愈濃。

  2. 中速節汽門在半開位置，中等負荷時，引擎 1200 rpm 混合比需 13：1～14：1，在 2000 rpm 時混合比約 14～16：1。

  3. 在高速節汽門開度在 3/4 以上，因需要的引擎動力大，且為減低排汽門溫度，故需使用較濃的混合比，約需 12.5～13.8：1。

  4. 在全負荷節汽門大開，因負荷增大，需使用較濃的混合比，約需 12.5～13.8：1。

  5. 引擎之型式不同，其所需混合比亦有不同。天冷汽化不良時所需之比值隨之減小(變濃)。

(三) 空氣比(air ratio)以 λ 表示，亦稱空氣過剩率(excess air factor)；汽油引擎之空氣比約 0.9～1.1。

2-3-4　柴油與空氣之混合比

(一) 在柴油引擎中係以不定量之柴油與一定量之壓縮空氣在汽缸內混合，故引擎之動力及轉速全由噴入汽缸內柴油之多少來決定。

(二) 又因每次噴射柴油之量均在設計引擎最大需要範圍以內，故汽缸內之空氣始終十分充足，可使柴油完全燃燒，空氣與柴油依重量計之混合比，可自全載負荷下之 16：1 至無載負荷下近於 200：1，因柴油引擎進入之空氣一定，且柴油可以控制，故可得任何空氣與柴油之混合比。

(三) 為了使噴射出來的柴油油粒能夠和新鮮空氣接觸的機會增多，獲得完全燃燒起見，實際上的空氣量要比理論上的多，此二者之此稱為空氣過剩率 λ，柴油引擎之 λ 值約 1.1～11。

2-4 汽油引擎之燃燒

2-4-1 汽油引擎之正常燃燒

(一) 汽缸內的混合汽在壓縮行程將完畢前，火星塞適時跳火，使火星塞中央電極與搭鐵電極周圍的混合汽開始燃燒，並形成一個「球面火焰烽」，從火星塞處逐漸向外擴散。

(二) 如果球面火焰烽連續而穩定地傳至整個燃燒室，且其傳播速度及火焰形狀並未發生突然變化時，稱為正常燃燒，如圖 2-4-1(左)圖所示。

⭐ 圖 2-4-1　汽油引擎之燃燒過程

(三) 混合汽的燃燒是一種鏈狀化學反應。火星塞跳火，使少數活動性高的混合汽分子先予燃燒，因壓力溫度的升高，因而產生更多的高活性分子發生燃燒，如此重複作用，使燃燒迅速的擴大，至燃燒完畢為止。

(四) 已經燃燒的混合汽，體積膨脹，壓力增高，將尚未燃燒的混合汽壓縮，使其溫度與壓力亦隨之增高，但尚不致構成自燃，須等到和球面火焰烽接觸後，才會點火燃燒。

(五) 正常燃燒時，汽缸內之壓力與曲軸轉角之關係如圖 2-4-2 所示：

    1.　在 A 點，火星塞開始跳火，周圍之混合汽點燃，使壓力及溫度緩慢升高。

    2.　過 B 點時，汽缸內混合汽急速地燃燒。

    3.　C 點為燃燒壓力之最高點。

    4.　D 點為混合汽燃燒終了之點。

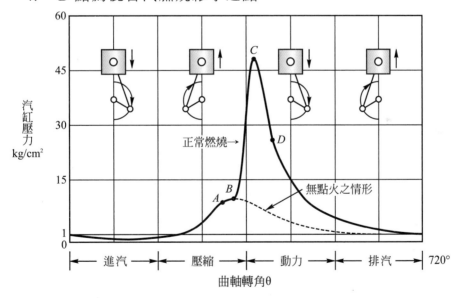

✪ 圖 2-4-2　汽油引擎汽缸壓力與曲軸轉角的關係圖

2-4-2　汽油引擎之火焰傳播過程

火焰傳播過程 ┬ 焰核時期
　　　　　　├ 孵化時期
　　　　　　└ 繁殖時期

一、焰核時期

(一) 從火星塞點火的 0%之火焰行距到 10%之火焰行距稱焰核時期。

(二) 此時在火星塞電極周圍形成一個火焰核，然後才逐漸擴大。

(三) 此刻已燃燒的混合汽量尚微不足道。

二、孵化時期

(一) 從 10%火焰行距到 95%火焰行距稱孵化時期。

(二) 前進的火焰核逐漸擴大時，火焰烽面向四周的混合汽推進，使壓力與溫度升高。

(三) 此時期燃燒之混合汽約 60%左右。

三、繁殖時期

(一) 從 95%的火焰行距到 100%火焰行距稱繁殖時期。

(二) 剩下的 40%左右之混合汽量在繁殖時期迅速燃燒，產生極高的壓力與溫度，而將活塞推下。

(三) 汽油引擎的爆震都是在繁殖時期產生的。

2-4-3　汽油引擎之火焰傳播速度

(一) 在 0～10%火焰行距內，火焰傳播速度較慢，隨後愈來愈快。

(二) 約在 50%火焰行距時火焰傳播速度最快。

(三) 火焰傳到燃燒室壁附近時，因受到缸壁的冷卻，故傳播速度會降低。

(四) 汽油引擎正常燃燒時，其火焰傳播之平均速率約為 10～25 公尺／秒，爆震時的平均速率約 2,000 公尺／秒。

⚙ 2-4-4 汽油引擎之預燃與爆震

一、預燃

(一) 火星塞尚未跳火，或燃燒火焰烽尚未波及，未燃燒的混合汽自行著火燃燒的現象，稱為預燃(preignition)或自燃(autoignition)。

(二) 如圖 2-4-1(右圖)之燃燒即稱自燃。

(三) 預燃產生之原因如下：

　1. 混合汽溫度過高。

　2. 混合汽壓力過高。

　3. 燃燒室中有熱點(如積碳等)。

二、爆震

(一) 在汽缸內的燃燒過程中，如果火焰傳播之速度發生突變或火焰烽的形狀突變(例如自燃現象)，則燃燒室中即產生「壓力波」(pressure wave)。

(二) 汽缸內突變的壓力波和燃燒室壁的機件發生碰撞，就使汽缸壁等發生震動，而發出類似金屬敲擊的聲音，此種現象稱為爆震(detonation 或 knocking)。

(三) 如圖 2-4-1 的(右圖)。

(四) 爆震嚴重時的後果：

　1. 引擎無力、耗油、過熱。

　2. 引擎機件加速損壞。

三、汽油引擎爆震之原因

(一) 汽油辛烷號數過低。　　　(二) 燃燒室內局部過熱。

(三) 引擎過熱。　　　　　　　(四) 汽缸內部積碳過多。

(五) 點火時間太早。　　　　　(六) 混合汽太稀。

(七) 混合汽溫度太高。　　　　(八) 混合汽壓力太高。

(九) 引擎壓縮比變高。

四、現代汽油引擎的點火正時通常都調整到引擎剛剛開始發生極微爆震時為止，以獲得最佳之引擎效率。

2-5　柴油引擎之燃燒

2-5-1　柴油粒的燃燒

(一) 柴油引擎於壓縮行程將結束時，被壓縮的純空氣溫度高達 700～900 ℃左右。

(二) 此時將柴油成霧狀噴入汽缸內，但是霧狀的柴油粒並不能立即燃燒。

(三) 如圖 2-5-1 所示，為柴油粒之構造模型圖

(四) 柴油粒首先自周圍的高溫獲得熱量，使溫度急速增高，則油粒表面開始氧化，氧化之燃料由於油粒自體運動或空氣流動而向周圍的空氣擴散成為可燃的混合汽。

(五) 上述可燃的混合汽遇到汽缸內高溫的壓縮空氣，乃自己著火而開始燃燒，燃燒後溫度大增，氧化更快，因此產生動力行程。

(六) 所謂「燃燒」即激烈的氧化，並同時放出大量熱能與光能。

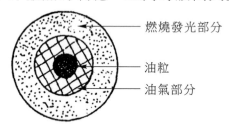

燃燒發光部分
油粒
油氣部分

🌐 圖 2-5-1　柴油粒之燃燒

2-5-2　柴油引擎之燃燒過程

柴油引擎燃燒過程 ┬ 著火遲延時期
　　　　　　　　├ 火焰散播時期
　　　　　　　　├ 直接燃燒時期
　　　　　　　　└ 後尾燃燒時期

柴油引擎正常燃燒時，汽缸內之燃燒壓力與曲軸轉角之關係圖如圖 2-5-2 所示。

一、著火遲延時期

(一) 著火遲延時期又稱「燃燒準備時期」。

(二) 自柴油開始噴入汽缸至開始燃燒的一段時期，稱著火遲延時期，如圖 2-5-2 的 A→B 段所示。即柴油在 A 點開始噴入汽缸，連續的噴油，直到 B 點方才著火燃燒。

(三) 柴油自 A 點開始噴入汽缸，但柴油粒並不能立即著火燃燒，柴油粒須自高溫的壓縮空氣吸收熱量，發生氧化作用，俟其溫度升高至著火點以上，方能著火燃燒。

(四) 著火遲延時期很短，一般來說在 0.001～0.002 秒間才不致於發生引擎爆震。

(五) 著火遲延時期長短的有關因素：

1.　柴油的著火性。

2.　柴油的噴射狀態。

3.　汽缸內的溫度。

4.　汽缸內的壓力。

5.　汽缸內空氣之渦動程度。

6.　柴油的黏度。

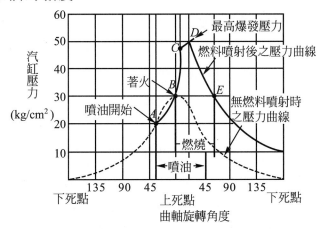

⊛ 圖 2-5-2　柴油引擎燃燒時汽缸內壓力之變化曲線圖

(六) 柴油引擎進入汽缸的是純空氣，等空氣被壓縮快到上死點時，柴油才噴入汽缸內，在肉眼看來是極細小的霧粒，但實際上它們還是液

體。況且霧粒太集中，因此在霧粒的密集區內，空氣中的氧氣不足以應付那麼多的柴油霧粒同時燃燒，因此柴油的燃燒必須要有「著火遲延時期」，使柴油的霧粒能夠汽化，並且分散到燃燒室的各處而和空氣中的氧氣充分混合。

(七) 但是對於汽油引擎來說，在進汽和壓縮行程時，將汽油和空氣以適當的比例混合，因此每一個汽油的汽體分子均有充分的時間和空氣中的氧氣混合。只要火星塞一跳火，便能立刻發生劇烈的燃燒，是不需要「著火遲延時期」的。

二、火焰散播時期

(一) 火焰散播時期又稱「放任燃燒時期」或「迅速燃燒時期」。

(二) 從柴油開始燃燒，到著火遲延時期累積的柴油燒完為止，稱為火焰散播時期，如圖 2-5-2 的 $B{\to}C$ 段。

(三) 著火遲延時期結束，完成燃燒準備，在圖 2-5-2 之 B 點的時候，一部份的柴油已經開始著火，成為導火線。

(四) 因此在著火遲延時期內，噴入汽缸中累積的幾乎全部柴油，和這段時期繼續噴入的柴油，就在火焰散播時期內同時迅速燃燒，因此汽缸中的溫度和壓力，好像爆炸似地突然升得極高，所謂柴油引擎爆震(Diesel knock)也就是在這個時期中發生。

三、直接燃燒時期

(一) 直接燃燒時期又稱「控制燃燒時期」。

(二) 從火焰散播時期後到柴油停止噴油為止，稱為直接燃燒時期，如圖 2-5-2 的 $C{\to}D$ 段。

(三) 火焰散播時期過去後，柴油仍在噴射，這時汽缸中仍在燃燒，溫度極高，所以過了圖 2-5-2 的 C 點以後，所噴入汽缸中的柴油立刻著火燃燒，使壓力又再上升而達最高壓力點。

(四) 因為直接燃燒時期間的壓力，是隨著噴油量的多少而變化，能夠受我們控制，所以又稱為「控制燃燒時期」。

四、後尾燃燒時期

(一) 從直接燃燒時期後到停止燃燒爲止，稱爲後尾燃燒時期，如圖 2-5-2 的 D→E 段，又稱後燃時期。

(二) 如圖 2-5-2 的 D 點，柴油噴射完畢，燃燒氣體膨脹而把活塞壓下，但是在 D 點以前，未完全燃燒的柴油，就在後燃時期內繼續燃燒，直到燒完爲止。

(三) 後燃時間愈短愈好，若變長則會使排汽溫度升高及引擎熱效率降低。

五、如圖 2-5-2 的虛線表示不噴油時，汽缸中壓力之變化曲線。

2-5-3　柴油引擎之爆震

一、柴油引擎爆震

(一) 在上節曾說過，柴油霧粒噴入汽缸後，要經過一段著火遲延時期，使柴油霧粒吸收壓縮空氣的熱量，讓溫度上升，因此一部份柴油霧粒會自行著火燃燒而引起所有累積柴油的全部燃燒。

(二) 假若在著火遲延時期內，汽缸中累積的柴油量太多，當這些柴油突然同時燃燒，會使汽缸裏面的壓力劇烈上升，如圖 2-5-3 的右圖所示。高速壓力波撞擊到汽缸壁周圍之金屬而發出特別的敲擊響聲，這種現象就稱爲柴油引擎爆震，又稱狄塞爾爆震(Diesel knocking)。

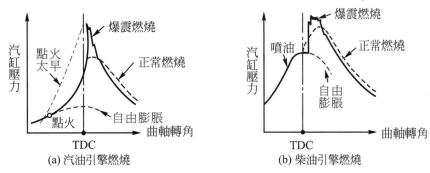

◈ 圖 2-5-3　汽油引擎與柴油引擎燃燒之比較

二、汽油引擎爆震與柴油引擎爆震之比較

(一) 汽油引擎爆震燃燒和正常燃燒，是二種截然不同的現象，故汽油引擎發生爆震時，有下列嚴重的狀況發生：

1. 引擎無力。

2. 引擎耗油。

3. 引擎過熱。

4. 引擎機件加速損壞。

(二) 柴油引擎爆震燃燒和正常燃燒，在本質上來說是相似的，均是自然著火而燃燒。可說是同一現象。

    1. 柴油引擎發生爆震時，因為它與正常燃燒屬於同一現象，所以會發生下列狀況：

        (1) 情況輕微時，只是汽缸內部的壓力與溫度異常增高而已。

        (2) 情況嚴重時，會使汽缸內部的壓力及溫度劇烈上升，而加大引擎內部機件所受之壓力而已。

    2. 柴油引擎並不像汽油引擎爆震那麼嚴重的受害，但仍應防止其發生。

(三) 汽油引擎爆震與柴油引擎爆震二者汽缸壓力及曲軸轉角的比較如圖 2-5-3 所示。

(四) 汽油引擎爆震與柴油引擎爆震之基本比較如表 2-5-1。

(五) 柴油引擎爆震的原因：

    1. 引擎壓縮比過低。

    2. 引擎負荷較輕(同一轉速下)。

    3. 引擎壓縮壓力過低。

    4. 引擎轉速過低。

    5. 柴油噴射量無變化(註：最好是先少量噴，然後才大量噴的變化噴射量法為佳)。

❀ 表 2-5-1　汽油引擎爆震與柴油引擎爆震之基本比較

爆震產生的主因	汽油引擎	柴油引擎
壓縮壓力(壓縮比)	過高	過低
進汽溫度	過高	低
點火時間(著火時間)	點火過早	著火過晚
著火點	過低	過高
進汽溫度(進汽壓力)	過高	過低
燃燒室溫度	過高	過低
著火遲延時間	過短	過長
引擎轉敷	過高	過低
汽缸容積	過大	過小
車輛負荷	愈重	愈輕
燃燒過程	燃燒末期發生爆震	燃燒初期發生爆震

6. 柴油噴射過早(或過晚)。

7. 柴油著火點過高。

8. 柴油黏度過大。

9. 柴油噴射霧粒過大。

10. 空氣壓縮時無渦流。

11. 進氣壓力過低。

12. 進汽溫度過低。

13. 燃燒室溫度過低。

14. 燃燒室的設計不良。

15. 噴射嘴的設計不良。

16. 噴射泵柱塞的設計不良。

(六) 柴油引擎減少爆震之基本方法：

1. 縮短著火遲延時期，如採用十六烷號敷高的柴油等。

2. 減少著火遲延時期燃料之噴射率，如採節流型噴油嘴。

3. 提高引擎溫度。

引擎概論

3-1　內燃機之循環

一、循環之定義

　　引擎在任何時間內，欲產生動力，必須經過一定之工作程序，且此程序需連續不斷，週而復始，稱為循環(cycle)。循環必須含有下列四個基本步驟，如圖 3-1-1 所示。

(一) 進汽行程(intake stroke)——即吸入適當比例之燃料與空氣之混合汽於汽缸中。

(二) 壓縮行程(compression stroke)——即將吸入之混合汽予以壓縮。

(三) 動力行程(power stroke)——在汽缸內之混合汽經過壓縮後，點火、燃燒、氣體膨脹將活塞推動。

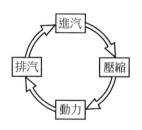

⊛ 圖 3-1-1　內燃機之循環

(四) 排汽行程(exhaust stroke)——即將燃燒後之氣體自汽缸內排出。

二、引擎工作之四要素

空氣(air)、燃料(fuel)、壓縮(compression)、點火(ignition)為使引擎能工作之四大要素。空氣供給燃料以氧氣，燃料供給引擎之工作潛能，壓縮使燃料燃燒能產生大動力，點火使混合汽燃燒。上列四點均為基本要素，缺一則引擎無法工作。

三、循環之種類

(一) 以工作循環分：

1. 四行程循環(four stroke cycle)——活塞在汽缸中移動四個行程或衝程，即曲軸旋轉 720 度才完成一次循環者稱之。

2. 二行程循環(two stroke cycle)——活塞移動二個行程，即曲軸旋轉 360 度，就可以完成一次循環者稱之。

(二) 以熱力循環分：

1. 奧圖循環(Otto cycle)——在熱力學上稱等容積循環，如圖 3-1-2 所示，活塞自上死點下行吸進混合汽，此時汽缸內之壓力接近大氣壓力 P_1，從 A 點活塞上行開始壓縮行程，此時汽缸內的容積愈來愈小而壓力愈來愈高；活塞到 B 點時混合汽被火花點着，此時混合汽爆發似的燃燒，壓力很快就達 C 點；活塞被這壓力推下，汽缸內壓力就降至 D 點，此為動力行程；接著排汽門打開，壓力像 D-A 線般很快的降低；活塞經過下死點，再同向上死點，將燃燒後的汽體排除，完成排汽行程，又開始下一個循環的進汽行程，因燃燒壓力是在 B-C 等容下變化，因而稱做等容積循環。

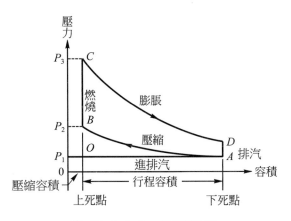

⊛ 圖 3-1-2　奧圖循環

2. 狄塞爾循環(Diesel cycle)──在熱力學上，是叫做等壓力循環。早期的低速柴油引擎即利用此種循環，如圖 3-1-3 所示，*A-B* 是壓縮行程，在 *B-C* 間，柴油被噴進汽缸，發生燃燒。*B-D* 間是動力行程。*D-A* 是排汽行程。*B-C* 間的壓力保持一定，因而又稱為等壓力循環。

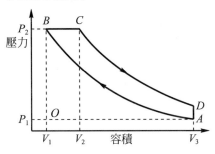

⊛ 圖 3-1-3　笛塞爾循環

3. 混合循環(savathe cycle)──又叫做等容等壓循環，如圖 3-1-4 所示，柴油在 *B* 點時開始噴進汽缸，到 *C* 點時噴油完畢，噴進汽缸裏的柴油，一部分在 *B-B′* 的等容積循環情形下燃燒，另一部分則在 *B′-C* 的等壓力循環下燃燒，等於混合了奧圖循環及狄塞爾循環，所以叫做混合循環。汽車柴油引擎就是使用這個循環。

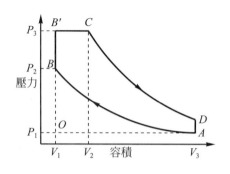

❀ 圖 3-1-4　混合循環

3-2　四行程汽油引擎之基本構造

　　汽油引擎要能正常工作，必須有引擎本體、燃料裝置、點火裝置、冷卻裝置、潤滑裝置、排汽裝置、起動裝置等，任一部分不良，引擎都無法正常工作。

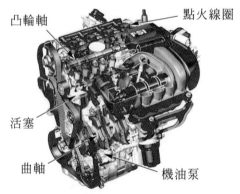

❀ 圖 3-2-1　引擎本體(vw 自我學習課程 334)

3-2-1　引擎本體

　　引擎本體由鋁合金或鑄鐵製成，分成二部分，上部為汽缸蓋，下部為汽缸體，汽缸體中有汽缸套，汽缸套周圍有水環繞(水冷式)；活塞在汽缸套內上下運動，經連桿將動力傳到曲軸，並將往復運動變成旋轉運動。汽缸蓋中裝有進、排汽門及搖臂等汽門操縱機構，如圖 3-2-1 所示。

3-2-2　燃料裝置

　　將汽油及空氣配合成容易燃燒的混合汽，並配合引擎需要，送到汽缸內之裝置為燃料裝置。專章詳細介紹。

3-2-3 點火裝置

將汽缸內的混合汽點火燃燒之高壓電火花裝置。專章詳細介紹。

3-2-4 冷卻裝置

防止汽油燃燒時使引擎本體溫度過高之裝置為冷卻裝置，包括散熱器(俗稱水箱)、水泵、環繞汽缸周圍之水套、節溫器等。專章詳細介紹。

3-2-5 潤滑裝置

引擎各部有往復運動或旋轉運動之機件，必須有機油供應，才能防止因摩擦造成損壞，此項供應各部機件所需潤滑油之裝置即為潤滑裝置，包括機油泵、油盆(油底殼)、機油濾清器等。專章詳細介紹。

3-2-6 排汽裝置

將引擎廢汽安全引出之裝置為排汽裝置，包括排汽歧管、消音器、排汽管等。專章詳細介紹。

3-2-7 起動裝置

引擎必須先搖轉，使循環工作能完成後才能運轉。最初都是用手搖轉，現代引擎則是使用起動馬達。專章詳細介紹。

3-3 四行程汽油引擎之工作原理

3-3-1 概述

一、活塞在汽缸中移動四個行程，即曲軸轉 720 度，才完成一次奧圖循環的引擎稱為四行程循環引擎(four stroke cycle engine)。

二、四個行程依照工作的先後次序，分別為進汽→壓縮→動力→排汽等四個工作。但四行程引擎的每一個工作形態，並不完全在一個行程內發生。

3-3-2 進汽行程

進汽行程(intake stroke)，如圖 3-3-1 所示。

混合汽進入汽缸　空氣進入化油器

排汽門關

汽油從化油器
噴嘴噴出

活塞下行

進汽門開

汽門舉桿向上頂

凸輪頂起汽門舉桿

T.D.C.
5°
進汽
44°
B.D.C.

🌀 圖 3-3-1　進汽行程

(一) 活塞自上死點向下行至下死點，進汽門開、排汽門關，汽缸內產生部分真空，將汽油和空氣的混合汽吸入汽缸內。

(二) 實際上進汽門在上死點前約 5～25°時已打開，而在下死點後約 36～92°才完全關閉，此種現象稱為進汽門的早開晚關或汽門正時 (valve timing)。

(三) 進汽門須早開之原因：

1. 因排汽行程末期時，因排出汽體的流動慣性，將新鮮混合汽吸入，並可利用進入汽缸中的新鮮混合汽，將殘留在燃燒室中的廢汽清掃乾淨。

2. 汽門的開放動作，需要相當的時間才能完成，為減少在進汽行程初期，混合汽流經汽門時所受的阻力，以增加進入汽缸中的混合汽量，提高功率，故進汽門應早開。

(四) 進汽門須晚關之原因：

1. 在高速時，汽缸中的真空增大，雖在進汽行程終了而活塞開始上行初期，汽缸內的壓力仍較大氣壓力低，混合汽仍可進入汽缸中。

2. 汽門的關閉動作需要相當時間才能完成，為保持在進汽行程內，進汽門能全開，使充分的混合汽能進入汽缸中，故進汽門宜晚關。

(五) 進汽門早開晚關之目的，為使充分的混合汽進入汽缸中；開得太晚
　　或關得太早，引擎動力和容積效率均會減小。但開得太早或關得太
　　晚也將影響引擎性能，並浪費汽油。

3-3-3　壓縮行程

壓縮行程(compression stroke)，如圖 3-3-2 所示。

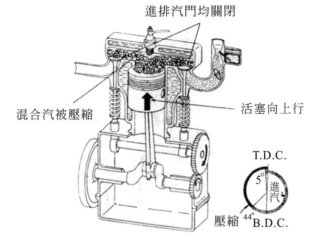

進排汽門均關閉

混合汽被壓縮　　　　　活塞向上行

T.D.C.

5° 進汽

壓縮 44° B.D.C.

⊛ 圖 3-3-2　壓縮行程

(一) 進汽門和排汽門均關閉，活塞自下死點上行至上死點，將汽缸中的
　　混合汽壓縮。

(二) 將混合汽壓縮的益處如下：

　　1.　可使混合汽混合得更均勻，溫度提高，燃燒容易。

　　2.　可獲得較大的動力。

(三) 因為進汽門的晚關，故實際上壓縮形態在進汽門完全關閉之後才開
　　始。

(四) 在壓縮行程內汽缸中混合汽的最大壓力稱為壓縮壓力(compression
　　pressure)。

(五) 進入汽缸中的混合汽量愈多，壓縮壓力也愈大。而汽缸內之壓縮壓
　　力隨節汽門之開度而改變。最大壓縮壓力約 $11 \sim 18 \ \mathrm{kg/cm^2}$，壓縮比
　　約 $6 \sim 11 : 1$。

⚙ 3-3-4 動力行程

動力行程(power stroke)，如圖 3-3-3 所示。

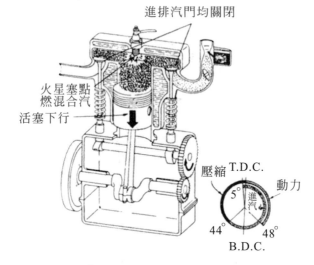

❀ 圖 3-3-3　動力行程

(一) 進汽門和排汽門都關閉，混合汽點火燃燒，爆發壓力迅速增大，將活塞從上死點推至下死點，產生動力。

(二) 火星塞(spark plug)在上死點前將混合汽點燃，但真正有效的動力行程自活塞從上死點剛下行時開始。

(三) 因排汽門必須早開，故實際的動力形態在排汽門開始開啟時即已終止。

(四) 動力行程時汽缸中的最大壓力稱為燃燒壓力，四行程車用汽油引擎的燃燒壓力約 40～60kg/cm^2。

(五) 燃燒時汽缸的最高溫度可達 2480℃ (4500°F)左右。

⚙ 3-3-5 排汽行程

排汽行程(exhaust stroke)，如圖 3-3-4 所示。

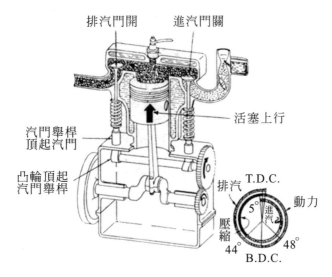

⊛ 圖 3-3-4 排汽行程

(一) 活塞自下死點向上行至上死點，進汽門關閉、排汽門開啓，汽缸中已燃燒過的廢汽經排汽歧管等排至大氣中。

(二) 實際上排汽門必須在動力行程內活塞抵下死點前約 37～70°時開始開啓，且在活塞行抵上死點後約 5～42°才完全關閉，此種現象稱為排汽門的早開晚關。

(三) 排汽門必須早開晚關的原因如下：

1. 汽門的關閉和開啓動作需要相當的時間才能完成。

2. 廢汽排得愈乾淨，則引擎的動力愈大，效率愈佳。

3. 排汽門早開，直接代表可用熱能的損失，但如排汽門開放太晚，則在排汽行程初期，作用在活塞上的反壓力(back pressure)增大，所消耗的動力可能更大。

4. 排汽門關閉太早，則廢汽排不乾淨，引擎的容積效率降低，動力減小。但如關閉太晚，則新鮮混合汽隨廢汽流失太多，引擎耗油率增大，並可能引起排汽管放炮現象。排汽溫度在全負荷時約 700～1000℃。

(四) 排汽的實際過程依序如下：

1. 從排汽門開始開啓至活塞行抵下死點時止，汽缸內的壓力比大氣壓力高，廢汽係從汽缸中自動流出。

2. 從活塞由下死點上行至上死點止，完全由活塞的推動力將廢汽排出。

3. 進汽門開始開啓後，活塞已在上死點附近，至排汽門完全關閉時止，因排汽的流動慣性繼續流出，並將新鮮混合汽吸入，進入汽缸中的新鮮混合汽將殘留在燃燒室中的廢汽清掃出汽缸之外，稱爲掃汽作用。

3-4 四行程柴油引擎之基本構造

3-4-1 四行程柴油引擎之工作原理

(一) 活塞亦如四行程汽油引擎，須在汽缸內上下運動各二次，亦即曲軸轉二轉(720°)才完成一次循環。唯其進入汽缸爲定量之純空氣，且利用壓縮空氣時所產生的高溫將噴入的燃料點火燃燒。

(二) 進汽行程：如圖 3-4-1(a)，進汽門開啓，排汽門關閉，活塞自上死點下行，將純空氣吸入汽缸內。進汽門約在上死點前 10～30° 開啓，在過下死點後 40～70° 關閉，因無節汽門限制，故進入汽缸中之空氣量在低速及高速時之變化很少。

(三) 壓縮行程：如圖 3-4-1(b)，活塞上行，進氣門關閉，將已進入汽缸中之空氣以 15：1～23：1 之壓縮比壓縮，空氣壓力升高至 30kg/cm^2～55kg/cm^2，溫度亦升高至 700～900℃ 左右，柴油引擎之壓縮行程除了使在爆發時能產生較大之壓力外，更可利用其所生之高溫來點燃柴油。

(四) 動力行程：如圖 3-4-1(c)，壓縮行程將近終了時，柴油自噴油嘴以霧狀噴入汽缸中，與高溫空氣接觸而自動燃燒，燃燒後的熱能就轉變爲機械能，推動活塞下行。此時噴油仍繼續一段時間，其燃燒最大壓力可達 65～94kg/cm^2。

(五) 排汽行程：如圖 3-4-1(d)，排汽門於下死點前約 40～70° 時開啓，廢汽以其本身之膨脹壓力衝出汽缸外，動力行程即告結束。活塞經下死點後上行，繼續將廢汽排出，爲使廢汽排除得乾淨，排汽

門於上死點後 10～30°關閉而完成一次循環。在全負荷排汽溫度約 500～600℃。

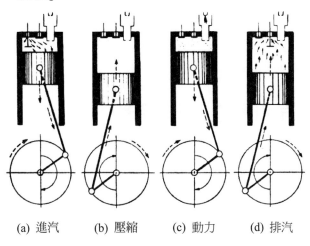

(a) 進汽　　(b) 壓縮　　(c) 動力　　(d) 排汽

❀ 圖 3-4-1　四行程柴油引擎之工作循環

⚙ 3-4-2　引擎本體

柴油引擎本體之構造同汽油引擎，但較為堅固；此外，為使燃燒良好，燃燒室較複雜，有單室式及複室式兩類。

⚙ 3-4-3　燃料裝置

將燃料以極高壓力噴入汽缸內燃燒之裝置。油箱中之柴油經供油泵抽出，經濾清器送到噴射泵，在噴射泵產生 $100kg/cm^2$ 以上之高壓，再由噴油嘴噴到汽缸中。

⚙ 3-4-4　潤滑裝置

構造作用同汽油引擎，但中型以上的引擎大部分裝有機油冷卻器，以降低機油溫度，保持潤滑效果。

⚙ 3-4-5　增壓器

將空氣加壓後送入汽缸，以增加空氣吸入量之裝置，為二行程柴油引擎必需之裝備，現代四行程柴油引擎及高性能汽油引擎也漸普遍裝用。

3-4-6　起動預熱裝置

柴油引擎為使起動容易，除起動馬達外，通常裝有減壓裝置，於起動初期除去汽缸之壓縮力，使馬達易搖轉引擎。此外，為加溫空氣，使引擎容易發動，設有預熱塞或進汽空氣加熱裝置。

3-5　二行程引擎之工作原理

3-5-1　概述

(一) 活塞移動二個行程，即曲軸旋轉一轉(360°)就可完成進汽、壓縮、動力、排汽四個工作形態，完成一次循環，產生一次動力的引擎，稱為二行程循環引擎(two stroke cycle engine)。

(二) 因活塞只上下二次必須完成進汽、壓縮、動力、排汽四項工作，故沒有獨立的進汽及排汽行程，必須靠進入汽缸之新汽將廢汽排除，稱為掃汽作用(scavenging)。

3-5-2　二行程引擎之掃汽方法

二行程引擎之掃汽方法 ── 橫斷掃汽式 (cross scavenging)
　　　　　　　　　　　　── 反轉掃汽式 (loop scavenging)
　　　　　　　　　　　　── 單流掃汽式 (uniflow scavenging)

(一) 橫斷掃汽式：

如圖 3-5-1，掃汽口在排汽口稍下方，分別在汽缸壁之對面，新汽橫過汽將廢汽排出汽缸外。新汽之流失較多，掃汽效果較差；構造簡單，一般小型引擎使用。

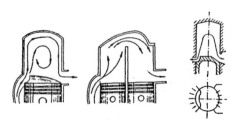

🌐 圖 3-5-1　三種橫斷掃汽式

(二) 反轉掃汽式：

如圖 3-5-2，進汽口與排汽口在汽缸之同側或相差在 90°以內，新汽進入汽缸後，反轉將廢汽排出汽缸外。

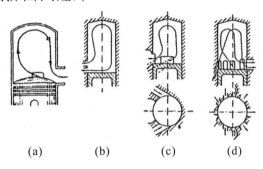

(a)   (b)   (c)   (d)

✪ 圖 3-5-2 反轉掃汽式

(三) 單流掃汽式：

新汽由汽缸中部之進汽口進入，排汽門裝置於汽缸蓋上，新汽將廢汽以同一流動方向掃出，此式效率高，為目前柴油引擎使用最多之掃汽方式，如圖 3-5-3 所示。

空氣   排汽
排汽門

✪ 圖 3-5-3 單流掃汽式

3-5-3 二行程汽油引擎之工作原理

(一) 二行程汽油引擎因混合汽需利用曲軸箱預壓後進入汽缸中,故曲軸箱不能裝機油,曲軸及連桿活塞等機件之潤滑,須靠混在汽油中之機油來達成,潤滑效果較差,只適用於小型引擎。大部分使用空氣冷卻,圖 3-5-4 為空氣冷卻二行程汽油引擎之構造。

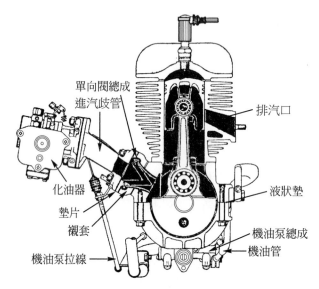

單向閥總成
進汽歧管
排汽口
化油器
液狀墊
墊片
襯套
機油泵總成
機油管
機油泵拉線

⚙ 圖 3-5-4　空氣冷卻二行程汽油引擎

(二) 二行程汽油引擎以使用橫斷掃汽及反轉掃汽較多,現以圖 3-5-5 所示之引擎來介紹其工作原理。

1.　進汽形態:分為二個階段完成。

(1)　自活塞由下死點上行將掃汽口封閉時起,至活塞行抵上死點時止,因活塞向上移動,曲軸箱容積增大,而產生真空,單向進汽閥打開,混合汽就進入曲軸箱中,如圖 3-5-5 中 (e)、(f)所示。

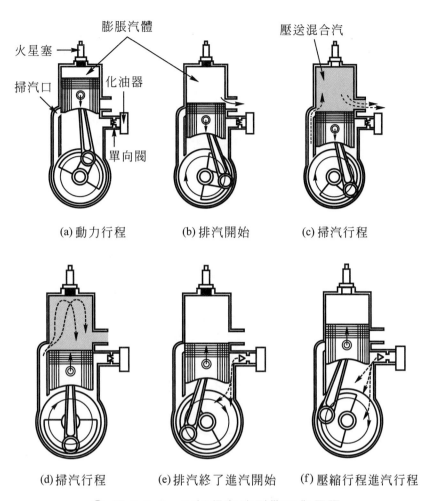

膨脹汽體

火星塞

掃汽口　化油器

單向閥

壓送混合汽

(a)動力行程　　　　(b)排汽開始　　　　(c)掃汽行程

(d)掃汽行程　　(e)排汽終了進汽開始　(f)壓縮行程進汽行程

❀ 圖 3-5-5　二行程汽油引擎工作原理

(2) 活塞從上死點轉而下行，單向閥關閉，曲軸箱容積變小，
其內的混合汽被曲軸壓縮，至活塞將掃汽口開放時起，混
合汽即自曲軸箱中經掃汽口進入汽缸中，直至活塞行抵下
死點轉而上行，再將掃汽口封閉為止，完成進汽形態，如
圖 3-5-5 中(c)、(d)所示。

2. 壓縮形態：自活塞由下死點上行將排汽口封閉後，至活塞行抵
上死點時止，與進汽形態第一階段的大部分同時發生，圖
3-5-5(f)所示。

3. 動力形態：活塞將到上死點附近時，火星塞點火點燃混合汽，
將活塞從上死點向下推動，直到活塞將排汽口打開為止，圖
3-3-5(a)。

4. 排汽形態：自活塞下行將排汽口開放時起，至活塞經下死點轉
   而上行，再將排汽口封閉時止，可分為下列二個階段完成：
   (1) 排汽口已開而掃汽口未開期間，汽缸內的壓力此大氣壓力
      高，廢汽從汽缸中自動逸出，如圖 3-5-5(b)所示。
   (2) 在掃汽口開放期內，新鮮混合汽進入汽缸中，將廢汽清掃
      出汽缸外，如圖 3-5-5(d)。

(三) 二行程汽油引擎之汽門正時，如圖 3-5-6 所示，因為單向閥，掃汽
   口、排汽口之位置固定，且由活塞來擔任啟閉任務，因此各汽口之
   關閉時間與上下死點位置對稱。由圖上可知掃汽口關閉後，排汽口
   才關閉，因此部分新鮮混合汽會隨廢汽排出，造成燃料消耗的增加。

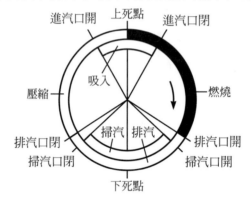

⚙ 圖 3-5-6　二行程汽油引擎之汽門正時圖

(四) 如果設計尺寸和工作情況(如活塞位移容積、轉速等)完全相同，理
   論上二行程引擎所產生的動力，應是四行程的二倍，但因二行程引
   擎在構造上有許多弱點，如進排汽不完全、潤滑不良等，故實際上
   二行程引擎所產生之動力僅比同樣大小的四行程引擎動力大 1.4～
   1.7 倍。

(五) 二行程汽油引擎與四行程汽油引擎比較時，其優劣點如下：
   1. 優點：
      (1) 構造簡單，價格便宜。
      (2) 重量較輕，體積較小。
      (3) 動力次數多，引擎運轉平穩。

2. 缺點：

(1) 耗油率大。

(2) 進汽不充分，廢汽排不乾淨，因而容積效率較低。

(3) 潤滑困難，潤滑係靠燃料中混入機油來完成。

(4) 平均有效壓力較低，因燃料須混入機油，使辛烷值降低，故引擎之壓縮比不能提高。

(5) 最高轉速低，對過負荷運轉之耐久性小。

(6) 因進排汽口溫度不均，易使汽缸變形，且大汽缸口徑製造困難，故無法用於大馬力引擎。

(7) 起動較困難。

(8) 排汽聲音大。

(六) 二行程汽油引擎之改良。

1. 因為進汽不充分，廢汽排不乾淨，故使用增壓器(super charger)使得進汽充分，排汽乾淨。

2. 因其潤滑困難，乃有自動給油裝置、曲軸離心噴油裝置等不同的潤滑方式來改良。

3-5-4 二行程柴油引擎之工作原理

(一) 活塞上下各移動一次，即曲軸轉 360 度就完成一個循環的柴油引擎即是，現以單流掃汽式二行程柴油引擎來說明其工作原理。

(二) 其排汽與進汽作用係在活塞之下行行程與一部分上行行程中同時進行，此時燃燒後之廢汽如果只靠本身之壓力排出，由於力量較弱，排汽不完全，因此二行程柴油引擎大都使用增壓器來壓縮空氣，將殘餘之廢汽吹出汽缸外，同時使新鮮空氣充滿汽缸。

(三) 各行程工作情況如下(圖 3-5-7)。

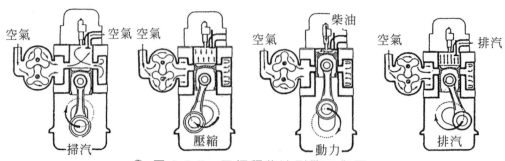

⊕ 圖 3-5-7　二行程柴油引擎工作圖

1. 進汽與壓縮行程：活塞在下死點，排汽門與進汽口開啟，增壓器將新鮮空氣途入汽缸中，趕出廢汽，並使汽缸充滿新鮮空氣。活塞上行，進汽口被遮閉而排汽門亦關閉，空氣便被壓縮，開始壓縮行程。

2. 動力與排汽行程：活塞快達上死點時，柴油成霧狀噴入燃燒室中，柴油與高溫空氣接觸而自行燃燒，產生動力推活塞下行。接近下死點時，排汽門開啟，燃燒後之廢汽由其本身之壓力排出汽缸，完成一次循環。

(四) 二行程 UD 柴油引擎之汽門正時，如圖 3-5-8 所示，二行程單流掃汽式柴油引擎，因排汽門可由凸輪控制，因此可以較掃汽孔早開而晚關，使排汽乾淨，進汽充足，使用鼓風機可得增壓進汽之效果。

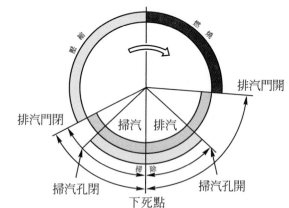

⊕ 圖 3-5-8　二行程 UD 柴油引擎之汽門正時

(五) 二行程柴油引擎與四行程柴油引擎之比較

　　1.　二行程柴油引擎之優點：

　　　　(1)　扭矩平均，運轉平穩。

　　　　(2)　同一排汽量之引擎，通常比四行程引擎之馬力大 1.7 倍。

　　　　(3)　產生同一馬力所需汽缸數目較四行程引擎少，因此重量減輕，製造成本亦低，且裝設時所佔之位置亦較小。

　　　　(4)　可省略進汽門或排汽門裝置，使構造簡化。

　　2.　二行程柴油引擎之缺點：

　　　　(1)　排汽沒有四行程者完全，故最大馬力及最高轉速較低。

　　　　(2)　單位時間內動力行程數目較四行程者大一倍，因此冷卻設備必須加大。

　　　　(3)　耗油量較大。

　　　　(4)　必須使用增壓設備，因此消耗部分動力，且易形成故障原因。

3-6　汽油與柴油引擎之重要差異比較

3-6-1　汽油與柴油引擎之重要差異比較

表 3-6-1　汽油引擎與柴油引擎之比較表

項目	汽油引擎	柴油引擎
進汽	混合汽	純空氣
速度控制	控制流入之空氣量	控制噴油量
點火方式	用高壓電火花點火	用壓縮空氣高溫點火
扭矩	低速扭矩小	低速扭矩大
熱效率	較低(25～30%)，行程短，排汽溫度高，約 700℃	較高(30～40%)，行程長，排汽溫度低，約 500℃
燃料之霧化	使用化油器利用真空及噴油嘴使汽油霧化	使用高壓力及噴油嘴使柴油霧化
燃料特性	霧化不需黏性，著火點愈高愈好	黏性，著火點愈低愈好
壓縮比	低(6～11：1)	高(15～23：1)

表 3-6-1　汽油引擎與柴油引擎之比較表(續)

項目	汽油引擎	柴油引擎
熱力循環	等容燃燒循環	等容等壓混合燃燒循環
起動裝置 引擎結構	起動馬達之電功率較小，無預熱、減壓裝置因燃燒壓力低，構造較輕巧	起動馬達電功率較大，部分需預熱，減壓裝置因燃燒壓力高，故引擎構造較堅固笨重

3-6-2　柴油引擎之優點

(一) 熱效率高，通常 30～40%，汽油引擎為 25～30%。

(二) 柴油引擎的閃火點高，使用和保養時的危險性少。

(三) 燃料的消耗量少，約為汽油引擎之 70%。

(四) 在極寒冷的天氣，汽油引擎燃料的消耗率比正常溫度時增加約 1.5 倍，柴油引擎則僅增加 15～20%。

(五) 在攝氏零下 20～40°的嚴寒地區，無論是那一種引擎在發動時，都需要烤熱機油，柴油引擎因為柴油的閃火點高，在烤熱時比較安全，並且不會像汽油引擎一般發生混合汽過濃或過稀，不易發動的毛病。

(六) 汽油引擎因爆震的關係，通常汽缸直徑 160 mm 以上的引擎製造很困難，但是柴油引擎已能製造 900 mm 之汽缸。

(七) 沒有複雜的高壓點火系統，因此故障少。

(八) 汽油引擎在低速運轉時，因為進汽速度緩慢，所以汽油霧化作用不良，扭矩小。柴油引擎中，柴油的霧化和轉速是沒有關連的，因此低速時扭矩大。

(九) 汽油引擎的高壓電會生干擾無線電波，柴油引擎則不會。

(十) 柴油引擎的柴油和空氣混合比大，燃燒比較完全，所以廢汽中的一氧化碳(CO)較少。

(十一) 二行程柴油引擎的特殊優點：無二行程汽油引擎浪費油料及潤滑不良之缺點。因柴油引擎吸入汽缸中為純空氣，空氣隨廢汽排出，不像汽油引擎混合汽隨廢汽排出，因而耗油率較大；且

進入汽缸之空氣通常不通過曲軸箱，因此曲軸箱可以存放機油，潤滑良好。

3-6-3 柴油引擎之缺點

(一) 燃燒產生的最高壓力約為汽油引擎之二倍，各部分機件必須比較堅固，所以柴油引擎比同馬力的汽油引擎重，且運轉時響聲也大。

(二) 柴油引擎因為壓縮力高，扭矩也大，所以怠速空轉時的震動較大。

(三) 柴油引擎的平均有效壓力和最高轉速比汽油引擎低，因此同一排汽量的柴油引擎能發出的馬力較低。

(四) 柴油引擎的噴射機件必須非常精細，購買費用較貴，並且需要委託專門工廠和技術人員修理和調整。

(五) 柴油引擎因為壓縮力高，起動馬達必須加大。

(六) 柴油引擎的燃燒壓力高，為了承受這個壓力，引擎各機件的材料品質要好，必須能耐壓耐磨，因此製造成本高，使柴油引擎價格昂貴。

3-6-4 汽油引擎與柴油引擎重要數據比較

表 3-6-2 汽油引擎與柴油引擎重要數據之比較

項目	汽油引擎 (火花點火引擎 si)	柴油引擎 (壓縮著火引擎 ci)
燃料消耗率	100 %	70 %
壓縮比	6～11	14～23
壓縮後汽缸內壓力	11～18 kg/cm²	30～55 kg/cm²
壓縮後之溫度	400～600℃	700～900℃
最大燃燒壓力	40～60 kg/cm²	65～90 kg/cm²
全負荷時排汽溫度	700～1000℃	500～600℃
燃料閃火點	> −25℃	> +55℃
低速扭矩	低	高
循環不規則變化	100 %	160 %

(本表摘自 Bosch Automotive Hand Book)

3-7 迴轉活塞式引擎的基本構造及工作原理

3-7-1 概述

(一) 往復式引擎，因往復運動機件(活塞、汽門等)在改變運動方向時，有很大之慣性損失，使引擎平衡不良；又作用在活塞之力，經連桿傳到曲軸時，因分力之結果，使效率大為降低；引擎速率受到限制，加速性能無法大幅提高；而且引擎構造複雜，故障多，故使得往復引擎發展受到限制。

(二) 目前裝在汽車上之迴轉引擎(俗稱萬克爾引擎)已克服了往復引擎的缺點，使內燃機發展又進入了一個新的里程，此種引擎是德國工程師萬克爾(Felix Wankel)於 1957 年完成了第一部單旋式(SIM)迴轉引擎(該引擎機座及轉子均在轉動，排汽量 125 立方公分，可產生 28.6 馬力)。

(三) 直到 1960 年，德國 NSU 廠(該廠於 1969 年被 Audi 車廠收購)購買萬克爾之專利，經研究改良，由 Walter Froede 博士將單旋式 SIM 型改為行星式 PLM 型，將燃燒室外殼固定，其三角活塞運轉時，係循一個偏心的固定軌跡，為了要使機座靜止不動，故用一偏心輪的輸出軸，迴轉活塞繞輸出軸之偏心輪旋轉，同時使偏心輪轉動，此種設計可以減少零件數量，使構造簡化，且加大有效壓縮比範圍，但冷卻及潤滑性較差。目前世界各國所研製之迴轉引擎均屬此類，此種引擎於 1964 年，首次裝在 NSU 牌汽車上。因製造技術難度高，又有專利權保護，目前僅馬自達汽車公司製造銷售迴轉引擎汽車。

3-7-2 迴轉活塞式引擎之基本構造

(一) 迴轉活塞式引擎有與往復式引擎之汽缸體相當之轉子殼室(rotor housing)，轉子殼上有冷卻水流通，及裝火星塞孔與排汽口；與往復活塞式引擎之活塞相當之轉子(rotor)為三角形，與活塞環相當之密封裝置有稜封及邊封；轉子中央有偏心軸(eccentric shaft)，與往

復式引擎之曲軸相當。轉子殼之兩端有端殼(side housing)，上面有進汽口，如圖 3-7-1 所示。

轉子活塞
火星塞

❀ 圖 3-7-1　迴轉引擎斷面

(二) 迴轉活塞式引擎之附屬裝置與往復式汽油引擎相同，有燃料裝置、潤滑裝置、冷卻裝置、點火裝置、起動裝置等。

3-7-3　迴轉活塞式引擎之工作原理

(一) 此式引擎由一個迴轉的活塞在一個曲線形的汽缸中滾轉而成，使用零件很少，構造亦非常簡單。

(二) 汽缸內壁為輪曲線的一種，輪曲線為當一個滾轉圓板，沿另一個固定圓板的周邊作純粹滾動，而二者之間絕不發生滑動時，滾動圓板上任何一點的軌跡曲線即是。

(三) 工作原理如圖 3-7-2 所示：

1. 迴轉引擎的進汽、壓縮、動力和排汽四種形態有極明顯的劃分，和四行程往復式引擎完全相同。

2. 曲面三角形的迴轉活塞沿汽缸壁滾轉一周，每個活塞面產生一次動力，和六個汽缸之往復式四行程循環引擎曲軸轉一轉時之動力次數作用相同。

3. 進汽相：以活塞 AC 面為例，其進汽過程如下：

(1) 在圖 3-7-2(a)時，進汽口和排汽口相通，活塞繼續轉動，AC 面和汽缸壁間的空室逐漸增大，產生真空，開始吸進新鮮混合汽。

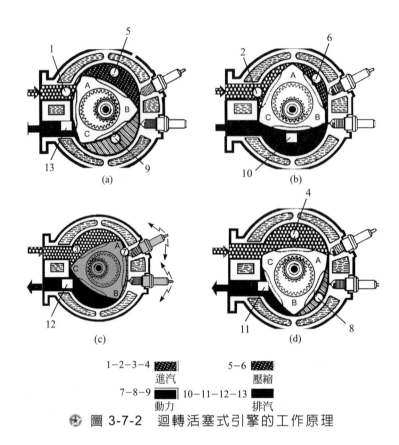

1－2－3－4 ▨ | 　　　5－6 ▨
　　　　　進汽 　　　　　壓縮
7－8－9 ■ 10－11－12－13 ■
　　　　動力 　　　　　　排汽

⊛ 圖 3-7-2 　迴轉活塞式引擎的工作原理

(2) 當轉至圖 3-7-2(b)時，空室容積已增大，進入的混合汽量
　　增多，此時進排汽口仍相通，少部分新鮮混合汽可能經排
　　汽口流失，也可能將排汽管中殘留的一部分廢汽吸入空室
　　③中。

(3) 再轉至圖 3-7-2(c)時，稜邊 C 將進排汽口隔離，空室容積
　　從圖 2-1-31(b)中之②增到圖(c)中之⑧，活塞繼續轉動，
　　空室再增大至圖(d)中之④。

4. 壓縮相：以活塞 AB 面為例說明，其過程如下：

(1) 在圖 3-7-2 (a)中之⑤時，壓縮剛開始。

(2) 當轉至圖 3-7-2(b)時，原在圖(a)中之空室⑤已被壓縮成圖
　　(b)中空室⑥，混合汽被壓縮到相當程度。

(3) 再至圖 3-7-2(c)時，空室再被壓縮至⑦，壓縮行程終了。

5. 動力相：以活塞 AB 面為例說明，其過程如下：
   (1) AB 面在圖 3-7-2(c)時，火星塞發火，將混合汽點燃，燃燒作用開始，汽體壓力作用在 AB 面上產生動力。
   (2) 當在圖 3-7-2(d)時，大部分混合汽已點燃作用在 AB 面上之壓力增大。
   (3) 設圖 3-7-2 之 AB 面滾轉至圖 3-7-2 之 BC 面⑨之位置，此時混合汽已膨脹到相當程度，壓力也降低。

6. 排汽相：以活塞 BC 面為例說明之，其過程如下：
   (1) 在圖 3-7-2(a)中之⑨時，排汽即開始。
   (2) 當轉至圖(b)中之⑩時，排汽口完全開啟，高壓的廢汽從空室⑩經排汽口發散於大氣中。
   (3) 再滾轉至圖(c)時，廢汽的壓力已減至大氣壓左右。
   (4) 假設 BC 面繼續滾轉至圖(d)中之⑫及圖(a)中之 AC 面空室⑬時，進排汽口又相通，一部分新鮮混合汽協助將廢汽掃清。此刻進排汽同時作用。

7. 無論迴轉活塞在何位置，三個活塞面中，總有一面受高壓燃燒汽體的壓力作用而產生動力，故進汽、壓縮及排汽所消耗的動力，皆可由迴轉活塞自行供給，不像往復式引擎，必須使用飛輪之慣性作用來儲存和供應動力。

8. 迴轉活塞式引擎之扭矩輸出情況如圖 3-7-3 所示。

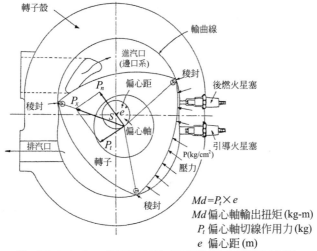

圖 3-7-3　迴轉活塞式引擎扭力輸出情況

9. 迴轉活塞式引擎與四行程往復式引擎一般性能之比較如表 3-7-1 所示。

表 3-7-1 迴轉活塞式引擎與四行程往復式引擎一般性能之比較

項目	迴轉式引擎	往復式引擎
壓縮比	8～12	7～9
壓縮壓力（kg/cm²）	9.8～10.5	7.5～8.5
單位排汽量功率(ps/cc)	0.11～0.13	0.04～0.05
單位排汽量重量(g/cc)	78.15～94.82	496～705
單位功率重量(kg/ps)	0.68～1.13	13.5～20.5
最經濟效率(%)	34～40	25～35

3-7-4 迴轉活塞式引擎之優點

(一) 迴轉活塞式引擎沒有上下往復運動，只有偏心軸穩定的旋轉，且當活塞面在任何位置均有一面受動力，故動力的產生是連貫的。

(二) 由於活塞在旋轉時直接控制進排汽口的開閉，因此不需汽門及其複雜的控制機構，也不會有排汽門過熱或局部高溫點的存在了。

(三) 綜合上述，迴轉活塞式引擎較四行程往復式引擎之優點如下：

1. 構造簡單，價格低廉，同馬力之引擎附件數僅為 V-8 引擎之半，因配件少，毛病自然少，保養費用亦相對減低。

2. 重量與體積極輕小，體積僅 V-8 之 1/3。

3. 無往復運動機件，引擎運轉極平穩。

4. 沒有局部高溫度，冷卻均勻，沒有汽門過熱現象，故可提高壓縮比及使用辛烷值較低的汽油也不易發生爆震，即使發生爆震，對引擎機件的危害也較小。

5. 轉速可以增加，而且轉速愈高性能愈佳。

6. 馬力加大容易，欲使馬力加大，可將引擎尺寸比例加大，或增加轉子數即可解決。

7. 在性能、速度、起步、加速、超車及耐用性方面之潛能，遠優於往復式引擎。

8. 熱效率高。

3-7-5　迴轉活塞式引擎尚待改進之處

(一) 耗油率較高，因燃燒時間短，故較不完全，使耗油量稍大(約多10%)，但迴轉活塞式引擎使用普通汽油，故在油費方面增加有限。

(二) 在起動及低速時，排出大量的碳氫化合物(為一般往復式引擎的二倍)，但加速時排出量即減少，且下降率甚顯著。因廢汽污染是一個很嚴重的問題，故迴轉活塞的引擎的工作人員都盡力在為減少廢汽排出而努力。一般均裝用熱反應器(thermal reactor)或觸媒反應器(catalytic convertor)及後燃器(after burner)。因迴轉活塞式引擎體積小，有足夠空間來安裝這些裝置。此外，迴轉活塞式引擎每個排汽口排出之廢汽比往復式引擎多，排汽通道短，廢汽不易冷卻，點火較為遲延，使用之空氣汽油混合比較稀等原因，廢汽溫度較高，故後燃器之使用，對迴轉活塞式引擎極為有利，大部分情況下，不需再進行點火。

CHAPTER **4**

引擎潤滑系統

4-1 潤滑概要

(一) 固體與固體接觸面間有相對運動時,均有摩擦產生,以肉眼看起來
很平滑的平面,在顯微鏡放大下就可以看到驚人的凹凸起伏,如圖
4-1-1 所示。

(二) 當凹凸不平的兩面有相互移動時,因實際接觸部分很少,因此接觸
部分承受之負荷很大,如相對運動速度快時,因高壓及高溫會導致
變形,甚至發生熔合現象。

(三) 如果兩接觸面加工很平至鏡面程度時,摩擦雖可減少,但是因兩平
面間的距離非常接近,兩平面間分子的引力會造成很大的阻力,而
阻止相對運動。

(四) 固體與固體間直接接觸,中間無任何物質狀態下之摩擦稱為乾燥摩
擦。摩擦之大小與兩接觸面之材料、光滑度及正壓力有關。摩擦大

的其摩擦係數約在 0.5 以上，一般均用來做煞車及離合器之接觸部分使用。

(五) 汽車各部的活動部分之摩擦力愈小愈佳，在摩擦面間加入潤滑油可以避免金屬與金屬間直接接觸以減少摩擦，稱為潤滑。

(六) 潤滑的狀態有下列三種，如圖 4-1-2 所示。

1. 完全潤滑：

潤滑油充滿於兩固體滑動面之間形成油膜，油壓將兩接觸面完全分離，此時影響摩擦的為潤滑油之黏度，與固體表面情況無關，此種狀態之潤滑稱為完全潤滑，其摩擦係數僅 0.01～0.005 左右，如圖 4-1-2(a)所示。

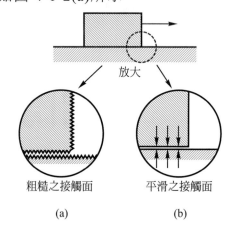

放大

粗糙之接觸面　　　平滑之接觸面

(a)　　　　　　(b)

❀ 圖 4-1-1　摩擦現象

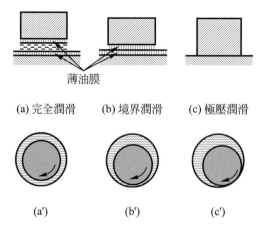

薄油膜

(a)完全潤滑　　(b)境界潤滑　　(c)極壓潤滑

(a')　　　　(b')　　　　(c')

❀ 圖 4-1-2　潤滑的狀態

2. 境界潤滑：

此完全潤滑之荷重增加或油溫上升使潤滑油黏度降低時，油壓無法完全支持軸之負荷，故軸無法在油中完全浮起，此時只能依靠兩滑動面間附著的機油薄膜來防止金屬間直接的接觸，此種狀態的潤滑稱爲境界潤滑或不完全潤滑。此時潤滑油無流動，沒有液體摩擦之特性，故潤滑油黏度已無關重要，這時最主要的爲金屬表面附著油膜之如何長久保持。此種境界潤滑在高負荷低轉速或潤滑油不足或油之黏度不足時最易發生，尤其在引擎之發動及停止前後，或汽缸上死點附近的汽缸壁及活塞環處最易發生。此時之摩擦係數約爲 0.1～0.01 左右，如圖4-1-2(b)所示。

3. 極壓潤滑：

此境界潤滑之荷重更大或油溫更高，使吸著在金屬表面上之油膜破裂而產生金屬的直接接觸，發生乾燥摩擦似的觸著性摩擦，稱爲極壓潤滑。在這種潤滑情況下，潤滑油中必需加入極壓劑(如 MoS_2 等)，以產生不會使接觸面觸著之油膜。汽車內擺線式最後傳動齒輪部分之潤滑即爲極壓潤滑，如圖 4-1-2(c)所示。

4-2　機油的功用

4-2-1　概述

汽車引擎各活動機件必須靠機油潤滑以減少摩擦，如圖 4-2-1 所示，機油之功用如下：

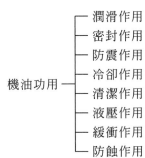

機油功用
┬ 潤滑作用
├ 密封作用
├ 防震作用
├ 冷卻作用
├ 清潔作用
├ 液壓作用
├ 緩衝作用
└ 防蝕作用

4-2-2　潤滑作用

引擎汽缸套經搪缸機搪磨或曲軸柄及曲軸頸部分經曲軸研磨機之修磨或研磨後，如用目視則感到十分光滑，若以顯微鏡觀看，其表面則顯示出凹凸不平的現象，此種凹凸不平的地方就會產生摩擦。因機油可使活塞環與汽缸壁的金屬摩擦面間產生油膜，使金屬面間的直接固體摩擦變成液體的內部摩擦，如此可以防止摩擦的損傷，同時減少熱能的損失，而得良好的潤滑作用，故機油有潤滑作用。

4-2-3　密封作用

機油能使汽缸壁與活塞環及活塞之間的間隙產生油膜，如此不但可減少汽缸壁與活塞環及活塞之間的摩擦，而且汽缸壁與活塞環及活塞之間因有油膜密封，故可以防止燃燒氣體及壓縮氣體的漏洩，使壓縮氣體能完全燃燒，故機油有密封作用。

4-2-4　防震作用

汽缸內壓縮氣體燃燒爆發之後，活塞銷與曲軸大小軸承在爆炸瞬間會受到很大的衝擊壓力，而機油能承受此種衝擊，故有防震作用，並可防止噪音，進而防止磨耗，所以機油有防震作用。

4-2-5　冷卻作用

引擎內部的汽缸壁、活塞及各軸承等在運轉中所產生的熱，完全靠冷卻系統來吸收，事實上是不可能的。在引擎內循環的機油能將熱吸收送至外部冷卻，故機油有冷卻作用。

4-2-6　清潔作用

機油在循環時能將摩擦部分所附著的碳、鐵屑、泥沙等細微雜質由機油濾清器予以過濾積存，故機油有清潔作用。

4-2-7　液壓作用

機油有時被用在液壓舉桿或其他液壓機件內充當液壓油等用途，因此機油有液壓作用。

4-2-8 緩衝作用

強而薄的機油油膜，猶如一層絨毛墊放在相對運動機件之間，而具有緩衝作用，以減少震動，並可避免摩擦損壞，以增長引擎使用壽命，故機油有緩衝作用。

4-2-9 防蝕作用

在車輛短程行駛中，間歇開停，尤其是在氣溫低的時候，則排出氣體亦冷，多量的水份凝縮在機件上，且燃料內的硫磺化合物於燃燒以後變成氧化硫，再與水蒸汽溶合，就變成腐蝕性很強的硫酸，對於活塞及軸承等機件進行腐化銹蝕。正好機油循環時能將其沖淡且帶走，故機油有防蝕作用。

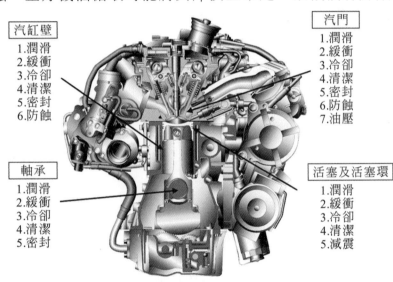

汽缸壁
1.潤滑
2.緩衝
3.冷卻
4.清潔
5.密封
6.防蝕

汽門
1.潤滑
2.緩衝
3.冷卻
4.清潔
5.密封
6.防蝕
7.油壓

軸承
1.潤滑
2.緩衝
3.冷卻
4.清潔
5.密封

活塞及活塞環
1.潤滑
2.緩衝
3.冷卻
4.清潔
5.減震

圖 4-2-1 機油的功用(vw 自我學習課程 377)

4-2-10 低硫低灰份(Low SAPS)

配備微碳過濾器(簡稱 DPF)的柴油引擎所使用的機油必須是低硫低灰份(Low SAPS)的，否則引擎廢氣將排放出過多的硫、磷、鉛...等重金屬，進而使 DPF 堵塞、腐蝕及損壞。

4-3　汽油引擎的潤滑方法

4-3-1　壓送式

　　現代引擎多採用此式，各部潤滑所需之機油全部由機油泵壓送供應。依供應潤滑活塞與活塞銷方式之不同再分完全壓送式如圖 4-3-1 及部分壓送式兩類如圖 4-3-2 所示：

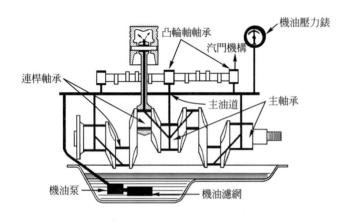

⚙ 圖 4-3-1　完全壓送式潤滑系

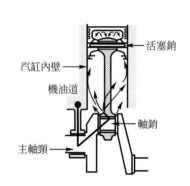

⚙ 圖 4-3-2　部分壓送式潤滑系噴油情形

(一) 完全壓送式：如圖 4-3-1 所示，用在全浮式或固定式活塞銷之引擎，機油壓送循環過程如下：

油底殼 → 濾網 → 機油泵 → 主油道 →
┌→ 凸輪軸軸承 → 汽門機構 → 油底殼
└→ 主軸承 → 連桿大端軸承 → 連桿中油道
　 連桿小端軸承 → 噴出潤滑汽缸壁及活塞
　 → 油底殼

(二) 部分壓送式：如圖 4-3-2 所示，用在半浮式活塞銷之引擎，機油壓送循環過程如下：

油底殼 → 濾網 → 機油泵 → 主油道 →
┌→ 凸輪軸軸承 → 汽門機構 → 油底殼
└→ 主軸承 → 連桿軸承 →
　 噴出潤滑汽缸壁及活塞 → 油底殼

4-3-2　自我調節式機油循環系統

　　現代高性能汽油引擎之潤滑油循環系統，由自我調節式機油泵供應適當壓力及適量之機油，供應引擎各零件潤滑所需，如圖 4-3-3 所示。

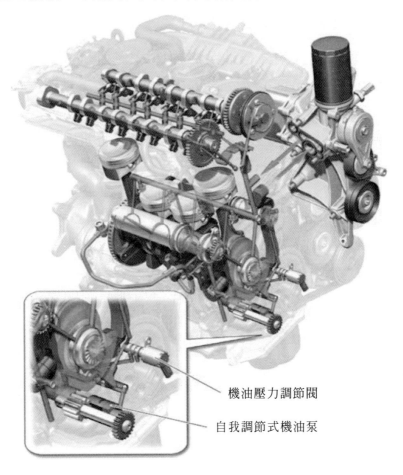

機油壓力調節閥

自我調節式機油泵

　　　　　圖 4-3-3　自我調節式機油循環系統(Audi 自我學習課程 436)

4-4　機油泵

4-4-1　概述

　　機油泵普通由曲軸或凸輪軸來驅動，依作用及構造之不同分為下列數種：

機油泵種類 ┬ 固定輸出量油泵 ┬ 齒輪式 (gear type)
　　　　　　│　　　　　　　├ 轉子式 (rotor type)
　　　　　　│　　　　　　　└ 柱塞式 (plunger type)
　　　　　　└ 自我調節式機油泵

4-4-2　齒輪式機油泵

　　圖 4-4-1 所示為齒輪式機油泵之構造，由泵體(pump body)、泵蓋(pump cover)、濾網(oil stainer)、釋放閥(relief valve)、主動齒輪(driving gear)、被動齒輪(driven gear)等組成。其作用如圖 4-4-2 所示，主動齒輪由凸輪軸之螺旋齒輪經主動軸驅動，依圖示方向旋轉，進油口處產生真空，將機油吸入，隨齒輪之轉動，沿齒輪與泵體間的空隙帶到吐出口壓出，送到主油道；因送油量及壓力與齒輪轉速成正比，在高速時送油量及油壓都會超過規定，當出口油壓超過釋放閥彈簧彈力時(普通約 2～4 kg／cm^2)，將釋放閥推開，機油又已到入口處，以保持一定的送油量及壓力。齒輪式另外還有一種使用內齒輪及外齒輪之內外齒輪式，主動為較小之外齒輪，被動為較大之內齒輪，以同方向轉動，將油存在內外齒輪間之半月塊間，以產生吸送油作用，如圖 4-4-3 所示。

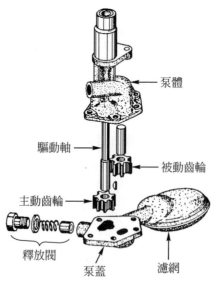

泵體

驅動軸

被動齒輪

主動齒輪

釋放閥

泵蓋　　濾網

✪ 圖 4-4-1　齒輪式機油泵構造

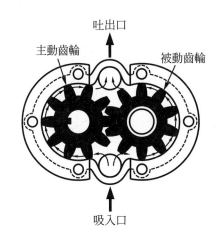

圖 4-4-2　齒輪式機油泵之作用

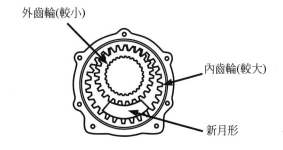

圖 4-4-3　內外齒輪式機油泵

4-4-3　轉子式機油泵

　　轉子式機油泵之構造如圖 4-4-4 所示，由泵體、泵蓋、濾網、釋放閥、內轉子(主動)、外轉子(被動)等組成。內轉子之牙數較外轉子少一牙。內轉子與泵軸偏心安裝，當內轉子驅動外轉子轉動時，內外轉子牙之空間發生由小變大，再由大變小之運動，而產生吸送油作用，如圖 4-4-5 所示。此式油泵構造簡單，作用確實，壽命長，故現代引擎採用最多。機油泵上亦附有釋放閥，以限制送油量及油壓，圖 4-4-6 為釋放閥之作用情形。

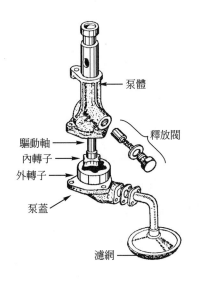

圖 4-4-4　轉子式機油泵構造

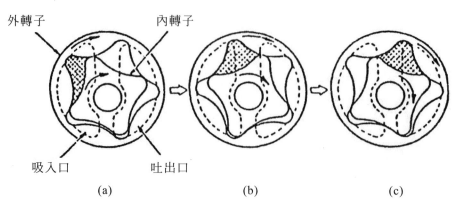

圖 4-4-5　轉子式機油泵之作用

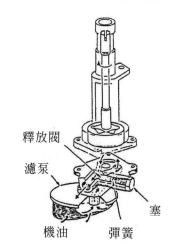

圖 4-4-6　釋放閥之作用情形

4-4-4　柱塞式可變輸出量機油泵

一、構造

　　二行程汽油引擎所使用之機油泵為可變輸出量(即輸出量可以由外部油門控制)之柱塞式油泵，其構造如圖 4-4-7 所示，由泵體(body)、驅動蝸輪(driving worm)、主柱塞(main plunger)、副柱塞(difrential plunger)、柱塞導銷(plunger guide pin)、控制凸輪(control cam)、控制臂(control lever)及彈簧(spring)等組成。

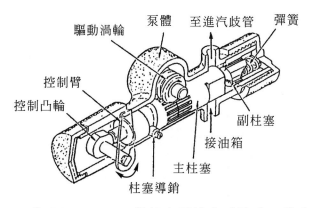

驅動渦輪　泵體　至進汽歧管　彈簧

控制臂

控制凸輪

副柱塞

接油箱

主柱塞

柱塞導銷

⊛ 圖 4-4-7　可變輸出量柱塞式機油泵構造

二、作用

　　驅動蝸輪由引擎曲軸帶動，驅動主柱塞，主柱塞在轉動時因柱塞導銷與主柱塞上斜槽溝之作用而同時產生往復運動。彈簧將副柱塞及主柱塞向左側推動。主柱塞轉一轉時，同時亦做一次往復運動，如圖 4-4-8 所示，其吸油作用如下：

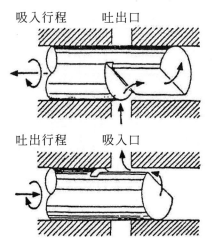

吸入行程　　吐出口

吐出行程　　吸入口

⊛ 圖 4-4-8　可變輸出量柱塞式機油泵之作用

(一) 吸入行程：如圖 4-4-9 所示，當主柱塞向左側移動時，吸入口打開，吐出口關閉，泵室之容積逐漸增大，產生吸力將吸油吸入。

(二) 吐出行程：如圖 4-4-10 所示，主柱塞開始向右側移動時，吸入口關閉(吐出口仍未打開)；泵室之容積由大變小，機油之壓力上升，將副柱塞向右推壓縮彈簧，當主柱塞之切口對正吐出口時，機油吐出，彈簧將副柱塞向左推。

(三) 油量調整：控制桿使用鋼繩或連桿與油門相連接，當油門踩下時，控制桿使控制凸輪轉動，而改變主柱塞向左側移動之行程，因而變化機油之輸出量。

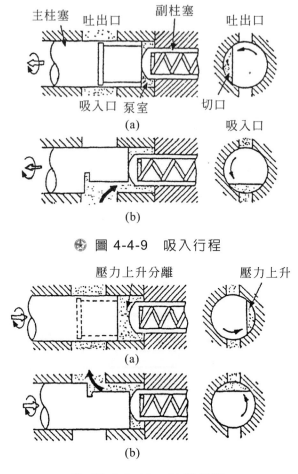

⭐ 圖 4-4-9　吸入行程

⭐ 圖 4-4-10　吐出行程

⚙ 4-4-4　自我調節式機油泵

一、概述

這是一種外部齒輪泵，其特點是被動齒輪採軸向配置，藉由此泵齒輪在控制下之移動，能有效的改變機油循環系統的配送率及壓力，圖 4-4-11 為泵之壓力調節閥位置及構造。圖 4-4-12 為泵之送油率調節裝置及構造與作用。

機油壓力調節閥

⚙ 圖 4-4-11　泵之壓力調節閥位置及構造(Audi 自我學習課程 436)

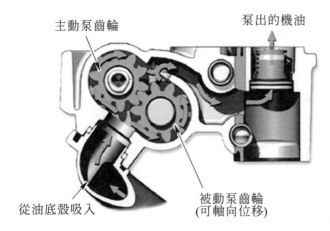

主動泵齒輪

泵出的機油

從油底殼吸入

被動泵齒輪
(可軸向位移)

⚙ 圖 4-4-12　泵之送油率調節裝置及構造與作用(Audi 自我學習課程 436)

　　全新研發的的機油泵，使用在 Audi TFSI 引擎上。此研發的首要目的是要強化泵的工作效率而進一步減少油耗。與其他自我調節式機油泵比較，此泵的設計是以精密控制概念為特點，而達到更有效率的工作狀態。

二、構造

自我調節式機油泵之內部零件與相關位置如圖 4-4-13 所示。

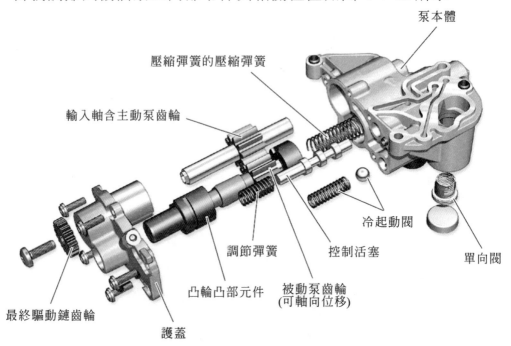

泵本體

壓縮彈簧的壓縮彈簧

輸入軸含主動泵齒輪

冷起動閥

調節彈簧　控制活塞

單向閥

凸輪凸部元件　被動泵齒輪
(可軸向位移)

最終驅動鏈齒輪

護蓋

✪ 圖 4-4-13　自我調節式機油泵之內部零件與相關位置(Audi 自我學習課程 436)

三、作用

(一) 傳統的控制方式

燃油泵的送油率是隨著引擎轉速增加而增加。引擎內部使用機油的組件無法處理輸送過量的機油，所以機油壓力會增加。以前，在泵內進行壓力限制。開啟機械閥門來完成這項工作。但是泵仍然在其最大的送油率運作時，不旦浪費能量且部份輸出的能量會轉換成熱能。新式泵控制系統便是以「精準」的供油為基礎，避免浪費。

(二) 新控制方式

新控制系統的概念包含兩個不同的壓力。低壓設定值大約 1.8 bar (相對壓力)。系統於約 3500rpm 的引擎轉速時變換至高壓設定值。此壓力值大約 3.3 bar (相對壓力)。利用控制泵齒輪的送油率調節壓力。控制機油輸送以產生機油冷卻器和機油濾清器下游過濾後確實所需的機油壓力。

這是由凸輪凸部元件的軸向配置達成，例如：利用兩個泵齒輪與另一

個相對的配置。當兩個泵齒輪相互完全對正時，此時的送油率是最高的。被動的泵齒輪的軸向配置愈大，則其送油率愈小(只輸送泵齒輪之間的機油)。

　　泵齒輪是因為已過濾過的機油壓力作用在凸輪凸部元件的前活塞面而移動，(有一條彈簧亦作用在凸輪凸部元件的前活塞面)，已過濾的機油壓力持續施加於凸輪凸部元件的後活塞面，如圖 4-4-14 所示。

　　控制活塞將機油壓力(經由已過濾機油端的壓力通道)供應至凸輪凸部元件的前活塞面。控制活塞連續的直線往復運動使施加的機油壓力成為一種持續與動態的過程，如圖 4-4-15 及圖 4-4-16 所示。

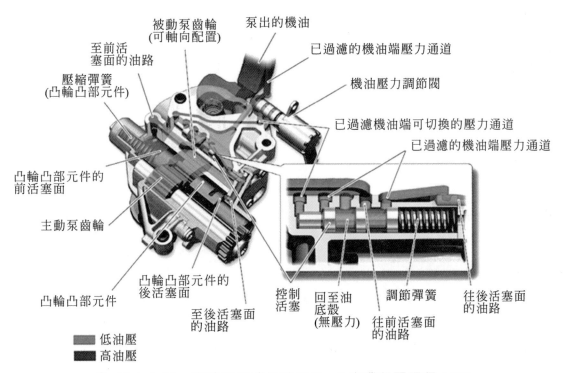

⊕ 圖 4-4-14　自我調節式機油泵(Audi 自我學習課程 436)

無軸向位移：最大機油流量

⚜ 圖 4-4-15 最大機油流量
(Audi 自我學習課程 436)

最大軸向位移：低機油流量

⚜ 圖 4-4-16 低機油流量
(Audi 自我學習課程 436)

1. 引擎起動

圖 4-4-17 所示為當引擎起動時機油泵的作動，例如開始輸送機油。當流至凸輪凸部元件的兩側時，引擎機油通過已過濾的機油端通道進入控制活塞的整個表面。機油壓力調節閥的作動是由引擎電腦控制，並保持可切換的壓力口開啟，使機油壓力能供應至所有控制活塞的表面。

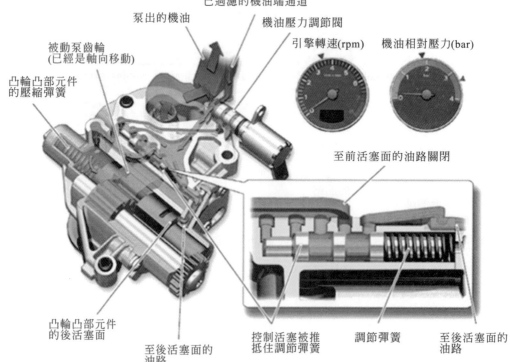

⚜ 圖 4-4-17 引擎起動(Audi 自我學習課程 436)

凸輪凸部元件維持在此位置。泵會以最大輸出工作，直到到達低壓設定值(約 1.8 bar)。當引擎怠速時，也有可能有較低的值。但是，過低的值會造成引擎相當嚴重的損壞。因此必須監控機油壓力。此任務是由偵測機油壓力過低的油壓開關執行。

2. 達到低壓設定值

達到低壓設定值如果引擎轉速提高，則機油壓力也會稍微增加，然後抵抗調節彈簧力來移動控制活塞。至凸輪凸部元件的前活塞壓力口關閉。同時，通往導入油底殼的無壓力回油管接頭會開啟。凸輪凸部元件的後活塞面施加的油壓力量會大於彈簧力。

因此，凸輪凸部元件會抵抗壓縮彈簧的力量而移動。被動泵齒輪與驅動泵齒輪相對軸向配置。流量降低並調整至引擎的機油使用量。透過流量的調整，機油壓力會保持在相對的固定值。如圖 4-4-18 所示。

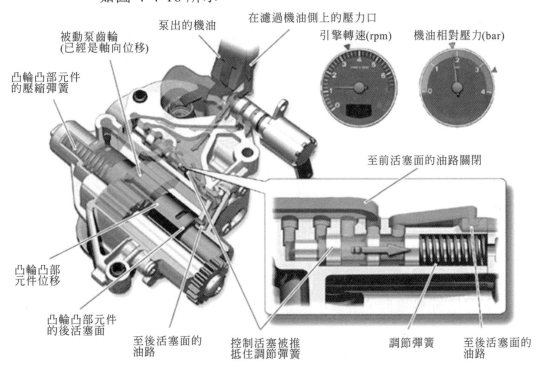

🌑 圖 4-4-18 達到低壓設定值(Audi 自我學習課程 436)

3. 在變換至高壓設定值之前的瞬間

凸輪凸部元件完全展開。如圖 4-4-19 所示。

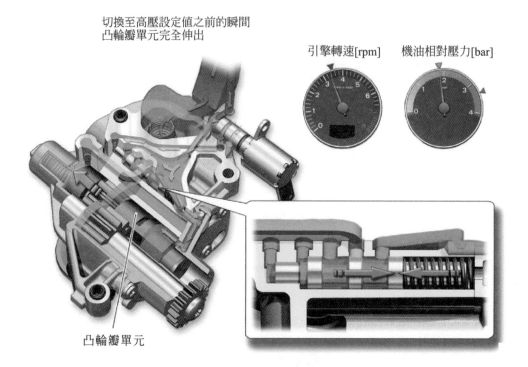

切換至高壓設定值之前的瞬間
凸輪瓣單元完全伸出

引擎轉速[rpm]　　　機油相對壓力[bar]

凸輪瓣單元

🌐 圖 4-4-19　切換至高壓設定值之前的瞬間(Audi 自我學習課程 436)

4. 高壓設定值的變換點

系統於約 3500 rpm 的引擎轉速時變換至高壓設定值。機油壓力調節閥會因此斷電。同時會造成可切換的壓力口及至油底殼中的無壓力室口關閉。因為控制活塞的表面不再有作用，所以調節彈簧的力量將控制活塞移至足以開啟凸輪凸部元件前活塞面端口的位置。

機油壓力現在作用於前活塞面，且與壓縮彈簧一起將凸輪凸部元件推回，所以兩個泵齒輪會再次近乎並行，且泵會以最大的送油率運作。在機油壓力到達約 3.3 bar 之前，凸輪凸部元件會直維持在此位置。如圖 4-4-20 所示。

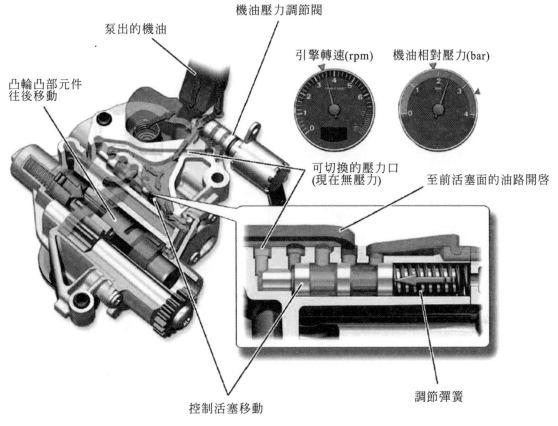

泵出的機油

機油壓力調節閥

凸輪凸部元件往後移動

引擎轉速(rpm)　機油相對壓力(bar)

可切換的壓力口
(現在無壓力)

至前活塞面的油路開啓

控制活塞移動

調節彈簧

● 圖 4-4-20　高壓設定值的變換點(Audi 自我學習課程 436)

5.　到達高壓設定值

機油壓力調節閥仍處於斷電。在控制活塞和調節彈簧之間力量的平衡是由較高的油壓維持(影響的活塞表面積較小)。

當引擎轉速持續增加，凸輪凸部元件會再次開始移動(如同於低壓設定值)。如圖 4-4-21 所示。

在機油濾清器模組內的機油壓力開關會偵測高壓設定值，當高壓達設定值時，機油壓力調節閥會使可切換的油道保持關閉。

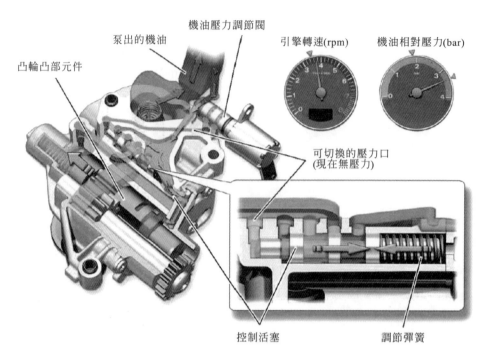

凸輪凸部元件
泵出的機油
機油壓力調節閥
引擎轉速(rpm)
機油相對壓力(bar)

可切換的壓力口
(現在無壓力)

控制活塞　　　　　　調節彈簧

◉ 圖 4-4-21　到達高壓設定值(Audi 自我學習課程 436)

6.　凸輪凸部元件處於停止狀態

如圖 4-4-22 所示。

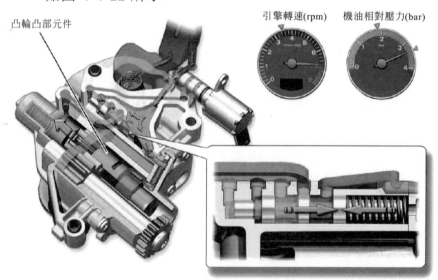

凸輪凸部元件
引擎轉速(rpm)
機油相對壓力(bar)

◉ 圖 4-4-22　凸輪凸部元件處於停止狀態(Audi 自我學習課程 436)

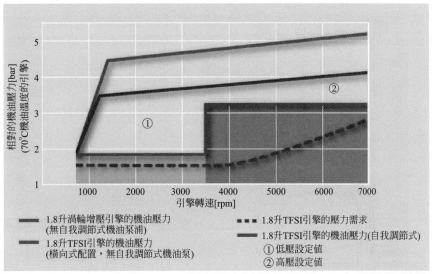

縱軸：相對的機油壓力[bar]（70℃機油溫度的引擎）

橫軸：引擎轉速[rpm]

- 1.8升渦輪增壓引擎的機油壓力（無自我調節式機油泵浦）
- 1.8升TFSI引擎的機油壓力（橫向式配置，無自我調節式機油泵）
- 1.8升TFSI引擎的壓力需求
- 1.8升TFSI引擎的機油壓力（自我調節式）
- ① 低壓設定值
- ② 高壓設定值

✪ 圖 4-4-23　Audi 1.8 升 TFSI 機油壓力特性比較(Audi 自我學習課程 436)

4-5　機油濾清器

4-5-1　概述

　　燃料不完全燃燒產生之碳微粒，及機油因高溫氧化而生成之淤渣(sludge)混入機油中時，會使活塞環或各軸承之滑動面發生磨損。為使各機件免於磨損，延長使用壽命，及防止引擎馬力之降低，必須使用機油濾清器，使引擎機油經常保持清潔。

　　機油濾清器應具備的機能如下：

(一) 過濾效率高。

(二) 壓力損失小。

(三) 使用壽命長。

(四) 小型、重量輕。

(五) 容易拆裝。

(六) 不促進機油之氧化。

　　在油底殼機油與機油泵之間先有一個機油濾網，如圖 4-5-1 所示，將大粒雜質過濾，避免雜質進入機油泵及由此吸入較乾淨的機油。

 4-5-2　機油過濾的方法

機油過濾法 ─┬─ 全流式
　　　　　　├─ 旁通式
　　　　　　└─ 分流式

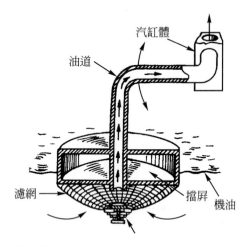

❀ 圖 4-5-1　油底殼內的機油濾網

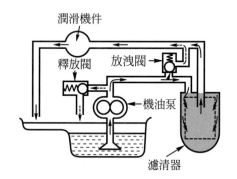

❀ 圖 4-5-2　全流式

一、全流式(full flow type)

　　如圖 4-5-2 所示，即機油濾清器裝在油泵與主油道之間，流入主油道之機油都必須經過濾清器。此式必須有旁道閥在機油泵內或濾清器內，萬一機油濾清器蕊子堵塞時，機油可以推開旁道閥，不經濾清器直接流到主油道，確保機油循環，此式濾清器效果較為確實。圖 4-5-3 為旁道閥之構造。

二、旁通式(bypass type)

　　機油泵壓出的油一部分經濾清器濾清而回到油底殼中，另一部分則流到主油道中潤滑曲軸軸承及活塞環、汽缸壁等，如圖 4-5-4 所示。

三、分流式(shunt type)

　　如圖 4-5-5 所示，機油泵壓出的油一部分經濾清器濾清後與另一部分流來之機油一齊流到主油道中潤滑曲軸軸承、活塞等。

4-5-3　機油濾清器之構造

　　機油濾清器有濾蕊更換式，如圖 4-5-6 所示，及整體更換式，如圖 4-5-7 所示，前者由外殼、中心螺絲管、濾蕊等組成，更換時僅換濾蕊，後者則外殼與蕊材一起更換。

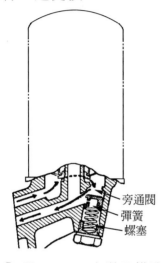

❀ 圖 4-5-3　旁道閥構造

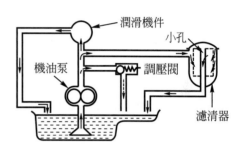

❀ 圖 4-5-4　旁通式

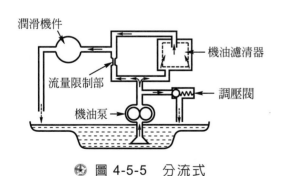

❀ 圖 4-5-5　分流式

❀ 圖 4-5-6　濾蕊更換式機油濾清器

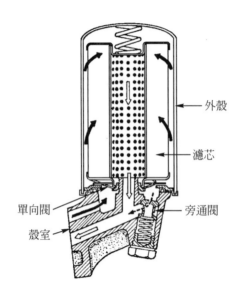

☻ 圖 4-5-7　整體更換式機油濾清器

4-6　曲軸箱吹漏氣控制

4-6-1　概述

　　引擎在壓縮及動力行程，會有氣體從活塞環開口、活塞環與環槽及汽缸壁間之間隙漏入曲軸箱中，稱爲吹漏氣體(blow by gas)，此種吹漏氣體約有80%爲未燃燒之混合汽。此種氣體必須排除或吸入汽缸中燃燒，否則會使機油變質，甚至引起爆炸。

4-6-2　積極式曲軸箱氣體發散系統

　　積極式曲軸箱氣體發散系統(PCV positive crank case ventilation system)，圖 4-6-1 所示爲目前裝有排氣渦輪增壓器之低污染汽油引擎使用之較爲複雜的 PCV 系統。在吹漏氣管路中設有初級機油分離器，以避免曲軸箱之機油微粒被吸出，爲避免曲軸箱中之眞空過強，機油回油管末端安裝一個止回閥。分離後之吹漏氣會進入兩段式壓力調節閥，壓力調節閥可避免曲軸箱中之眞空過大。壓力調節閥與兩組止回閥裝在同一外殼內，止回閥可依引擎進氣管的壓力狀態來調節吹漏氣排出量及流向。例如引擎在低轉速排氣渦輪增壓器未作用時，進氣歧管內出現眞空，吹漏氣就直接吸入進氣岐管；在渦輪開始增壓後，吹漏氣就吸入排氣渦輪增壓器進氣側。

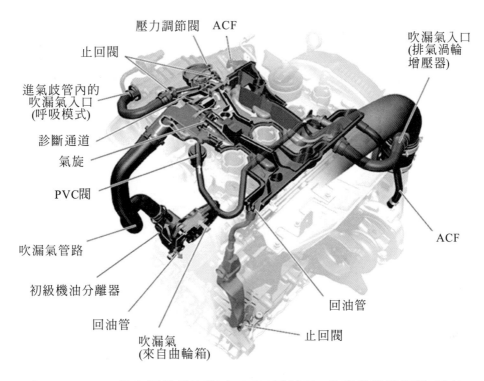

壓力調節閥 ACF

止回閥

吹漏氣入口
(排氣渦輪
增壓器)

進氣歧管內的
吹漏氣入口
(呼吸模式)

診斷通道

氣旋

PVC閥

吹漏氣管路

ACF

初級機油分離器

回油管

回油管

止回閥

吹漏氣
(來自曲輪箱)

🌑 圖 4-6-1　裝有渦輪增壓器之 PCV 系統(Audi 自我學習課程 384)

　　圖 4-6-2 所示為曲軸箱通風系統之空氣管道位置圖，新鮮空氣由空氣濾清器進入經空氣流量計，由後方的進氣歧管抽出，經通風管之止回閥連接到汽缸蓋上之搖臂室中。

　　圖 4-6-3 所示為曲軸箱通風閥剖面圖，流動方向 A→B、開啓壓力($p \leq 7hPa$)流動方向 B→A、開啓壓力(100±15hPa)。

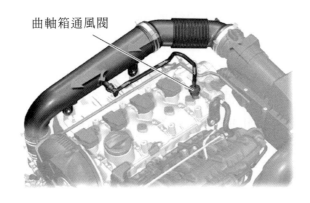

曲軸箱通風閥

🌑 圖 4-6-2　曲軸箱通風系統之空氣管道位置(Audi 自我學習課程 384)

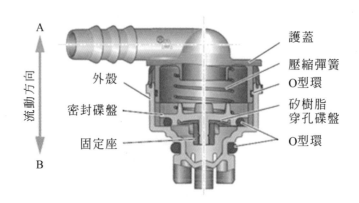

圖 4-6-3　曲軸箱通風閥剖面圖(Audi 自我學習課程 384)

曲軸箱通風

　　曲軸箱是經由引擎本體來通風。因此，在水泵下方的汽缸曲軸箱有安裝一組機油分離器。油底殼上部的緩衝板可避免直接影響抽出孔的機油。

　　在初級機油分離器內，吹漏氣流經迷宮般的構造將機油中粗的微粒分離出來，初級機油分離器其緩衝板的作用分成兩個分離階段。分離過的機油沿著機油回油管流回油底殼的動態機油油位以下，前處理過後的氣體則從初級機油分離器沿著大剖面的管子流到特殊設計的引擎搖臂室蓋。大口徑的管子可以讓曲軸箱通風氣體以較低的速度流動，因此可避免機油微粒沿著管壁流通。

　　軟管是以隔熱材質包覆。如此可在吹漏氣內含大量水分時防止系統結冰。此種狀況最常發生在寒冷天候狀態下及車輛頻繁地短距離行駛時。

　　引擎搖臂室蓋內有整合一組細濾的機油分離器。它是一種附有並聯旁通閥的單段式氣旋分離器，能過濾任何殘留的極微粒機油分子。分離後的機油經過搖臂室蓋內的油孔流入汽缸蓋。　流出的引擎機油沿著回油孔道流入油面下的油底殼以免進入的機油處在極高的真空下，因此在機油回油管的末端就安裝了一個止回閥。此止回閥安裝於油底殼內的蜂窩狀嵌入式隔板中。處理過的吹漏氣會沿著整合在蓋內的導管進入兩段式壓力調節閥。壓力調節閥可避免曲軸箱內產生的真空過大。壓力調節閥與兩組止回閥一起裝在同一個外殼內。止回閥可視引擎進氣的壓力狀態來調節處理過的吹漏氣排出量。假如進氣歧管出現真空，例如引擎低轉速排氣渦輪增壓器還沒有增壓時，吹漏

氣就會直接吸入進氣歧管。假如渦輪開始增壓，吹漏氣就會被吸入排氣渦輪增壓器的進氣側。

積極式曲軸箱通風(PCV)

　　此系統提供引擎新鮮空氣。新鮮空氣與吹漏氣及引擎機油的混合氣相混合。燃油與吹漏氣中的水蒸氣會被混合的新鮮空氣吸收，並透過曲軸箱通風閥釋放出去。為了使曲軸箱通風，新鮮空氣會從空氣濾清器經空氣流量計後方的進氣歧管抽出。而通風管則透過止回閥連接到汽缸蓋。

　　止回閥能確保空氣持續的供應並避免吸入未經過濾的吹漏氣。止回閥的設計也會在曲軸箱內的壓力過高時開啟。此預防措施可避免因為壓力過高時造成油封損壞。

CHAPTER 5

引擎冷卻系統

 5-1 冷卻概要

5-1-1 概述

(一) 混合汽在汽缸中燃燒後所產生的大量熱能僅約 24%能做功,約 76% 不能轉為引擎之機械動能,而且燃燒溫度可高達 2,600℃(4,700℉) 左右,此項無用的熱能約有 36%隨著廢汽排出引擎外,約 7% 輻射到周圍環境,另有約 33% 需靠冷卻系帶

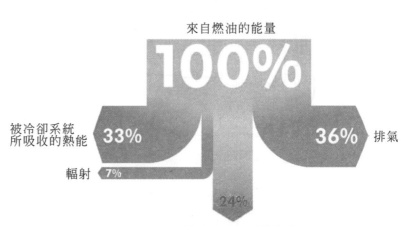

來自燃油的能量

100%

被冷卻系統所吸收的熱能 **33%**　　　　　**36%** 排氣

輻射 7%

24%

曲軸端的有效引擎作動

⊛ 圖 5-1-1　引擎熱之分配

走，否則引擎機件會過熱損壞，如圖 5-1-1 所示。

(二) 引擎及變速箱必須保持 85〜95℃ 左右，各機件才能保持需要的強度，潤滑系統作用正常減少機件摩擦，燃料系統的作用也才會正常。故必須利用冷卻裝置將這些無用的熱從引擎中發散出去，以保持引擎在正常溫度下工作。

(三) 冷卻不良會導致引擎過熱，使汽門容易燒燬，潤滑作用不良，因而各部機件加速磨損，同時也容易引起爆震、引擎無力、燃料系汽阻等毛病。

(四) 如引擎工作溫度過低時則汽油汽化不完全，混合汽分佈不均，引擎機油循環不良且易被沖淡，機件易磨損，引擎熱效率降低。

(五) 冷卻系統三項任務為：將引擎燃料燃燒期間所產生熱能吸收然後發散到外面環境中，幫助引擎及變速箱暖機，冷天使車內加溫。

5-1-2 引擎冷卻系之演變

一、空氣冷卻系統

使用氣流或風扇將引擎多餘的熱能直接發散到周圍空氣中，各汽缸及汽缸蓋多用鋁合金製成，周圍並有散熱片，以加強其導熱性。外面有導流罩以引導氣流，如圖 5-1-2 及圖 5-1-3 所示。

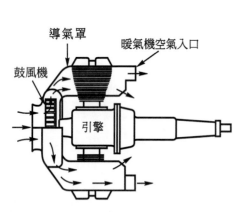

導氣罩　暖氣機空氣入口

鼓風機

引擎

圖 5-1-2　強制空氣冷卻系　例(一)

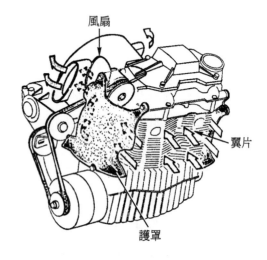

風扇

翼片

護罩

圖 5-1-3　強制空氣冷卻系　例(二)

二、熱虹吸冷卻系

　　最初之水冷卻系統係利用熱水密度低、冷水密度高之物理現象，使冷卻水產生自動循環來冷卻引擎如圖 5-1-4 所示，各汽缸及汽缸蓋具有雙層內壁，並已完成冷卻水循環迴路。缺點為暖機時間長、冬季引擎溫度低，1910 年後已不在使用。

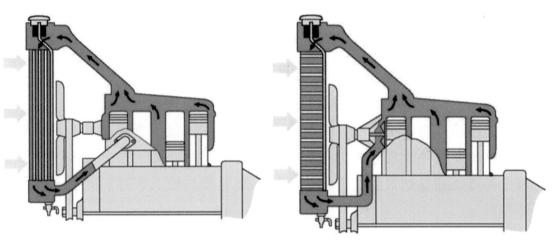

　❀ 圖 5-1-4　熱虹吸冷卻系　　　　　❀ 圖 5-1-5　水泵加速循環冷卻系

三、水泵加速冷卻系

　　自 1910 年發明水泵後，改用由曲軸經皮帶驅動水泵，來加速冷卻水循環的系統，如圖 5-1-5 所示。

四、封閉冷卻循環系統

　　現代引擎使用封閉冷卻循環系統，由下列組件組成：冷卻水泵、溫度傳感器、冷卻水副水箱、節溫器、水箱、加熱器之熱交換器、引擎機油冷卻器，如圖 5-1-6 所示。

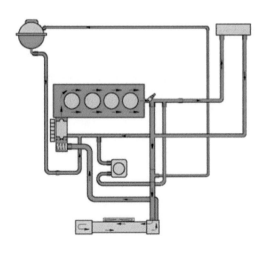

五、智慧熱能管理系統

　　智慧熱能管理系統簡稱 ITM (Intelligent Thermal Management)為目前高性能電腦控制低污染省油汽車所

　❀ 圖 5-1-6　封閉循環冷卻系

使用之全車熱能流動管理系統，冷卻水因具備熱能載體的特性，其控制扮演核心角色。除在熱源處吸收熱能擔任「冷卻」作用，也能在散熱器釋放熱能擔任「加熱」作用。ITM 主要作用為：在引擎暖機時控制熱流，一旦引擎達到工作溫度時，讓引擎冷卻，維持正常工作溫度。

5-2　智慧熱能管理系統

5-2-1　智慧熱能管理系統概述

一、在引擎暖機時控制熱流

　　ITM 的目的就是要改善引擎冷啟動性能，特別是在車外低溫情況下，引擎與變速箱組件會與車內暖氣爭奪熱能需求，ITM 就負責解決熱能管理，將燃料燃燒所產生熱能理想的分配到引擎和變速箱油之間、還有車內，使引擎及變速箱更迅速達到最佳工作溫度，車內暖氣輸出使乘客感到舒適，則需要平衡控制。

二、引擎達到工作溫度時的冷卻

　　一旦引擎達到工作溫度，就必須靠冷卻系統將多餘熱能迅速帶走發散到周圍環境中，以避免組件過熱，確保引擎正常運轉。在加熱作動的過程中，ITM 會協助分配剩餘熱能。

三、網路系統

　　ITM 系統是引擎控制電腦裡的一個軟體應用程式，即所謂的 ITM 熱能管理器。它在引擎、變速箱及空調控制電腦及其感知器和作動器之間形成網路，如圖 5-2-1 所示。當考慮到對車內、引擎、和變速箱有加熱或冷卻的需求時，ITM 軟體就發揮功能將引擎熱能做最佳分配。

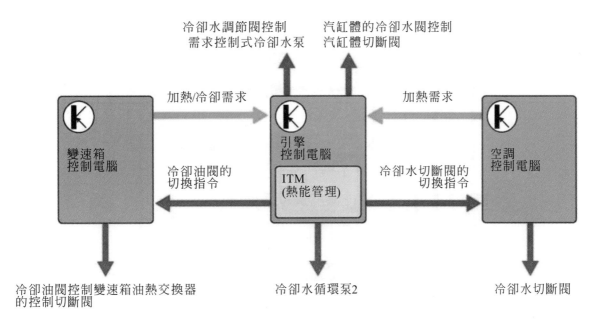

冷卻水調節閥控制
需求控制式冷卻水泵
汽缸體的冷卻水閥控制
汽缸體切斷閥

加熱/冷卻需求　　　　　　　　加熱需求

變速箱
控制電腦
引擎
控制電腦
空調
控制電腦

ITM
(熱能管理)

冷卻油閥的
切換指令
冷卻水切斷閥的
切換指令

冷卻油閥控制變速箱油熱交換器
的控制切斷閥
冷卻水循環泵2
冷卻水切斷閥

⊛ 圖 5-2-1　智慧熱能管理網路系統

四、ITM 之作用

　　空調和變速箱控制電腦將加熱需求信號，發送給引擎控制電腦的 ITM 熱能管理器；接著，這些訊號會與進一步的輸入變數一起衡量，例如汽缸蓋的冷卻水溫度和引擎控制電腦計算出來的引擎熱需求。以此為基礎，ITM 熱能管理器接著便會傳送指令給對應的控制電腦，對應之控制電腦就視需要驅動閥門，水泵是直接由引擎控制電腦負責驅動及轉數控制。

🖈 5-2-2　智慧熱能管理系統冷卻水迴路

　　圖 5-2-2 為 VW V6FSI 引擎的冷卻水迴路系統示意圖。

一、需求控制式水泵

　　需求控制式水泵由引擎曲軸經由傳動皮帶驅動持續運轉，它將冷卻水抽吸，通過冷卻水迴路將熱能送到熱交換器。在冷啟動及暖機期間，引擎需盡快達到工作溫度。因此，冷卻水泵會被真空系統所控制的開閉器關閉。此時，引擎裡的冷卻水靜止，並快速加熱。水泵與冷卻水調節閥位置如圖 5-2-3 所示。

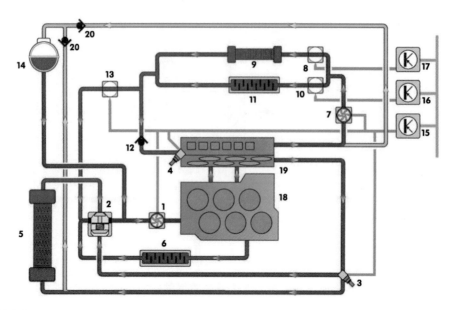

圖例說明

1.需求控制式冷卻水泵+冷卻水調節閥
2.節溫器
3.冷卻水溫度傳感器
4.引擎溫度調節溫度傳感器
5.主水箱
6.引擎機油冷卻器
7.冷卻水循環泵2
8.冷卻水切斷閥
9.加熱器之熱交換器
10.變速箱油熱交換器的切斷閥+冷卻油閥

11.變速箱油熱交換器
12.汽缸蓋迴路的止回閥
13.汽缸體切斷閥+汽缸體的冷卻水閥
14.冷卻水副水箱
15.引擎控制電腦
16.自動變速箱電腦
17.Climatronic恆溫空調控制電腦
18.汽缸體
19.汽缸蓋
20.冷卻水回流的止回閥

✪ 圖 5-2-2　VW V6FSI 引擎的冷卻水迴路系統示意圖

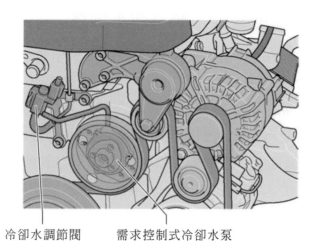

冷卻水調節閥　　　需求控制式冷卻水泵

✪ 圖 5-2-3　水泵與冷卻水調節閥位置

二、水泵開啟

　　如果冷卻水溫度低於–15℃或高於 75℃時，冷卻水泵便會開啟。同傳統封閉迴路系統，冷卻液會在汽缸體及汽缸蓋間循環。如圖 5-2-4 所示。

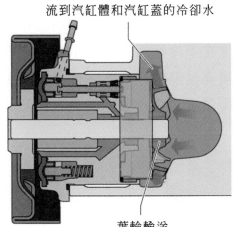

流到汽缸體和汽缸蓋的冷卻水

葉輪輸送

❀ 圖 5-2-4　冷卻液在汽缸體及汽缸蓋間循環

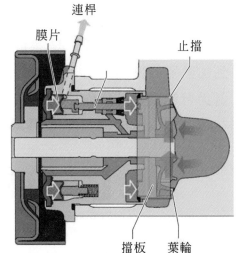

連桿

膜片

止擋

擋板　葉輪

❀ 圖 5-2-5　冷卻水泵關閉

三、水泵關閉

　　引擎啟動時，如果冷卻水溫度在–15℃和 75℃之間時，冷卻水泵要有其他條件才會「關閉」。冷卻水調節閥由引擎控制電腦作動，由真空裝置開閉冷卻水管路，冷卻水調節閥膜片會被真空裝置拉向右側，並經由連桿將葉輪推向止擋，使冷卻水無法流動，水泵關閉，如圖 5-2-5 所示。

四、冷卻水泵脈衝控制

　　冷卻水泵在汽缸蓋溫度大約為 75℃時作動。冷卻水調節閥會做動多次(混合階段)來重新啟動冷卻水泵。此時，會每隔一段時間開啟及關閉冷卻水泵擋板，以確保來自汽缸體之低溫冷卻水與汽缸蓋來之高溫冷卻水緩慢的混合。

　　冷卻水調節閥不再做動時，真空裝置之真空消失，彈簧會將擋板推回原位。葉輪會再次開啟並輸送冷卻水到引擎迴路，如圖 5-2-6 所示。

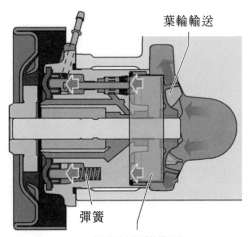

葉輪輸送

彈簧

擋板被彈簧推回

❀ 圖 5-2-6　冷卻水泵開啟

五、冷卻水循環泵

　　冷卻水循環泵，安裝位置如圖 5-2-7 所示。循環水泵是以脈衝寬度調變 (PWM)的方法(即用電子方式)來調節冷卻水迴路的循環水量。

　　當汽缸體內的冷卻水是靜止時，冷卻水循環泵可從汽缸蓋抽吸高溫冷卻水到加熱器的熱交換器，形成一個獨立迴路。在不冷卻汽缸體的情況下，汽缸蓋仍可被冷卻，加熱器的熱交換器也可以填充溫熱的冷卻水。此外，當引擎在暖機且以低於 1,240rpm 運轉時，冷卻水循環泵也會在車內暖氣方面支援冷卻水泵。

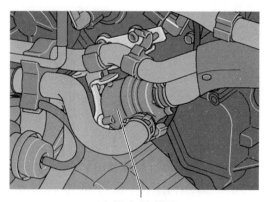

冷卻水循環泵

🌀 圖 5-2-7　循環水泵安裝位置

六、變速箱油熱交換器及冷卻水閥切斷閥

　　圖 5-2-8 所示為變速箱油熱交換器及冷卻水閥切斷閥之安裝位置，冷卻水閥是一個電磁切換閥，負責控制提供到變速箱油熱交換器(氣動閥)切斷閥的真空，這兩個閥座可以切斷冷卻水的流動或讓冷卻水流過變速箱油熱交換器。

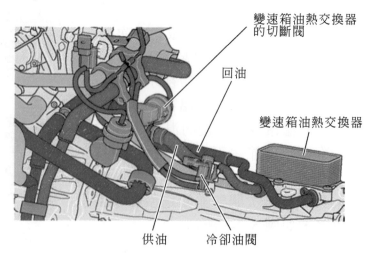

變速箱油熱交換器的切斷閥

回油

變速箱油熱交換器

供油　　冷卻油閥

🌀 圖 5-2-8　變速箱油熱交換器及冷卻水閥切斷閥

1. 斷電時

   無電流供應時，冷卻水閥就會關閉通往變速箱油熱交換器切斷閥的真空管路，通往變速箱油熱交換器的冷卻水管線由變速箱油熱交換器的切斷閥開啟。圖 5-2-9 所示為變速箱油熱交換器及冷卻水閥切斷閥斷電時之示意圖。

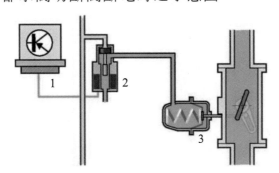

圖例說明
1.引擎控制電腦
2.冷卻油閥
3.變速箱油熱交換器的切斷閥

✿ 圖 5-2-9　冷卻水閥切斷閥斷電時

2. 通電時

   當變速箱的冷卻水閥通電時，冷卻水閥就會開啟通往變速箱油熱交換器切斷閥的真空管路，管路內的真空就會令變速箱油熱交換器的切斷閥關閉通往變速箱油熱交換器的冷卻水管路。圖 5-2-10 冷卻水閥切斷閥通電時之示意圖。

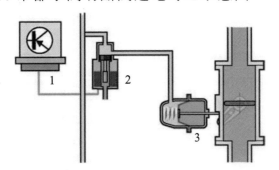

圖例說明
1.引擎控制電腦
2.冷卻油閥
3.變速箱油熱交換器的切斷閥

✿ 圖 5-2-10　冷卻水閥切斷閥通電時之示意圖

七、汽缸體切斷閥及汽缸體冷卻水閥

圖 5-2-11 所示為汽缸體切斷閥及汽缸體冷卻水閥之安裝位置，冷卻水閥是一個電磁切換閥，負責控制提供到汽缸體切斷閥(氣動閥)的真空，這兩個閥座在暖機期間，可以切斷從冷卻水循環泵 2 到汽缸體的冷卻水流動，並同時停止對汽缸體供應低溫冷卻水。

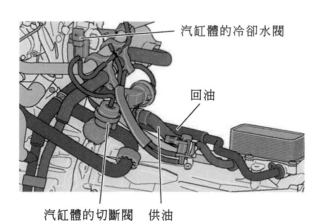

◆ 圖 5-2-11　汽缸體冷切斷閥及汽缸體冷卻水閥

八、汽缸蓋迴路止回閥之作用

正常操作下，例如當引擎已經達到工作溫度且汽缸體的切斷閥(13)開啟時，汽缸蓋迴路的止回閥(12)會阻止冷卻水直接從前面的汽缸蓋接頭流到需求控制式冷卻水泵(1)。如此可以確保冷卻水通過汽缸蓋迴路。如圖 5-2-12 所示。

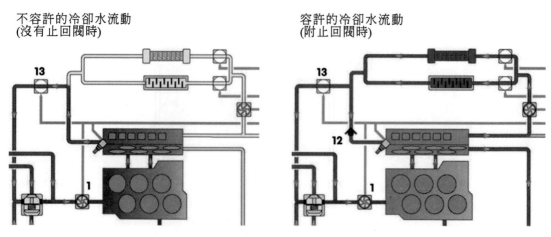

◆ 圖 5-2-12　汽缸蓋迴路止回閥

九、冷卻水回流的止回閥

冷卻水回流到冷卻水副水箱的止回閥，阻止冷卻水循環泵吸入從冷卻水副水箱進入冷卻系統的空氣。

十、冷卻水溫度傳感器

這個溫度傳感器測量的是引擎冷卻水出水口的冷卻水溫度。此溫度資料會用來調節冷卻水迴路中的冷卻水溫度(例如水箱風扇的作動)。

十一、引擎溫度調節溫度傳感器

這個溫度傳感器位於靠近燃燒室的汽缸蓋內，可以測量冷卻水溫度。而溫度資料是用來控制引擎的加熱階段，並且阻止冷卻水在「靜止的冷卻水」次功能期間沸騰。

十二、ITM 次功能

創新的熱能管理(ITM)可以細分為四個次功能：次功能 1 靜止的冷卻水、次功能 2 自動加熱、次功能 3 變速箱油加熱、次功能 4 車內暖氣迴路的分隔。

這四項基本功能部份分別與整個汽車獨立子系統彼此相關。所以您可以將「變速箱油加熱」歸類到變速箱，「車內暖氣區隔」和「自動加熱」歸類到暖氣/空調系統，並將「靜止的冷卻水」歸類為引擎。這些次功能也可以單獨各自相互作動。

1.　次功能 1－靜止的冷卻水

這個功能負責快速將引擎暖機。關閉冷卻水迴路以阻止冷卻水通過整個引擎的循環。靜止的冷卻水透過需求控制式冷卻水泵達成。

運作方式：

引擎起動時，如果冷卻水的溫度介於−15℃到 75℃之間，引擎控制電腦就會驅動冷卻水泵。關閉裝置就會被推到葉輪上方，進而阻斷冷卻水的流動。如此可以停止冷卻水的流動以及縮短整個引擎的暖機時間。如圖 5-2-13 所示。

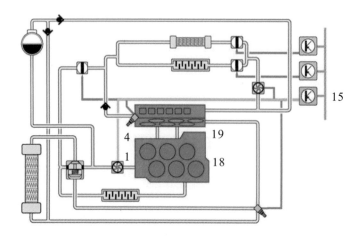

圖例說明
1.需求控制式冷卻水泵
4.引擎溫度調節溫度傳感器
15.引擎控制電腦
18.汽缸體
19.汽缸蓋

❀ 圖 5-2-13　次功能 1－靜止冷卻水

2.　次功能 2－自動加熱

這個功能負責依據乘客對暖氣的需求來迅速提升車內溫度。在這個例子中，來自汽缸蓋的熱能被用在熱交換器上。

運作方式：

汽車乘客利用空調控制介面來設定對暖氣的需求。恆溫空調控制電腦就會將設定的暖氣需求分配到以下四個階段之一：階段 0=最大暖氣需求或除霧需求、階段 1=中度暖氣需求、階段 2=低度暖氣需求、階段 3=無暖氣需求。

次功能 2－自動加熱執行車內暖氣需求階段 0 到階段 2。一旦設定的溫度起點已於汽缸蓋達到，引擎控制電腦便會驅動冷卻水循環泵 2。同時，恆溫空調控制電腦就會在引擎控制電腦的指令切換動作後將冷卻水切斷閥開啟。這樣在汽缸體的冷卻水持續靜止時，整個汽缸蓋及加熱器的熱交換器可以產生冷卻水的自動的流動。如圖 5-2-14 所示。

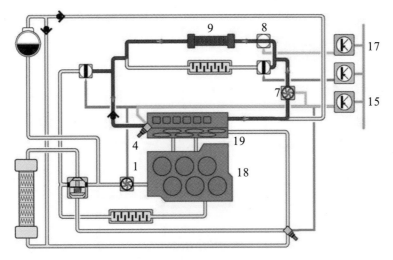

圖例說明

1.需求控制式冷卻水泵　　　　15.引擎控制電腦
4.引擎溫度調節溫度傳感器　　17.恆溫空調控制電腦Climatronic
7.冷卻水循環泵2　　　　　　　18.汽缸體
8.冷卻水切斷閥　　　　　　　　19.汽缸蓋
9.加熱器之熱交換器

❀ 圖 5-2-14　次功能 2－自動加熱

3. 次功能 3－變速箱油加熱

這個功能是藉著驅動變速箱油熱交換器來確保變速箱迅速暖機。也是指齒輪油可以用較高溫的冷卻水來專門加熱。

運作方式：

如果冷卻水處於合適的溫度範圍(大約 82℃的汽缸蓋溫度)，而且冷卻水比變速箱油還要高溫。就有可能形成次功能 3－變速箱油加熱。依據變速箱的加熱需求，變速箱控制電腦一旦接收到引擎控制電腦的切換指令時，就會開啟變速箱油熱交換器的切斷閥。接著，冷卻水就會流過變速箱油熱交換器。這樣，汽缸蓋中加熱過的冷卻水就會被輸送至變速箱。

恆溫空調控制電腦對這項次功能也有影響。「變速箱油加熱」(如上所述)可在階段 1 至階段 3 的車內暖氣需求中使用。然而，在階段 0 的最大車內暖氣需求中，變速箱油熱交換器的切斷閥就必須關閉。這個需求指令是從空調控制電腦透過引擎控制電

腦傳送到變速箱控制電腦。然後，所有的高溫冷卻水都會流過
加熱器的熱交換器。如圖 5-2-15 所示。

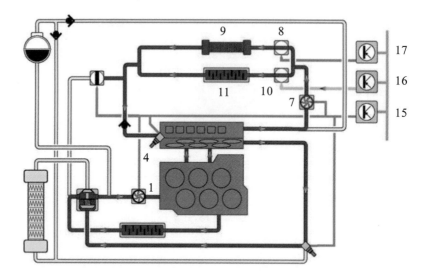

圖例說明
1.需求控制式冷卻水泵　　　　　10.變速箱油熱交換器的切斷閥
4.引擎溫度調節溫度傳感器　　　11.變速箱油熱交換器
7.冷卻水循環泵2　　　　　　　　15.引擎控制電腦
8.冷卻水切斷閥　　　　　　　　　16.自動變速箱電腦
9.加熱器之熱交換器　　　　　　　17.恆溫空調控制電腦

⊛ 圖 5-2-15 次功能 3－變速箱油加熱

4. 次功能 4－車內暖氣迴路的分隔

如果恆溫空調控制電腦沒有傳送任何暖氣需求訊信號(如階段
3)，就會切斷加熱器的熱交換器來大幅縮短引擎的暖機時間。
運作方式：

假如沒有暖氣需求，恆溫空調控制電腦一收到引擎控制電腦的
指令後，就會關閉冷卻水切斷閥。因此，就不會有冷卻水通往
加熱器的熱交換器。所有加熱過的冷卻水(大約在 82℃的汽缸
蓋溫度以上)就會流過變速箱油熱交接器。如圖 5-2-16 所示。

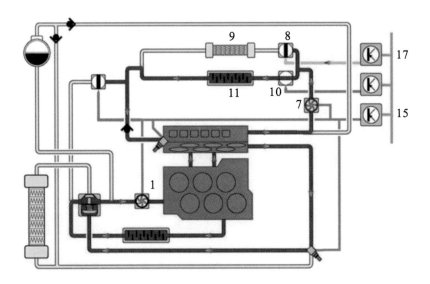

圖例說明

1.需求控制式冷卻水泵　　　　11.變速箱油熱交換器

7.冷卻水循環泵2　　　　　　　15.引擎控制電腦

8.冷卻水切斷閥　　　　　　　　17.恆溫空調控制電腦

9.加熱器之熱交換器

10.變速箱油熱交換器的切斷閥

✦ 圖 5-2-16　次功能 4－車內暖氣迴路的分隔

十三、暖機策略

　　暖機策略仰賴許多因素(例如熱能需求、引擎轉速、扭力、在夏季或冬季的運作)。

1.　基本策略(在冬季的運作)

階段 1：

「靜止的冷卻水」次功能首先會確保汽缸體可以在引擎起動後迅速暖機。如圖 5-2-17 所示。

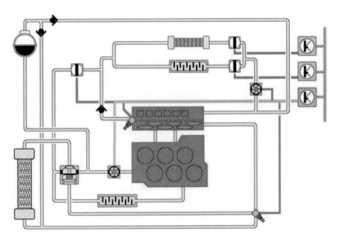

✦ 圖 5-2-17　階段 1：「靜止的冷卻水」

階段 2：

空調系統設定了暖氣需求時，來自汽缸蓋(19)的熱能輸出一開始是利用冷卻水循環水泵 2(7)(汽缸蓋迴路)來驅動。在此同時，「自動加熱」次功能會因為冷卻水切斷閥 (8) 的開啟而作動。汽缸體的冷卻水流接著會被「靜止的冷卻水」次功能關閉。如圖 5-2-18 所示。

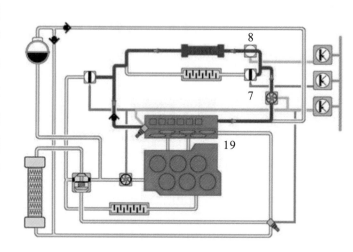

⊛ 圖 5-2-18　階段 2：空調系統設定了暖氣需求

階段 3：

冷卻水泵(1)在汽缸蓋溫度為 75℃時作動，冷卻水泵在轉換階段時會依 PWM 信號作動(例如，冷卻水泵的關閉裝置會間歇性的開啟和關閉)來平衡汽缸體(18)和汽缸蓋(19)的冷卻水溫度。之後，冷卻水泵就可以持續傳送。如圖 5-2-19 所示。

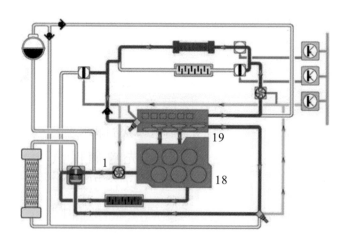

⊛ 圖 5-2-19　階段 3：依 PWM 信號作動

階段 4：

接著，變速箱油經由變速箱油熱交換器(11)加熱(「變速箱油加熱」次功能)。因為汽缸體(13)的切斷閥仍為關閉，冷卻水循環泵 2(7)會依據車內暖氣需求，讓高溫冷卻水傳送到變速箱油熱交換器 (11) 以及通往加熱器的熱交換器 (9)。如圖 5-2-20 所示。

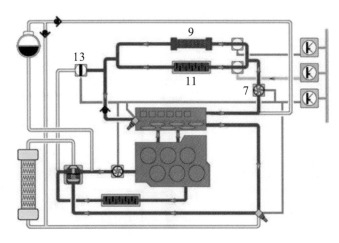

⊛ 圖 5-2-20　階段 4：變速箱油加熱

階段 5：

一旦引擎達到工作溫度(大約 87℃)時，汽缸體的切斷閥(13)就會開啟。暖機已完成。在此操作模式下，冷卻水泵的輸出(1)正常來說，不需要冷卻水循環泵 2(7) 的支援就足夠應付熱能的需求。當冷卻水泵在引擎轉速低於 1,240rpm 時運轉，只有冷卻水循環泵 2 會提供支援。如圖 5-2-21 所示。

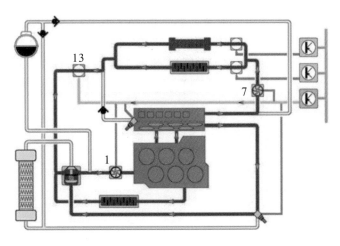

⊛ 圖 5-2-21　階段 5：冷卻水循環泵 2 作動

階段 6：

進一步深入引擎的暖機過程，節溫器(2)會在主水箱(5)達 89℃ 的時候開啓大循環冷卻水迴路。一旦變速箱已達到工作溫度，變速箱油加熱就會因爲關閉變速箱油熱交換器的切斷閥(10)而再次結束。如圖 5-2-22 所示。

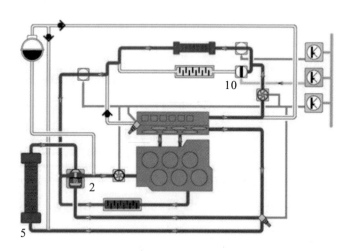

❀ 圖 5-2-22　階段 6：大循環冷卻水迴路

2.　暖機曲線圖(在冬季運作)

圖 5-2-23 爲引擎在 9 暖機時，ITM 對冷卻水溫度及變速箱油溫度之影響。

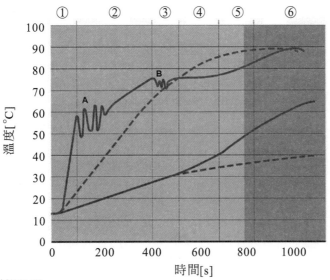

圖例說明
— 有受到ITM影響的冷卻水溫度　　　① 階段
-- 沒有受到ITM影響的冷卻水溫度　　② 階段
— 有受到ITM影響的變速箱油溫度　　③ 階段
-- 沒有受到ITM影響的變速箱油溫度　④ 階段
▨ 有受到ITM影響的冷起動　　　　　⑤ 階段
▇ 引擎已暖機　　　　　　　　　　　⑥ 階段
　　　　　　　　　　　　　　　　　A 冷卻水循環泵2依PWM信號
　　　　　　　　　　　　　　　　　　作動。
　　　　　　　　　　　　　　　　　B 冷卻水泵以脈衝波控制。

❂ 圖 5-2-23　暖機曲線圖(在冬季運作)

十四、基本控制策略(夏季各階段控制)說明

階段 1：

「靜止的冷卻水」次功能首先會確保汽缸體可以在引擎起動後迅速暖機。如圖 5-2-24 所示。

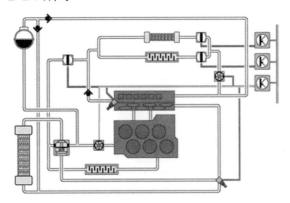

❂ 圖 5-2-24　階段 1：「靜止的冷卻水」

階段 2：

因為沒有熱能的需求，「自動加熱」次功能就不會作動。

階段 3：

冷卻水泵(1)在汽缸蓋溫度為 75℃時作動，冷卻水泵在轉換階段時會依 PWM 信號作動(例如，冷卻水泵的關閉裝置會間歇性的開啟和關閉)來平衡汽缸體(18)和汽缸蓋(19)的冷卻水溫度。之後，冷卻水泵就可以持續傳送。如圖 5-2-25 所示。

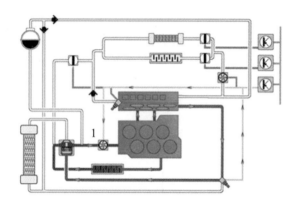

✴ 圖 5-2-25　冷卻水泵依 PWM 信號作動

階段 4：

接著，變速箱油經由變速箱油熱交換器(11)加熱(「變速箱油加熱」次功能)。因為汽缸體。(13)的切斷閥仍為關閉，冷卻水循環泵 2(7)會讓高溫冷卻水傳送到變速箱油熱交換器。如圖 5-2-26 所示。

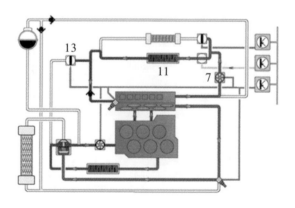

✴ 圖 5-2-26　階段 4：變速箱油加熱

階段 5：

一旦引擎達到工作溫度(大約 87℃)時，汽缸體的切斷閥(13)就會開啓。暖機已完成。如圖 5-2-27 所示。

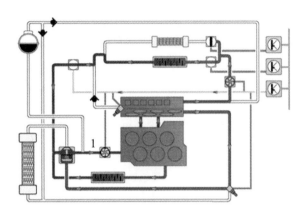

❀ 圖 5-2-27　階段 5：暖機已完成

階段 6：

進一步深入引擎的暖機過程，節溫器(2)只在主水箱(5)達 89℃ 的時候開啓大循環冷卻水迴路。因爲沒有熱能的需求。變速箱油熱交換器的切斷閥(10)在變速箱達到工作溫度後仍會保持開啓，以確保冷卻水流過汽缸蓋。如圖 5-2-28 所示。

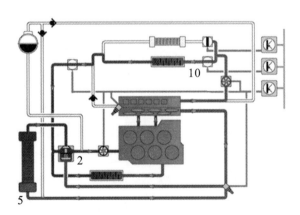

❀ 圖 5-2-28　開啓大循環冷卻水迴路

十五、控制系統

　　控制系統由冷卻液溫度傳感器、引擎溫度調節溫度傳感器、引擎轉速傳感器、空氣質量計搭配進氣溫度傳感器及變速箱油溫傳感器等五個傳感器，及汽缸體的冷卻液閥、冷卻液調節閥、冷卻液循環泵，冷卻液切斷閥、冷卻油閥等五個動作器及引擎控制電腦與變速箱控制電腦組成，如圖 5-2-29 所示。

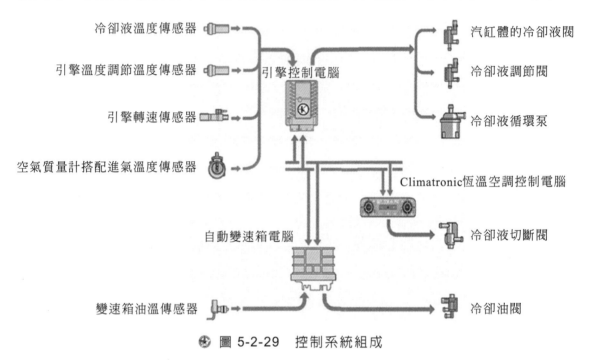

❀ 圖 5-2-29　控制系統組成

▰5-3▰ 渦輪增壓引擎冷卻系統

€ 5-3-1　概述

　　為有效提升引擎熱效率，現代引擎很多加裝渦輪增壓系統，把大量的廢汽熱能透過渦輪機驅動空氣增壓機以提高進氣量來提升引擎功率。渦輪增壓引擎需 2 組冷卻系統，一組冷卻引擎另一組冷卻增壓空氣。兩組系統由兩個連接點區隔開，這些連接點有一組副水箱相通。引擎冷卻系統與增壓空氣冷卻系統之間的溫度差可達 100℃。圖 5-3-1 為渦輪增壓引擎 2 組冷卻系統示意圖。

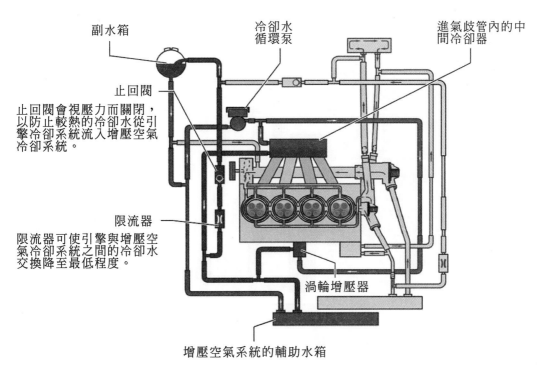

副水箱

冷卻水
循環泵

進氣歧管內的中
間冷卻器

止回閥

止回閥會視壓力而關閉，
以防止較熱的冷卻水從引
擎冷卻系統流入增壓空氣
冷卻系統。

限流器

限流器可使引擎與增壓空
氣冷卻系統之間的冷卻水
交換降至最低程度。

渦輪增壓器

增壓空氣系統的輔助水箱

● 圖 5-3-1　渦輪增壓引擎 2 組冷卻系統示意圖

一、引擎冷卻系統的特色

　　雙迴路冷卻系統用於不同冷卻水溫度之汽缸體與汽缸蓋，有單段節溫器
的冷卻水分配器殼。

二、增壓空氣冷卻系統的特色

　　在進氣歧管內有一組空氣對液體式中間冷卻器，來冷卻增壓空氣。可使
渦輪增壓器到進汽門的尺寸縮小一半以上，壓縮較小容積的空氣更快達到所
需的增壓壓力。冷卻水循環泵視需要而運轉，冷卻增壓空氣。冷卻水循環泵
吸入前端輔助水箱的冷卻水，然後壓送到中間冷卻器與渦輪增壓器。高負載
時，中間冷卻器後方空氣與外部溫度之間的差異大約在 20℃ 至 30℃ 之間。
如圖 5-3-2 所示。

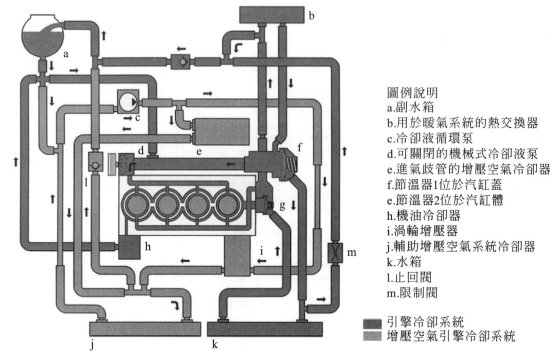

圖例說明
a.副水箱
b.用於暖氣系統的熱交換器
c.冷卻液循環泵
d.可關閉的機械式冷卻液泵
e.進氣歧管的增壓空氣冷卻器
f.節溫器1位於汽缸蓋
e.節溫器2位於汽缸體
h.機油冷卻器
i.渦輪增壓器
j.輔助增壓空氣系統冷卻器
k.水箱
l.止回閥
m.限制閥

■ 引擎冷卻系統
■ 增壓空氣引擎冷卻系統

❀ 圖 5-3-2　渦輪增壓引擎 2 組冷卻系統組成

5-3-2　引擎冷卻系統

　　此引擎安裝了通過測試的雙迴路冷卻系統。汽缸蓋和曲軸箱中獨立的冷卻液迴路可使兩個組件有不同的冷卻開始時間。冷卻液迴路是由冷卻液分配室的兩個節溫器控制。一個節溫器位於汽缸蓋而另一個位於汽缸體。

　　雙迴路冷卻系統有下列優點：

　　汽缸體因冷卻液停留在汽缸體中可直到 87℃ 而使升溫更快。汽缸壁更快加熱可減少碳氫化合物的排放。

　　因汽缸蓋中的冷卻液能比汽缸體中的冷卻液更快加熱，所以此獨立的冷卻液迴路便能使燃燒室更早進行冷卻。因此可達到更好的增壓、降低爆震傾向和更少的氮氧化物排放。如圖 5-5-3 所示。

　　引擎冷卻系統的特色：

　　為了更進步減少油耗並因而減少 CO_2 排放，因此所安裝的機械式冷卻液泵是可以關閉的。在暖機期間不會抽取冷卻液。為達此目的，使用真空控制式切斷裝置阻斷流入汽缸體和汽缸蓋的冷卻液。

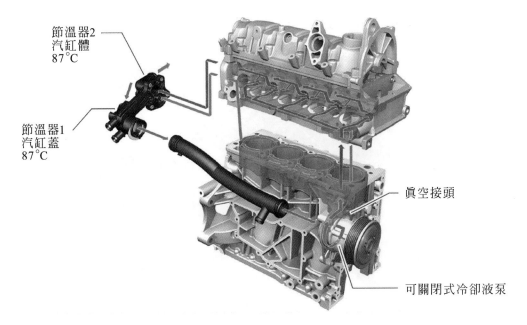

節溫器2
汽缸體
87°C

節溫器1
汽缸蓋
87°C

真空接頭

可關閉式冷卻液泵

✦ 圖 5-3-3　引擎冷卻系統

⚙ 5-3-3　增壓空氣冷卻系統

　　在進氣歧管內有一組空氣對液體式中間冷卻器用來冷卻增壓空氣。如此一來，增壓空氣系統中從渦輪增壓器到進氣門的尺寸都縮小了一半以上，渦輪增壓器壓縮較小的容積且更快就達到所需的增壓壓力。

　　冷卻水循環泵視需要而運轉以冷卻增壓空氣。冷卻水循環泵吸入前端輔助水箱的冷卻水，然後壓送到中間冷卻器與渦輪增壓器。高負載需求時，中間冷卻器後方空氣與外部溫度之間的差異大約在 20℃ 至 25℃ 之間。如圖 5-3-4 所示。

增壓空氣系統的轉助水箱　　渦輪增壓器

冷卻水循環泵　　中間冷卻器

❂ 圖 5-3-4　增壓空氣冷卻系統

一、冷卻水循環泵

　　冷卻水循環泵在必要時才運轉。冷卻水循環泵吸入增壓空氣輔助水箱的冷卻水，然後壓送到進氣歧管內的中間冷卻器與渦輪增壓器。如圖 5-3-5 所示。

至中間冷卻器與渦輪增壓器

冷卻水循環泵　　來自輔助水箱

❂ 圖 5-3-5　冷卻水循環泵

二、中間冷卻器之冷卻

　　中間冷卻器由大量的鋁片所組成，內含冷卻水通道的管路從內部穿過。熱空氣流過後將熱量轉移給散熱片，散熱片再將熱轉移給冷卻水。冷卻水再被壓送回前端的輔助水箱冷卻。如圖 5-3-6 所示。

中間冷卻器

冷卻水供應　　　　冷卻水回流

☸ 圖 5-3-6　中間冷卻器

三、渦輪增壓器之冷卻

　　引擎運轉時，渦輪增壓器主要是由引擎機油冷卻。冷卻水只在必要時才輸送到渦輪增壓器。當溫熱的引擎熄火後，冷卻水循環泵最長會持續運轉 480 秒。如此可避免在渦輪增壓器冷卻水迴路中形成氣阻。如圖 5-3-7 所示。

冷卻水回流　　　　渦輪增壓器

冷卻水供應

☸ 圖 5-3-7　渦輪增壓器之冷卻

CHAPTER 6

進排汽系統

6-1　進排汽概要

 ### 6-1-1　概述

(一) 引擎運轉中很均勻的將空氣及混合汽導入汽缸中燃燒，後又將各汽缸產生之廢汽在安靜無爆音下排到大氣中之裝置即爲進排汽裝置。

(二) 現代高性能引擎爲提升效率，裝置可變進氣系統及渦輪增壓進氣系統(turbo charge system)以提高引擎性能。

(三) 爲減少 HC、CO、NO_x 等有毒氣體排出污染空氣，引擎的進排汽系統變爲非常複雜，引擎爲使排出的廢汽合乎規定，採用很多方法來淨化排汽，計有下列許多裝置。

　　1.　排汽再循環裝置 EGR(exhaust gas recirculation)。

　　2.　二次空氣供給裝置，包括：二次空氣導入裝置 EAI(exhaust airlnducer)、二次空氣噴射裝置 AIS(air Injection system)兩種方式。

3. 熱反應器(thermal reactor)。

4. 氧化觸媒轉換器(oxidation catalyst convertor)。

5. 排汽溫度警報裝置。

6. 三元觸媒轉換器(three way catalyst convertor)。

7. 二次空氣控制閥(second air control valve)。

6-2　進汽系統

6-2-1　進汽歧管概述

將混合汽送到各汽缸。進汽歧管之設計對引擎之性能影響極大,進汽歧管之設計要注意下列事項:

1. 送到各汽缸之混合汽量及混合比必須相同。

2. 要使汽油之分佈均勻。

3. 汽油在進汽歧管能得到充分加溫,以變成乾汽油蒸汽進入汽缸。

4. 在進汽歧管也不能過度加熱致使混合汽過度膨脹而降低引擎馬力。

5. 進汽歧管之內壁應光滑且口徑足夠混合汽之流通。

6. 進汽歧管彎曲處之設計不可使汽油凝結。

6-2-2　可變進氣系統

1. 自然進氣的現代汽油引擎,為提高低、中轉速及高轉速時的扭矩,利用可變進氣系統,以達到目的。

2. 利用可變進氣歧管長度及斷面積的方式時,在低、中轉速,空氣必須經過較細長的進氣歧管,由於進氣流速快,且進氣脈動慣性增壓的結果,使較多的混合氣進入汽缸,提高扭矩輸出;而在高轉速時,空氣則經過較短的進氣歧管,管徑變大,進氣阻力小,充填效率高,以維持高扭矩輸出。

3. 利用可變進氣道的方式時,在低轉速,一個進氣道被控制閥封閉,僅一個進氣道進氣,進氣氣流增快,提高進氣慣性,改善

進氣效率，且造成強烈的渦流或滾流，使燃燒迅速，因而提高扭矩輸出；而在高轉速時，兩個進氣道均進氣，進氣充足，可維持高扭矩輸出。

一、可變進氣系統的種類

可變進氣系統的種類 ─┬─ 可變進氣歧管長度及斷面積式
　　　　　　　　　　 └─ 可變進氣道式

二、可變進氣歧管長度及斷面積式

1. 如圖 6-2-1 所示，控制閥裝在較粗短的副進氣歧管上，當引擎低、中轉速時，控制閥關閉，空氣從較細長的主進氣歧管進入汽缸；當引擎高轉速時，控制閥打開，空氣從主、副進氣歧管進入汽缸。如圖 6-2-2 所示，為本田汽車公司採用的可變進氣系統，其構造及作用與上述相似。另如圖 6-2-3 所示，為日產汽車公司採用的可變進氣系統(Nissan Variable Induction System, N-VIS)，構造及作用也相同。

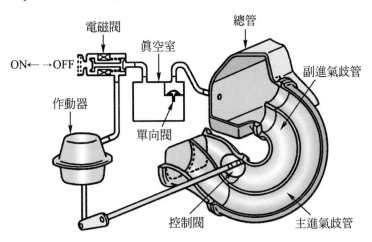

🌑 圖 6-2-1　可變進氣歧管長度及斷面積式進氣系統的構造

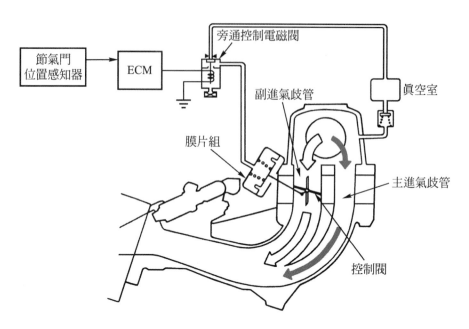

⊕ 圖 6-2-2 本田汽車採用的可變進氣系統(本田汽車公司)

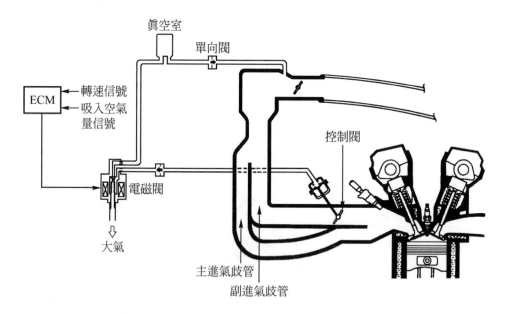

⊕ 圖 6-2-3 日產汽車採用的可變進氣系統(日產汽車公司)

2. 如圖 6-2-4 與圖 6-2-5 所示,為豐田汽車公司採用的進氣控制
   系統(Acoustic Control Induction System, ACIS),其控制閥是裝
   在每個汽缸的進氣室 2 之前,當引擎低、中轉速時,控制閥關
   閉,可得到延長進氣歧管長度相同的效應;當引擎高轉速時,
   控制閥打開,可得到縮短進氣歧管長度相同之效應。

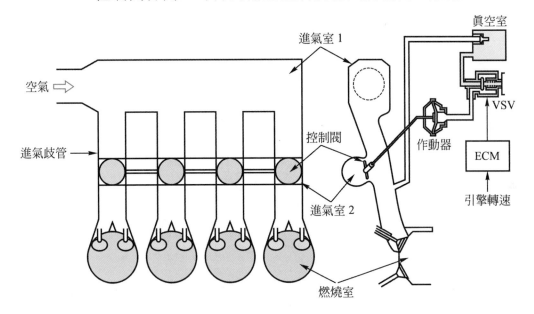

❀ 圖 6-2-4　豐田汽車採用的進氣控制系統之構造(和泰汽車公司)

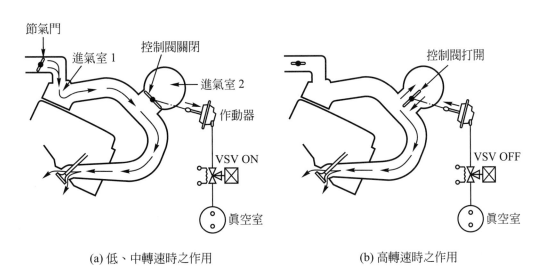

(a) 低、中轉速時之作用　　　　　　　(b) 高轉速時之作用

❀ 圖 6-2-5　豐田汽車採用的進氣控制系統之作用(和泰汽車公司)

3. 如圖 6-2-6 與圖 6-2-7 所示，為福特汽車公司採用的可變進氣控制系統(Variable Induction Control System, VICS)，以引擎轉速 4,800rpm 為控制閥關閉或打開的切換點，可改變進氣室與進氣歧管間之路徑長度，以達到如圖 6-2-8 所示，利用控制閥的閉開，可得到較高的扭矩及較寬的扭矩帶。

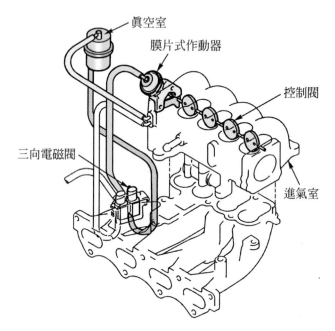

🌑 圖 6-2-6　福特汽車採用的可變進氣控制系統之構造(福特六和汽車公司)

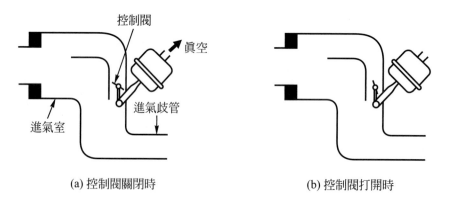

🌑 圖 6-2-7　福特汽車採用的可變進氣控制系統之作用(福特六和汽車公司)

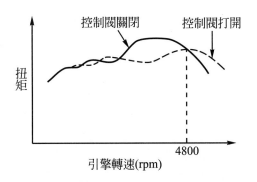

❀ 圖 6-2-8　可變進氣控制系統的功能(福特六和汽車公司)

4. 如圖 6-2-9 所示，為 SAAB 汽車公司採用的可變進氣歧管
   (Variable Intake Manifold, VIM)，為三段可變進氣系統，用於
   V6 3.0L 引擎，進氣系統上裝兩個控制閥，在不同轉速下，配
   合不同的控制閥開度，以改變進氣歧管的長度，得到不同的空
   氣共鳴作用，使低、中、高轉速的扭矩均能提高。

   (1) 引擎轉速低於 3,000rpm 時：兩個控制閥均關閉，此時進
       氣的共鳴導管長度最長，使低轉速扭矩增加，如圖 6-2-9
       之上方所示。

   (2) 引擎轉速在 3,000rpm 時：第一控制閥打開，進氣的共鳴
       導管長度縮短，使中轉速扭矩增加。

   (3) 引擎轉速超過 4,000rpm 時：兩個控制閥均打開，進氣的
       共鳴導管長度最短，使高轉速維持高扭矩。

5. 如圖 6-2-10 所示，為富豪汽車公司採用的可變進氣系統
   (VOLVO Variable Induction System, V-VIS)，有兩條平行但不等
   長的進氣歧管，控制閥也是裝在短進氣歧管上，低轉速時關，
   高轉速時開，可維持高扭矩在寬廣的範圍內。

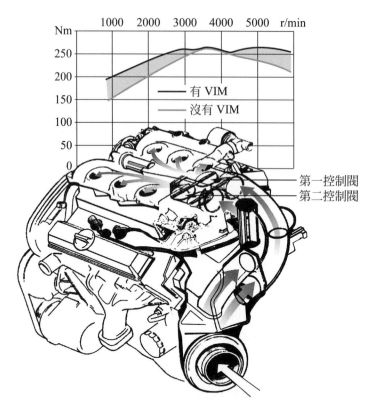

圖 6-2-9　SAAB 汽車採用的可變進氣歧管(SAAB 汽車公司)

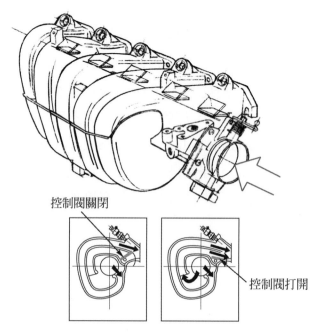

圖 6-2-10　富豪汽車採用的可變進氣系統(VOLVO 汽車公司)

6. 如圖 6-2-11 所示，也是可變進氣歧管長度及斷面積式，但其控制閥係依引擎轉速而逐漸改變開度，與上述各種系統的控制閥開啓方式不相同。扭矩與控制閥開度的關係，如圖 6-2-12 所示。

(1) 低轉速時：副進氣歧管上的控制閥全關，進氣流速快，加上進氣慣性效果，使充塡效率提高，故輸出扭矩增加。

(2) 中轉速時：引擎轉速上升，控制閥慢慢打開，進氣歧管的斷面積增大，使進氣阻力減小，加上進氣慣性效果，故輸出扭矩增加。

(3) 高轉速時：控制閥全開，進氣斷面積最大，進氣阻力最小，充塡效率最高，引擎輸出馬力及扭矩均增加。

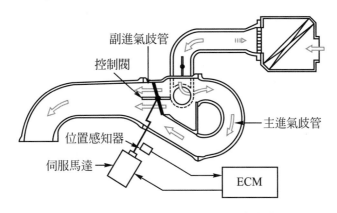

❀ 圖 6-2-11　可變進氣歧管長度及斷面積式進氣系統的構造

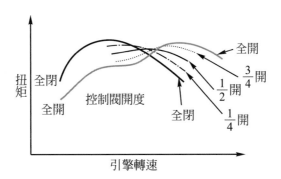

❀ 圖 6-2-12　可變進氣歧管長度及斷面積式進氣系統的功能

三、可變進氣道式

如圖 6-2-13 所示，為豐田汽車公司採用的可變進氣系統(Toyota Variable Induction System, T-VIS)，係可變進氣道式，在兩個進氣道的其中一個安裝控制閥，低、中轉速時控制閥關閉，高轉速時控制閥打開，可得到如圖 6-2-14 所示之結果，以提高低轉速時的扭矩，同時也不會影響四氣門引擎在高轉速時高輸出之特性。

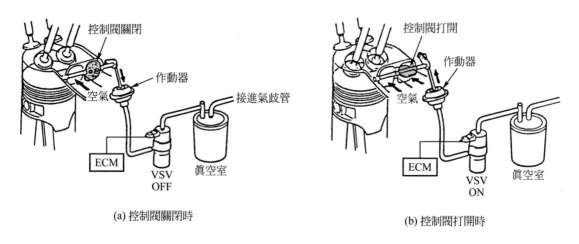

(a) 控制閥關閉時　　　　　　　　　　　　　(b) 控制閥打開時

❂ 圖 6-2-13　豐田汽車採用的可變進氣系統(和泰汽車公司)

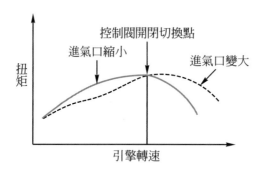

❂ 圖 6-2-14　採用可變進氣系統的功能(和泰汽車公司)

6-3　排汽歧管概述

排汽歧管將各汽缸排出之氣體收集後經排汽管及消音器排至大氣中。要使排汽作用良好，減少排汽回壓(exhaust back pressure)，排汽歧管內部必須光滑，轉角必須成流線形以減少阻力。

6-4 消音器

6-4-1 概述

　　引擎排出的高溫高壓廢汽，如果直接排於大氣中，因急劇的膨脹會發生很大的爆音。消音器的目的就是使排汽膨脹冷卻，然後才排於大氣中以消除噪音之裝置。通常使用鋼皮製成，內有許多小孔的消音器通道及共鳴室。有些外面並包以玻璃纖維以吸收震動及噪音。有些汽車裝數個消音器以提高效能。

6-4-2 消音器消音之原理

(一) 將排汽通路縮小，壓力產生變動以消除壓迫聲。
(二) 使音波干涉以消音。
(三) 管斷面積一部分突然變大可以消除聲音。
(四) 使用吸音材料以吸收音波。
(五) 使用共鳴以減弱聲音。

6-4-3 消音器之種類

消音器可依作用及構造分為下列數種：

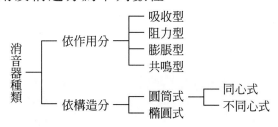

一、依消音器之作用分

(一) 吸收型：如圖 6-4-1(a)所示，消音器之共鳴箱中放置玻璃纖維以吸收音波。

(二) 阻力型：如圖 6-4-1(b)所示，在排汽管中央隔開使經小孔進入膨脹室，再從小孔進入後段排汽管以降低排汽速度並消音。

(三) 膨脹型：如圖 6-4-1(c)所示，普通裝在排汽管中央，使排汽突然膨脹後才排出，以消除雜音。

(四) 共鳴型：如圖 6-4-1(d)所示，使用共鳴箱以吸收聲音。

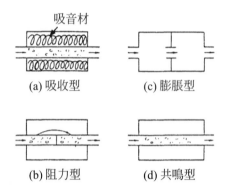

(a) 吸收型　　　　(c) 膨脹型

(b) 阻力型　　　　(d) 共鳴型

☆ 圖 6-4-1　消音器之作用

二、依消音器之構造分

(一) 同心式消音器：如圖 6-4-2 所示，一般在機踏車上用。

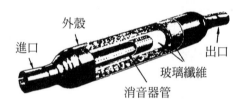

☆ 圖 6-4-2　同心式圓筒型消音器

(二) 不同心圓筒式消音器：如圖 6-4-3 所示，一般大型車使用較多。

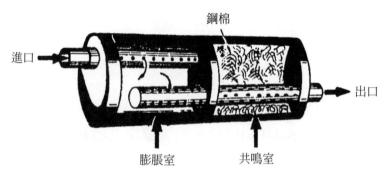

☆ 圖 6-4-3　不同心式圓筒型消音器

(三) 橢圓式消音器：如圖 6-4-4 所示，一般小型車使用較多。

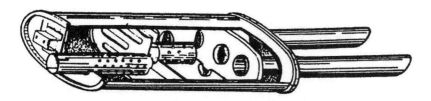

✸ 圖 6-4-4　橢圓型消音器

6-5　排汽再循環(EGR)裝置概述

排汽再循環(EGR)係將排汽的一部分再送入進汽系統與新鮮混合汽混合，以降低燃燒時之最高溫度，以減少 NO_X 的發生量之方法。因排汽中含有多量的二氧化碳(CO_2)惰性氣體，CO_2 在燃燒時不發生作用，但能吸收大量的熱，使最高燃燒溫度降低。

要使 EGR 能更有效的發揮其功能，減少 NO_X 之發生量，確保引擎運轉性能，必須根據進汽溫度、冷卻水溫度、變速箱檔位及車子之運轉狀態，適當的控制進入進汽系統之 EGR 量。因引擎溫度低，怠速或負荷輕時，發生之 NOx 之量很少，不須引入 EGR，以免影響引擎性能，因此 EGR 必須做很精密之控制。

6-6　二次空氣供給裝置概述

將空氣噴入排汽管中，使排汽中之 CO 及 HC 再進一步燃燒，是消除 CO 及 HC 最早使用的方法，觸媒轉換器發明後仍繼續再使用，以提高轉換器之效果。二次空氣供給之方法有利用空氣泵的二次空氣噴射裝置(AIS)及利用排汽壓力脈動將空氣導入之裝置(EAI)兩種。

6-7 觸媒轉換器

6-7-1 氧化觸媒轉換器

一、概述

在排汽管中裝置觸媒(凡協助其他物質使容易產生化學反應而本身不產生變化之物質稱為觸媒)，引擎排出之氣體通過觸媒時，其所含之 CO 及 HC 會迅速氧化變成 CO_2 及 H_2O，可使排汽中所含之 CO 及 HC 減少。

二、構造

氧化觸媒轉換器係使用鉑(Pt；platinum)或鈀(Pd；palladium)等貴金屬製成。若以原來形狀使用時，因表面積少效能不佳，因此在使用時，將其附著於鋁擔體上(擔體係表面積為海綿狀之台體，以增大表面積)，以提高接觸面積，增進觸媒轉換器之效率。觸媒劑有兩種形狀，一種如圖 6-7-1 所示，使用 2～4mm 直徑之小圓粒擔體表面附著鉑之圓粒式(pallet type)及圖 6-7-2 所示之鉑附著於隧道表面之蜂巢式(honey comb type)兩種，外殼使用不銹鋼製成。

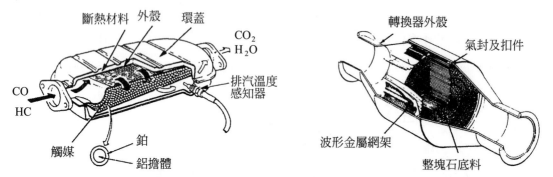

🌀 圖 6-7-1 圓粒觸媒劑式氧化觸媒轉換器 🌀 圖 6-7-2 蜂巢觸媒劑式氧化觸媒轉換器

三、作用

在轉換器中須供給氧化反應所需的適量空氣，觸媒在 300℃ 時就有充分的工作能力。轉換器中之溫度可達 500～850℃ 左右，排汽在觸媒轉換器之出口溫度高於進口溫度約 30～100℃ 左右。在正常情形下能使排汽中之 CO 及 HC 氧化變成 CO_2 及 H_2O 的無害氣體，達成淨化作用。如果引擎有某種不正常原因而排出高濃度的 CO 及 HC 進入觸媒轉換器中時，觸媒因負荷過重而

使溫度升高；若高溫繼續的時間過長時，會使觸媒之性能劣化，為防止此種現象發生，須有提醒駕駛人注意的溫度警報裝置。

6-7-2　三元觸媒轉換器

一、概述

前述之氧化觸媒轉換器對 NO_X 之淨化毫無效果，NO_X 必須使用還原反應把 NO_X 中的氧轉入 CO 之中，變成氮(N_2)和二氧化碳(CO_2)才能奏效。還原觸媒劑為鉑及銠(Rn；rhodium)，同時能使 CO、HC 及 NO_X 淨化之轉換器稱為三元觸媒轉換器，如圖 6-7-3 所示。

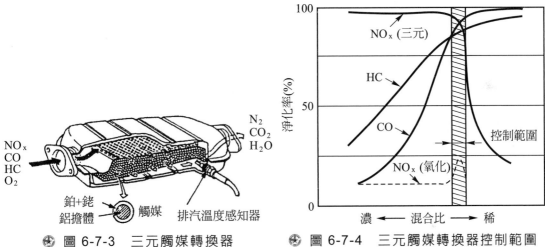

❀ 圖 6-7-3　三元觸媒轉換器　　❀ 圖 6-7-4　三元觸媒轉換器控制範圍

二、作用

使用三元觸媒轉換器只有在理論混合比附近之狹窄區域，如圖 6-7-4 所示時，才能發揮其淨化性能。因此使用三元觸媒轉換器必須裝置含氧量感知器及混合比回餽控制系統(mixture feed back system)來控制混合汽維持在理論混合比附近。

6-7-3　雙層觸媒轉換器

未使用含氧量感知器及混合比回餽系統之車輛，為使轉換器充分發揮效能，使用雙層觸媒反應器。前段為三元觸媒轉換器，後段為氧化觸媒轉換器，在兩段之間供應二次空氣。圖 6-7-5 所示為雙層觸媒轉換器(dual catalytic converter)之構造。圖 6-7-6 所示為雙層觸媒轉換器中三元觸媒及氧化觸媒的使用範圍。

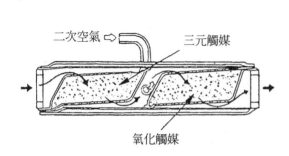

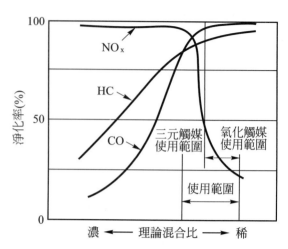

 圖 6-7-5　雙層觸媒轉換器　　　 圖 6-7-6　雙層觸媒轉換器之工作範圍

6-7-4　使用觸媒轉換器之注意事項

一、概述

觸媒轉換器如果使用不當，將迅速損傷或毀壞。尤其燃料、引擎狀況等最為重要。

二、使用燃料

裝有觸媒轉換器的汽車不可使用含鉛汽油，一旦誤用了含鉛汽油，鉛質覆蓋在觸媒劑表面，會使觸媒劑失效。

6-8　含氧感知器

6-8-1　步階式含氧量感知器

一、概述

含氧量感知器係利用大氣與排汽中之氧濃度的此以產生電動勢(能斯特電壓)的一種電池，如圖 6-8-1 所示。以理論混合比之混合汽燃燒後之排汽中的含氧濃度為基準，混合汽較濃時，產生之電動勢極高，混合汽較稀時，電動勢接近零。以此電壓的變化送到電子控制器，進而控制燃料的供應量維持一定的混合比，使三元觸媒轉換器能發揮其淨化效能。

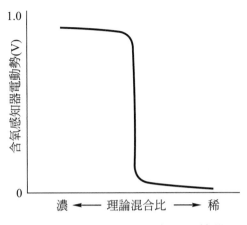

圖 6-8-1　含氧量感知器特性

二、構造

如圖 6-8-2 所示為含氧量感知器之構造。由能產生電動勢之鋯(Zr；zirconium)管、導線、電極及防止鋯管破損及導入排汽之孔罩(lou-ver)等組成。

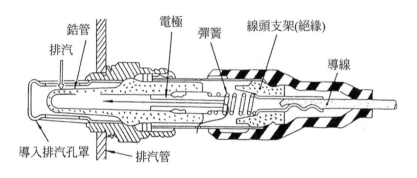

圖 6-8-2　含氧量感知器構造

三、作用

含氧量感知器產生電動勢之原理為含氧之濃度有差別存在時，氧離子通過鋯管時即能產生電動勢，鋯管之表面鍍有鉑以產生觸媒作用。

鋯管內側為大氣，含氧量高(約 21%)；外側為排汽。當混合比過濃時，排汽中所含氧少，兩側氧之濃度差大，產生大電動勢；當混合比過稀時，排汽中所含之氧多，兩側氧之濃度差小，產生之電動勢就小。同時鋯表面之白金能產生觸媒作用，使排汽中所含之 CO 轉變為 CO_2，較濃混合汽中所含之 CO，會與殘存之 O_2 作用，使鋯管表面 O_2 之濃度變成零，使兩側氧之濃度差更大，產生更大之電動勢(約 1.0 伏特)。

圖 6-8-3 所示爲 O_2、CO 含量與含氧量感知器產生電動勢之特性。在理論混合比附近之排汽中含有低濃度之 CO 及 O_2，在白金表面之 O_2 與 CO 完全反應(CO 過剩，O_2 爲零)或氧過剩的狀態(CO 爲零，O_2 過剩)間急劇的變化，鋯管兩側氧之濃度比也急劇的變化，因此產生之電動勢也急劇的變化。

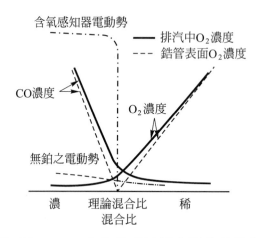

含氧感知器電動勢

—— 排汽中O_2濃度
---- 鋯管表面O_2濃度

CO濃度

O_2濃度

無鉑之電動勢

濃　　理論混合比　　稀
　　　　混合比

🌐 **圖 6-8-3　含氧量感知器之電動勢特性**

⚙ 6-8-2　寬頻含氧感知器(LSU)

一、概述

這是新型的觸媒前含氧感知器，從名字即可知道其功能爲偵測含氧量的感知器。和步階式(由急遽上升或下降的電壓曲線)的含氧感知器不同的是，LSU 是透過線性上升的電流值來表示目前 λ 的數值，如圖 6-8-4 所示可以測量出範圍較寬的空氣燃料混合比。步階式的含氧感知器被安裝在觸媒轉換器之後，透過其電壓是在 $\lambda=1$的範圍附近變動，所以用來檢測觸媒轉換器的功能。寬頻式的含氧感知器是將含氧量的變化以電流表示，而步階式的含氧感知器是以電壓的方式表示。

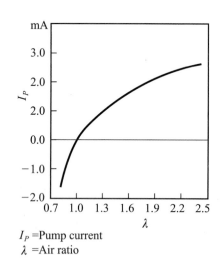

I_P =Pump current
λ =Air ratio

🌐 **圖 6-8-4　寬頻含氧感知器性能**

二、作用

寬頻式含氧感知器與步階式含氧感知器一樣也是使用兩個有氧濃度差時會產生能斯特電壓的電極；與步階式的含氧感知器不同的是，寬頻式含氧感知器這兩個電極的能斯特電壓是不會變動的，在寬頻式的含氧感知器內有一個微型的泵電池會持續的供應足夠的氧氣給廢氣側的電極，使兩電極間的電壓保持在 450mV，而引擎電腦會將泵電池消耗的功率轉換成 λ 值。當電流為 0 時，意指目前空燃比為 1，電流越大時表示此時的空燃比較稀薄。

6-9 機械增壓及渦輪增壓系統

6-9-1 概述

汽油引擎混合汽被壓縮的力量越大，則燃燒所產生的動力也越大，增加混合汽壓縮力的方法之一是提高壓縮比。60 年代末期之高性能汽車引擎的壓縮比高達 11：1，提高壓縮比的優點有二

(一) 進汽行程時，活塞位移佔汽缸總容積之百分比增加，容積效率可以提高。

(二) 壓力增加時，溫度升高，因此熱效率提高。

但自 1971 年開始，由於排汽淨化的需要，將壓縮比降低到 8：1～8.5：1 之間，因為高壓縮比引擎有大量排出 NO_x 之趨勢，同時為減少汽油的含鉛量也需把壓縮此降低。增加混合汽壓力的另一個方法，係把混合汽在高於大氣壓力下充入汽缸，此法稱為增壓充氣(super charge)。增壓充氣與增高壓縮比有相同的結果，但其在怠速空轉及減速時可以減少空氣污染。

使用增壓器和增加引擎壓縮比均可以增大引擎的動力，為何使用渦輪增壓器可以用在排汽淨化控制的引擎上，而增加壓縮比則不能呢？因引擎如按一定的壓縮比設計，一經做好即在此壓縮比下操作，而高壓縮比引擎在怠速、減速和使用阻風門時，有高度污氣(CO、HC)產生；而使用渦輪增壓進汽的升壓狀況在這種操作狀況時則恢復為一般正常吸氣式引擎，而於加速或重負荷時將進汽升壓，以增加引擎的容積效率。

(三) 增壓系統的特性

1. 一般吸氣式引擎，利用節氣門上、下方的壓力差，使空氣進入汽缸中。當節氣門關閉怠速時，進氣歧管真空約 550mmHg；而節氣門全開時，進氣歧管真空為零，節氣門上、下方的壓力幾乎一樣。

2. 而增壓引擎就不同，在相同轉速且有增壓作用時，會有更多的混合氣進入汽缸，以產生更大的動力。將額外的混合氣壓入汽缸中，稱為強制進氣(Forced Induction)，可提高容積效率，比一般吸氣式引擎，動力最大可提升 35～60%。

3. 增壓引擎不需要增壓壓力時，引擎作用與一般吸氣式引擎幾乎相同。故可採用較小排氣量引擎，在一般行駛時，可達到省油之目的；而在重負荷時，能有大馬力引擎的輸出。

(四) 增壓系統的優缺點與種類

1. 機械增壓器(Supercharger)與渦輪增壓器(Turbocharger)，依構造與作用可分很多種，但主要差異點為機械增壓器是利用曲軸以齒輪、鍊條或皮帶，做機械上的驅動；而渦輪增壓器是利用排汽驅動。

2. 舊型機械增壓器有消耗動力大、噪音高及耗油之缺點，因此改用渦輪增壓器，但渦輪增壓器有增壓遲滯(Turbo Lag)的現象。故有些製造廠在高性能引擎上裝用機械增壓器，以提供瞬間的加速反應，也不需要如渦輪增壓器般 8 萬至 20 萬的超高轉速。通常機械式增壓器的轉速為引擎轉速的 2～3 倍，且新型的機械增壓器，已大幅改善噪音及耗油的問題。

3. 事實上，機械增壓器與渦輪增壓器各有其優缺點，而各汽車製造廠也一直持續針對兩種增壓器的缺點做改良。

    (1) 機械增壓器的優點為低轉速時即有增壓作用，使引擎馬力，尤其是扭矩提升非常明顯，加速性能優異。如朋馳汽車 C-Class 新 C 200 Kompressor，裝用以皮帶驅動之機械增壓器，將最大馬力由原來的 129HP/5,300rpm 提升至 163HP，同時將 190N-m /4,000rpm 的最大扭矩，提升至

2,500rpm 至 4,800rpm 的寬廣轉速範圍內，均能發出 230N-m 之高扭矩值；馬力與扭矩均提升 20%以上，相當於六缸引擎的輸出，但與原有 C200 比較，每行駛 100 公里的油耗，僅多出 0.1 公升而已。

(2) 原本機械增壓器只是用來增加大型引擎的輸出功率，但現代之高效率機械增壓器，可提升小型引擎之輸出馬力與扭矩外，並可降低耗油量及排氣污染。

(3) 而渦輪增壓器的優點為提升的馬力幅度較大，適合賽車及高速行駛引擎採用；缺點為未增壓前之引擎輸出，比同排氣量的自然進氣引擎差，且高溫廢氣，使渦輪及外殼等承受相當高之溫度。

① 不過最新的渦輪增壓科技，如 Audi 裝用在 A4 1.8L 的小型輕增壓渦輪增壓器，能將原來 125PS/5,800rpm 的最大馬力提升至 150PS，同時將 17.1kg-m/3,500rpm 的最大扭矩，提升至 1,750rpm 至 4,600rpm 的寬廣轉速範圍內，均能維持 21.4kg-m 之高扭矩輸出，此種扭矩特性，不但中、高轉速性能優異，也十分適合市區的低速行駛；且 Audi 此具渦輪增壓器，幾無增壓遲滯之情形發生。

② Audi 以相同尺寸的 1.8L 引擎，從渦輪增壓器、進氣歧管至引擎管理系統(Engine Management Control Unit)，修改許多零組件或全新設計，如進氣道使進氣具滾流(Tumble)效果、採用 Bosch Motronic ME 7.5(2009 年已進階至 ME 9.6)引擎管理系統、雙進氣冷卻器等，使引擎性能再提升至最大馬力 180HP/5,500rpm、最大扭矩 235N-m/1,950～5,000rpm，如圖 6-9-1 所示；及最大馬力 225 HP/5,900rpm、最大扭矩 280N-m/2,200～5,500rpm，在進氣歧管的最大增壓壓力高達 200kPa(29lb/in^2)，如圖 6-9-2 所示。

(註：1HP = 1.032PS，1kg-m = 9.8N-m，1kW = 1.36PS)

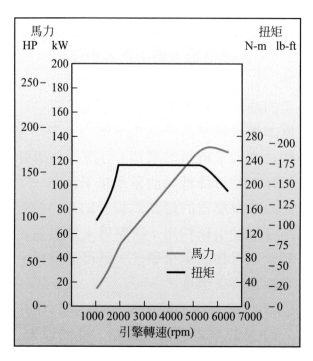

🌀 圖 6-9-1　Audi 渦輪增壓引擎性能曲線(一)(www.sae.org)

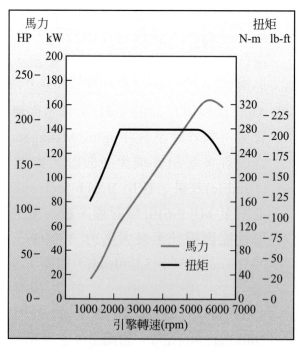

🌀 圖 6-9-2　Audi 渦輪增壓引擎性能曲線(二)(www.sae.org)

4. 增壓系統的種類

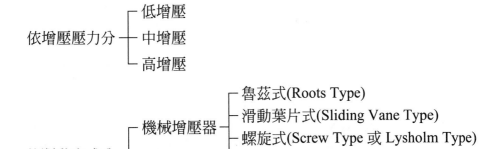

5. 增壓系統依增壓壓力及壓力比的分類，如表 6-9-1 所示。

🌸 表 6-9-1　增壓系統依增壓壓力及壓力比的分類
(VEHICLE AND ENGINE TECHNOLOGY, Heisler)

	增壓壓力(bar)	壓力比
低增壓	0.0～0.5	1.0～1.5:1
中增壓	0.5～1	1.5～2.0:1
高增壓	1.0 以上	2.0 以上

備註：壓力比 $= \dfrac{\text{增壓壓力} + \text{大氣壓力}}{\text{大氣壓力}}$

⚙ 6-9-2　機械增壓器的構造與作用

一、魯茲式

1. 魯茲式為機械式增壓器中常見的型式，具有兩個轉子，每個轉子上有兩個或三個直線型或螺旋型的葉片，如圖 6-9-3 與圖 6-9-4 所示。早期的魯茲式增壓器消耗動力可達 15%，且耗油。低轉速引擎與高轉速引擎的正時齒輪比(Timing Gear Ratio)分別約為 1.0～1.5：1 及 0.6～1.0：1，以控制增壓器轉速在安全範圍內。

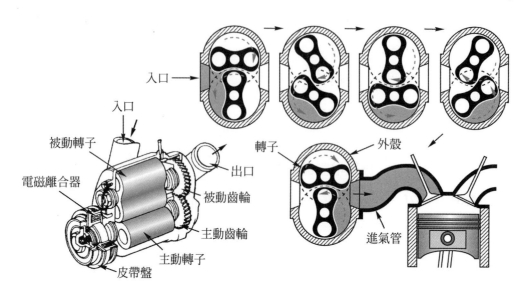

❀ 圖 6-9-3　兩葉魯茲式機械增壓器的構造與作用

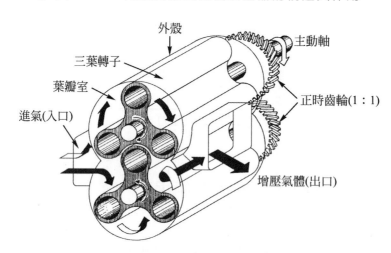

❀ 圖 6-9-4　三葉魯茲式機械增壓器的構造與作用
(VEHICLE AND ENGINE TECHNOLOGY, Heisler)

2. 化油器與單點噴射式，機械增壓器裝於化油器或單點噴射器後，即
流經增壓器的是混合氣，如圖 6-9-5 所示。而多點孔口燃油噴射，
流經增壓器的是空氣，如圖 6-9-6 所示，空氣流經空氣流量計、節
氣門，經過機械增壓器後，進入進氣冷卻器(Intercooler)。

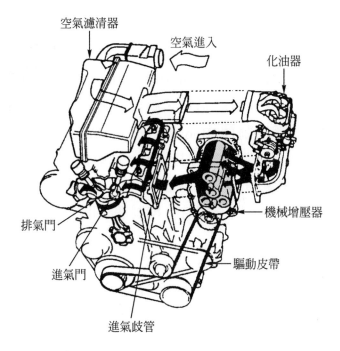

❀ 圖 6-9-5　魯茲式機械增壓器的位置(一)
(AUTOMOTIVE MECHANICS, Crouse, Anglin)

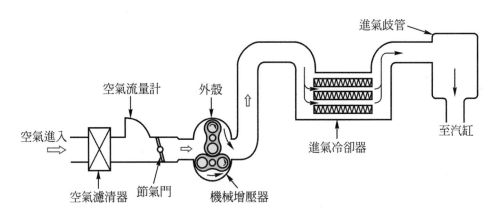

❀ 圖 6-9-6　魯茲式機械增壓器的位置(二)
(AUTOMOTIVE MECHANICS, Crouse, Anglin)

3. 魯茲式增壓器為積極位移(Positive Displacement)型空氣泵，當節氣門打開時，增壓器轉子每轉壓入相同體積的空氣進入進氣歧管。例如有些引擎在引擎轉速 4,000rpm 時，即增壓器轉速 10,400rpm 時，其最大增壓壓力達 0.8bar。

4. 驅動機械增壓器，引擎所損失的動力，或此種拖曳(Drag)現象，稱為附生損耗(Parasitic Loss)。為減少此種損耗，有以下兩種設計：

 (1) 設置電磁離合器(Magnetic Clutch)：電磁離合器由電腦控制分離與接合，當輕負荷時，離合器分離，如圖 6.2.1 所示。

 (2) 設置增壓控制閥(Boost Control Valve，或稱旁通閥 Bypass Valve)：當節氣門部分打開時，進氣歧管有真空，控制閥打開，部分增壓氣體回到增壓器的空氣入口處，以改善引擎性能及油耗。怠速節氣門全關時，控制閥全開；而節氣門全開時，控制閥則關閉。

二、滑動葉片式

1. 滑動葉片式機械增壓器的構造與作用，如圖 6-9-7 所示。

2. 滑動葉片式在低轉速時，可供應所需的增壓壓力；但在中轉速至高轉速範圍時，僅能提供適度的增壓壓力。

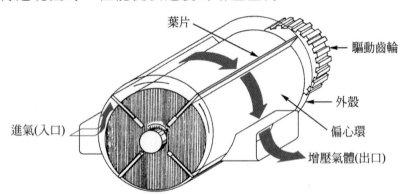

⭐ 圖 6-9-7 滑動葉片式機械增壓器的構造與作用
(VEHICLE AND ENGINE TECHNOLOGY, Heisler)

三、螺旋式

1. 公螺旋有三個凸面葉瓣，而母螺旋有五個凹面葉槽，如圖 6-9-8 所示。螺旋表面為鐵氟龍(Teflon)被覆，以避免腐蝕。

2. 螺旋式機械增壓器消耗的引擎動力非常少，且壓縮後之空氣溫度較低，因此可不需要進氣冷卻器。本增壓器能提供的壓力比不超過 2.0：1。

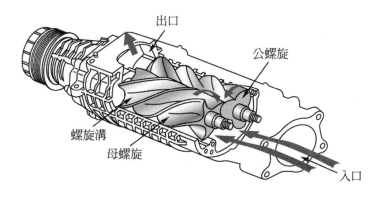

出口

公螺旋

螺旋溝

母螺旋

入口

🌼 圖 6-9-8　螺旋式機械增壓器的構造與作用

3. 朋馳汽車公司在 V6 3.2L 引擎採用的機械增壓器：

(1) 朋馳為了在裝不下 V8 引擎的 C-Class 及 SLK 車系，而又希望該車系擁有 V8 引擎的性能，因此特別將 V6 3.2L 引擎機械增壓化，使原有性能 215HP/5,700rpm 及 310N-m/3,000 rpm，提升至 349HP/6,100rpm 及 450N-m/4,400rpm，與 V8 5.5L 引擎的 342HP/5,500rpm 及 510N-m/3,000rpm 相比，只有扭矩值稍低。整體比較而言，機械增壓的效果實在非常驚人。

(2) V6 引擎的夾角為 90°，朋馳將機械增壓器及其水冷式進氣冷卻器，裝在夾角的空間內。進氣冷卻器有自己的水箱及電動風扇，以穩定進氣冷卻效果。

(3) 朋馳所謂的 Scroll Type 增壓器，實際上是一種流線形的螺旋式增壓器。朋馳只在一個螺旋表面被覆鐵氟龍，以減少摩擦，避免增壓器溫度上升。

(4) 朋馳在增壓器的一端，安裝傳統式冷氣壓縮機用的電磁離合器，由電腦控制，在引擎低輸出時，可減少附生損耗及油耗。增壓器由引擎繞曲狀的長皮帶傳動，為防止在高轉速時離合器結合，瞬間的頓挫力量使皮帶斷裂，故電腦控制在 3,000rpm 以下時離合器才會結合。

(5) 增壓器最高轉速為 20,700rpm，增壓壓力為 100kPa(14.5 PSi)。為能承受增壓時的高應力，故曲軸、連桿、活塞等加以強化；並改良機油泵，使其送油量增加 70%；同時提高氣門彈簧係數，以避免轉速在紅線區時，發生氣門漂浮(Valve Float)現象；另外並改良反向平衡軸，使高轉速時引擎更平穩。

四、渦卷式

1. 渦卷式機械增壓器也是積極式進氣的一種。因其外型類似英文字母的"G"，故也稱為 G 型增壓器(G-Charger)。

2. 渦卷狀板的位移器(Displacer)由引擎經皮帶驅動，進行偏心圓運動，渦卷狀板在溝壁兩側的空間內移動，中心部出口的容積變小，故空氣由此壓出，進行進氣、壓縮、吐氣之連續反覆動作，如圖 6-9-9 與圖 6-9-10 所示。

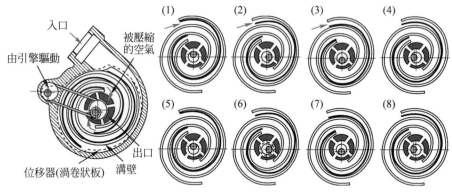

⊛ 圖 6-9-9 渦卷式機械增壓器的構造及作用

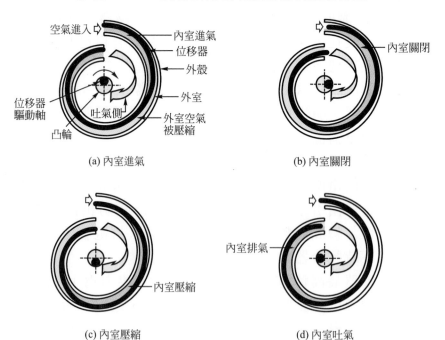

⊛ 圖 6-9-10 渦卷式機械增壓器的作用
(AUTOMOTIVE MECHANICS, Crouse, Anglin)

6-9-3 渦輪增壓器的構造與作用

一、構造與作用

1. 以引擎排氣推動的離心式渦輪增壓器，由裝在軸兩側的渦輪(Turbine)、壓縮器(Compressor)、渦輪軸及外殼所組成，如圖 6-9-11 所示。當引擎運轉時，排氣進入渦輪，衝擊渦輪葉片，使轉速達數萬轉或以上，同軸的壓縮器以相同轉速運轉，將增壓氣體壓入進氣總管，15 萬轉以上時，空氣壓力可達 1.5～2 個大氣壓，如圖 6-9-12 所示。

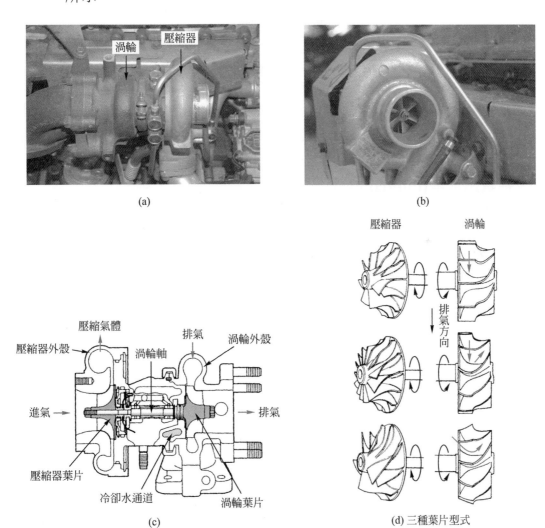

(a)

(b)

(c)

(d) 三種葉片型式

⊛ 圖 6-9-11　渦輪增壓器的安裝位置與構造

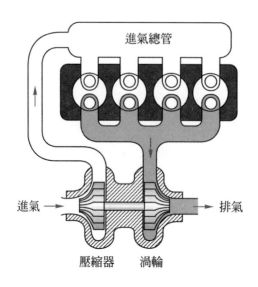

⊛ 圖 6-9-12　渦輪增壓器的基本作用

2. 渦輪葉片承受排氣高溫(約 900℃)，故採用耐熱性佳的鎳合金或陶瓷製成；而壓縮器葉片的溫度低，故以鋁合金或樹脂製成；另在渦輪側的球軸承外殼周圍有冷卻水通道。

二、進氣冷卻器(Intercooler)

1. 空氣經增壓後溫度可達 120℃，若直接送入汽缸，則動力損失可達38%；若能將增壓氣體溫度降低至 60℃，則動力可提高 20%。因此，增壓壓力較高的增壓系統，均會安裝進氣冷卻器，以免因空氣溫度升高而膨脹，使空氣密度降低，含氧量減少，如圖 6-9-13 所示。

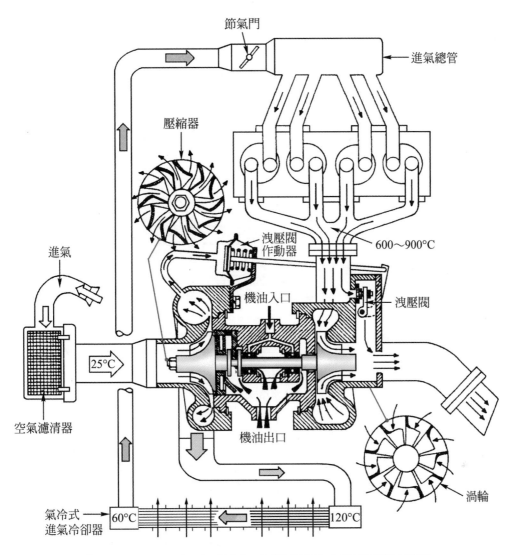

節氣門

進氣總管

壓縮器

600～900°C

洩壓閥作動器

進氣

機油入口

洩壓閥

25°C

空氣濾清器

機油出口

渦輪

氣冷式進氣冷卻器

60°C　120°C

✿ 圖 6-9-13　氣冷式進氣冷卻器及整個渦輪增壓系統
(VEHICLE AND ENGINE TECHNOLOGY, Heisler)

2. 進氣冷卻器也稱為後冷卻器(Aftercooler)，係一種熱交換器，依熱交換方式之不同可分成兩種，如圖 6-9-14 所示。

(1) 水冷式：利用引擎的冷卻水冷卻，可將 150℃ 的增壓氣體溫度，降低至引擎冷卻水溫度，約 85℃。

(2) 氣冷式：利用空氣冷卻，冷卻器裝在水箱前方，可將 120℃ 的增壓氣體溫度，降低至約 60℃。

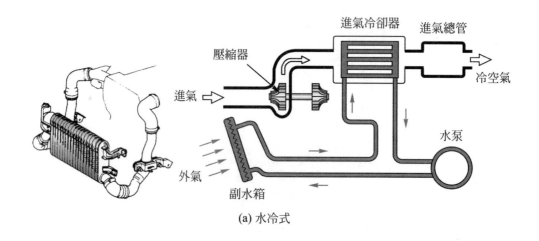

(a) 水冷式

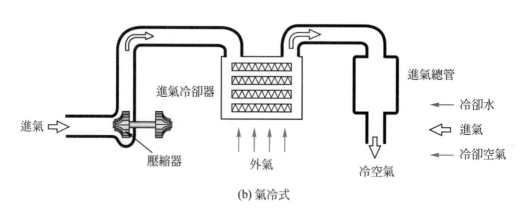

(b) 氣冷式

❀ 圖 6-9-14　兩種進氣冷卻器

三、渦輪增壓進氣系統的控制

渦輪增壓進氣系統的控制 ┬ 過度增壓控制
　　　　　　　　　　　　 └ 點火控制

1. 過度增壓(Over Charge)控制：如圖 6-9-15 所示，為氣壓控制式，當
    增壓壓力超過膜片彈簧彈力時，旁通閥打開以洩壓。而圖 6-9-16 所
    示，為電腦控制式，在進氣歧管裝有壓力感知器(Pressure Sensor)，
    當增壓壓力超過預設最大值時，電腦控制電磁閥使排氣作動器打開
    以洩壓，以免因增壓壓力過高而產生爆震。

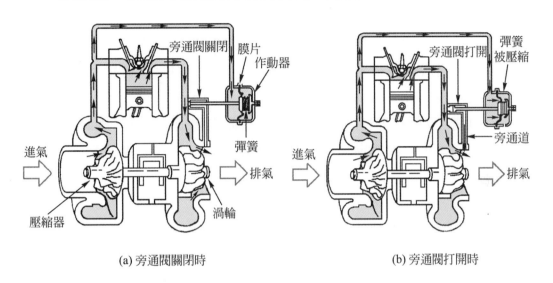

(a) 旁通閥關閉時　　　　　　　　　　　(b) 旁通閥打開時

⚙ 圖 6-9-15　氣壓控制式增壓控制(AUTOMOTIVE MECHANICS, Crouse, Anglin)

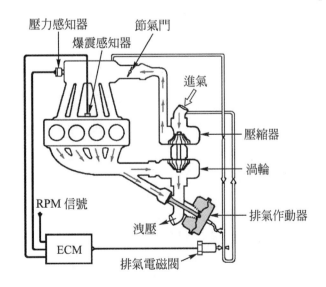

⚙ 圖 6-9-16　電腦控制式增壓控制(AUTOMOTIVE MECHANICS, Crouse, Anglin)

2. 點火控制：裝有渦輪增壓器之引擎在過度增壓時，會產生爆震，為避免爆震的發生，故引擎通常裝有爆震感知器，利用電腦來控制點火時間，當有爆震發生之可能時，使點火時間延遲。

四、增壓遲滯及其改善方法

1. 在輕負荷及巡行(Cruising)速度時，渦輪增壓器是在怠速狀態，壓縮器轉得很慢，故無增壓作用。

2. 當踩下加油踏板時，引擎轉速加快，使排氣量增加，以推動渦輪加速，而增加壓縮氣體。從節氣門打開，至增壓氣體增加使馬力加大的這段時間，稱為增壓遲滯。這段時間包括渦輪從怠速提升到增壓轉速，及壓縮器與進氣冷卻器等由真空變成有壓力，總時間約需 0.5 秒或以上。此增壓遲滯現象對駕駛而言，是很明顯而又令人不愉快的感覺。

3. 改善方法

(1) 減低渦輪及壓縮器的重量，使渦輪加速更輕快，例如以陶瓷、樹脂等為材料。

(2) 將一個較大的渦輪增壓器，改為兩個較小的渦輪增壓器，稱為雙渦輪(Bi-turbo or Twin-turbo)，如圖 6-9-17 所示為 Toyota 汽車所採用。

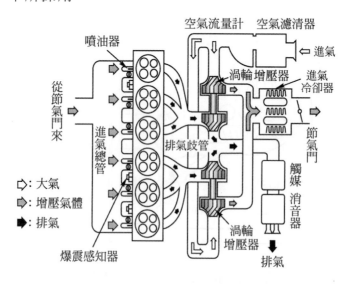

⊛ 圖 6-9-17　雙渦輪增壓器系統

(3) 採用兩段式渦輪增壓器

① 平常行駛時，只有一個增壓器作用，如圖 6-9-18(a)所示，控制器使閥關閉，因此圖上方的增壓器沒有作用；當高轉速、高負荷時，控制器使閥打開，第二個渦輪增壓器才一起作用，如圖 6-9-18(b)所示，為 Subaru 汽車水平相對式引擎所採用。

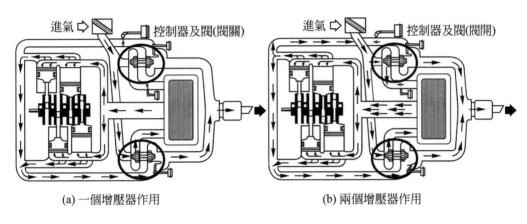

(a) 一個增壓器作用　　　　　　　　(b) 兩個增壓器作用

❀ 圖 6-9-18　兩段式渦輪增壓器

② SAAB 汽車採用的最新兩段式渦輪增壓器科技，稱為 TTiD(Two-Stage Turbo Diesel)，用在 1.9L 柴油引擎。較小渦輪作用至 1,800rpm，1,800～3,000rpm 由兩個渦輪同時作用，3,000rpm 以上則由較大的渦輪作用。

五、電子式超轉空氣循環控制(以往為氣控式)

為避免渦輪增壓器在放油門(超轉-overrun)時或換檔間產生過度劇烈地制動效果，所以安裝有電子渦輪增壓空氣循環閥。

此電子式超轉空氣循環控制，其耐久性遠勝於氣動式。

在超轉時，壓縮殼室內會因為需克服增壓壓力而產生反壓。此反壓，會造成壓縮葉輪產生劇烈地制動效果，而導玫克增壓壓力降低(渦輪停滯)為防止這種現象發生，可藉由一電動伺服馬達將渦輪增壓空氣循環閥打開。這會開啟一個旁通管道讓壓縮葉輪的壓縮後的空氣再流回到壓縮迴路的吸入側。如此可保持渦輪轉速於固定。當節氣門打開時，渦輪增壓空氣循環閥關閉，增壓壓力立即回後可工作狀態。

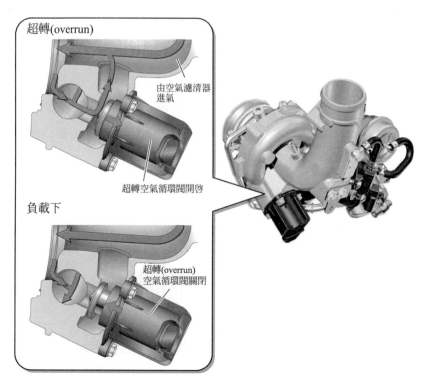

圖 6-9-19　電子式超轉空氣循環控制

6-9-4　雙增壓系統

　　採用複合增壓器系統，低速時利用能產生較大扭矩的魯茲式機械增壓器，高速時則改由渦輪增壓器作用，如圖 6-9-20 所示。

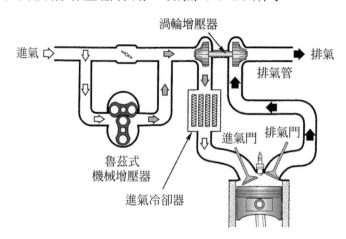

圖 6-9-20　複合增壓器系統

一、雙增壓系統示意圖：

　　為了因應低燃油消耗，各大車廠盡可能將引擎設計以小排氣量創造大動力輸出為目標，德國福斯即設計一款引擎以機械增壓器和渦輪增壓器同時產生增壓壓力名為雙增壓(Twincharger)，使 1400 c.c.引擎可以產生 125kW 的輸出。

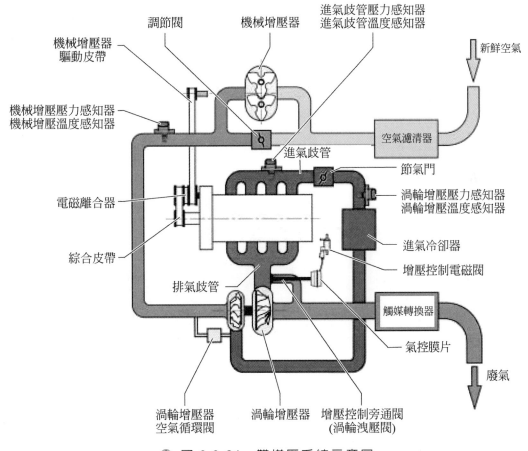

❈ 圖 6-9-21　雙增壓系統示意圖

二、調節閥：

　　當空氣通過空氣過濾器進入進氣管道，調節閥將決定空氣是否透過機械增壓器和/或直接到渦輪增壓器。

三、機械增壓器：

機械增壓器是由一個電磁離合器啟動一個機械增壓器所組成。

1. 機械增壓器持續作動

   從最小的扭力需求開始到引擎轉速 2400 rpm 之間，機械增壓器持續作動(A 區塊)，其壓力值由調節閥控制單元來控制。

2. 機械增壓器依照引擎扭力的需求，決定是否作動(B 區塊)

   在引擎轉速 3500rpm 之前，若有扭力的需求，機械增壓器才會作動。例如，汽車在急加速時，因為渦輪遲滯的因素，增壓壓力無法快速上升，機械增壓器會做動，使增壓壓力快速建立起來。

3. 渦輪增壓器作動(C 區塊)

   在這個區塊間，渦輪增壓器會依照引擎扭力的需求，藉由調整通過排氣渦輪的廢氣流量，控制渦輪的增壓壓力。

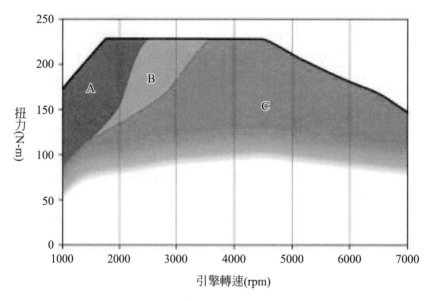

◈ 圖 6-9-22　雙增壓系統之作動範圍

四、雙增壓作動原理：

根據負載和引擎轉速，引擎控制電腦會計算該進入多少的空氣量以產生所需的扭力，這決定了是否需要使用機械增壓器來輔助增壓。

1.　自然進氣低負荷的模式：
為了降低空氣流動阻力，調節閥是全開的；因為引擎此時產生的廢氣流量很低，所以渦輪增壓器僅產生較低的增壓壓力。此時進氣歧管的真空度取決於節氣門的開度，如圖 6-9-23 所示。

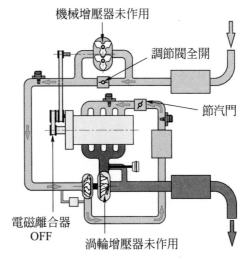

❀ 圖 6-9-23　自然進氣低負荷的模式

2.　在引擎轉速 2400rpm 之前，機械增壓器和渦輪增壓器一同作動的中負荷模式：
調節閥會關閉或部分開啟，來調節增壓壓力，曲軸皮帶盤經由獨立的驅動皮帶來驅動機械增壓器的電磁離合器，當電磁離合器接合時，機械增壓器才會開始壓縮空氣，機械增壓壓力感知器隨時感測增壓壓力，並藉由調節閥的開度來調節增壓壓力。此時在進氣歧管最大增壓壓力可達 2.5Bar，如圖 6-9-24 所示。

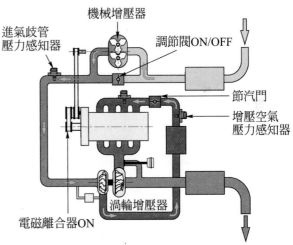

❀ 圖 6-9-24　機械增壓器和渦輪增壓器一同作動的中負荷模式

3. 在引擎轉速 2400~3500rpm 之間，機械增壓器和渦輪增壓器一同作動的高負荷模式：

當車輛於等速度行駛時，突然需要急加速，由於渦輪增壓器的增壓的速度不夠快，就會產生渦輪遲滯現象；為了避免這種情況，引擎控制電腦會短暫的啟動機械增壓器，由調節閥來調整所需的壓力，可以幫助渦輪增壓器產生足夠的增壓壓力，如圖 6-9-25 所示。

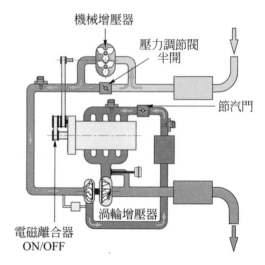

⚙ 圖 6-9-25　機械增壓器與渦輪增壓器一同作動的高負荷模式

4. 渦輪增壓器作動：

當引擎轉速達到 3500rpm 以上，引擎所產生的廢氣流量即可使渦輪增壓器產生足夠的增壓壓力應付各種行車條件；為了降低空氣流動阻力，調節閥是全開的。渦輪增壓壓力感知器隨時感測增壓壓力，藉由調整通過排氣渦輪的廢氣流量，控制渦輪的增壓壓力。此時在進氣歧管最大增壓壓力可達 2.0 Bar，如圖 6-9-26 所示。

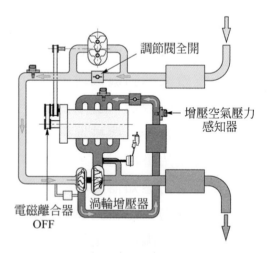

⚙ 圖 6-9-26　渦輪增壓器作動

6-9-5 容量可變式渦輪

容量可變式渦輪，如圖 6-9-27 所示。

1. 噴射式渦輪(Jet Turbo)：在氣流入口設一可變翼片，隨轉速高低改變翼片角度，A/R 小時為低速型渦輪，A/R 大時為高速型渦輪，Nissan 汽車採用，如圖 6-9-27(a)所示。

2. 雙渦卷式渦輪(Twin Scroll Turbo)：利用一個控制閥打開，或者是兩個控制閥都開，而達到使渦輪轉速慢或快的目的，Mazda 汽車採用，如圖 6-9-27(b)所示。

3. VG Turbo：全名為可變幾何渦輪增壓器(Variable Geometry Turbocharger)，為可變多片翼片式，翼片約 10～15 片，由 ECM 控制其開度大小，目前有許多汽車(含大型柴油引擎)採用，如圖 6-9-27(c)所示。

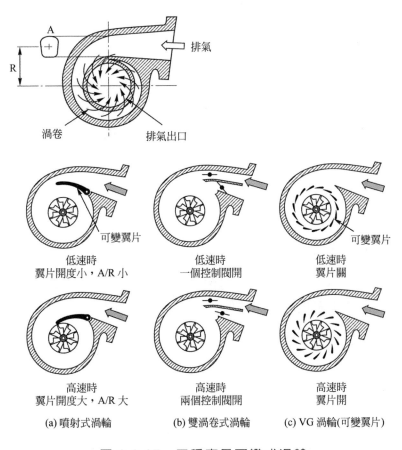

圖 6-9-27　三種容量可變式渦輪

€ 6-9-6　渦輪增壓進汽引擎之保護裝置

一、概述

　　使用排汽渦輪增壓進汽之引擎必須加以控制，否則易造成爆震，使引擎損壞。主要之控制為升壓的控制與火花的控制兩部分。

點火時間的控制

　　裝有渦輪增壓器之引擎在過給(over charge)時(即進汽量超過需要量)會產生爆震，發生爆震的結果會使引擎產生嚴重損壞，因此必須能確實避免爆震的發生。故裝置渦輪增壓器之引擎裝有爆震感知器，利用電子控制裝置來控制點火時間，當有爆震發生之可能時，使點火時間延遲。

6-10　四行程汽油引擎新構造

€ 6-10-1　汽缸數自動變化機構

一、概述

　　汽缸數自動變化機構(variable cylinder select system)為美國通用汽車公司(GM)裝於 1981 年型凱迪萊克(Cadillac)車上之 V-8-6-4 可變汽缸數引擎。此機構使用微電腦(micro computor)，依汽車的行駛狀況改變引擎的排氣量。於引擎低轉速範圍時能產生大扭矩；於負荷小的巡行速度時，能將部分汽缸停止作用，使用汽缸數可由 8 缸變 6 缸或變 4 缸，以減少燃料消耗。

二、構造與作用

　　(一) 汽缸數自動變化機構內的中樞為電子控制單元 [微電腦 ECM (electronic control module)]，接受各感知器送來之信號，經研判後由電磁閥轉變為機械控制。汽缸蓋上有汽門操作機構，其構造如圖 6-10-1 所示。

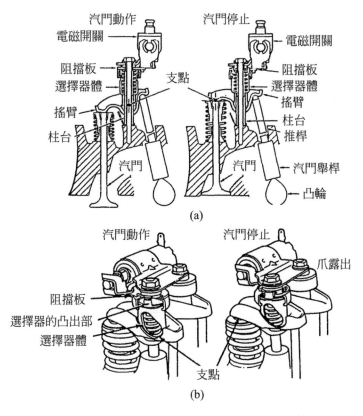

◈ 圖 6-10-1　可變汽缸數汽門操作機構

(二) 汽門搖臂的中央樞軸上部裝有選擇機構。選擇器的內部有彈簧，外部為選擇器體，選擇器的上部有阻擋板(blocker plate)，阻擋板與電磁閥連在一起。

(三) 當 ECM 有信號送來時，首先電磁閥產生作用(吸引)，將阻擋板旋轉。阻擋板上有一孔，選擇器上有一突出部(爪)，當選擇器之爪從阻擋板的孔中露出時，選擇器體內的彈簧可以被壓縮，汽門搖臂改以汽門腳做支點上下運動，汽門推桿作用時，搖臂壓縮選擇器彈簧上下運動，使汽門無法打開。

(四) ECM 無信號送來時，電磁閥無電流，阻擋板復原，擋住選擇器體的突出部。汽門搖臂又恢復在搖臂中央，汽門能正常的開閉。

三、作用控制

　　汽缸的動作或停止由 ECM 根據引擎冷卻水之溫度、使用排檔、引擎轉速、引擎負荷、車速等幾個感知器(sensor)送來的信號經研判處理後，自動的控制汽缸數，駕駛人不能隨意改變作用的汽缸數。

四、作用條件

(一) 八個汽缸中，1-4-6-7 號汽缸上裝有選擇器，如圖 6-10-2 所示，於六汽缸工作時停止 1-4 缸，於四汽缸工作時停止 1-4-6-7 缸。排汽量在八缸工作時約為 6,000cc，六缸工作時約為 4,500cc，四缸工作時約為 3,000cc。必須水溫達到 70℃ 以上，排檔在高速檔，汽門選擇器才能產生作用。

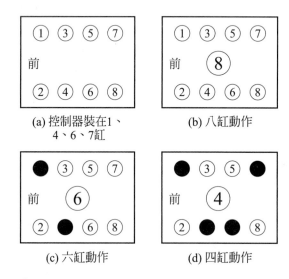

(a) 控制器裝在1、
　　4、6、7缸

(b) 八缸動作

(c) 六缸動作

(d) 四缸動作

✿ 圖 6-10-2　汽門選擇器之安裝與控制

(二)八汽缸工作：

　　車速在 93km/hr 以上行駛中，腳離開節汽門減速需引擎煞車時，為八汽缸工作，或在下列情況時(但與引擎真空高低無關)：

1.　冷卻水溫未在 70～110℃ 範圍內。

2.　排檔未入高速檔。

3.　引擎轉速在 2600rpm 以下。

4.　車速 43km/hr 以下。

(三) 八汽缸或四汽缸工作：

車速在 43～75km/hr 範圍內，依據引擎的真空變化，引擎以八汽缸或四汽缸工作，不會變成六汽缸工作。

(四) 八－六－四汽缸工作：

車速在 75km/hr 以上，工作汽缸數如圖 6-10-2(d)所示，依引擎真空在八－六－四汽缸間變化。

(五) 為了解引擎工作汽缸的數量變化，在儀錶板的中央設有省油指示錶 (economy meter)，將工作汽缸數按鍵按下時，工作汽缸數可以從數字錶中顯示出來。

6-10-2　多汽門引擎

1980 年代之日本新式汽油引擎為提高進汽效率以提高引擎性能，許多引擎採用 DOHC 多汽門化；四汽缸引擎使用 16 只汽門，如圖 6-10-3 所示；六汽缸引擎使用 24 只汽門，火星塞裝在 4 只汽門之中間，如圖 6-10-4 所示。亦有一些 SOHC 四汽缸引擎使用 12 只汽門(每缸 2 只進汽門，1 只排汽門)，如圖 6-10-5 所示。

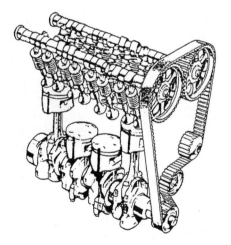

❋ 圖 6-10-3　四汽缸 16 只汽門引擎

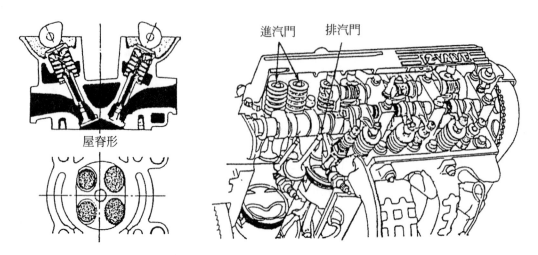

 圖 6-10-4　汽門及火星塞位置　　 圖 6-10-5　四汽缸 12 只汽門引擎

　　日本山葉(Yamaha) FJ 750 機車四汽缸使用 20 只汽門，每個汽缸有 3 只進汽門，2 只排汽門，圖 6-10-6 為每缸五汽門之安裝情形。

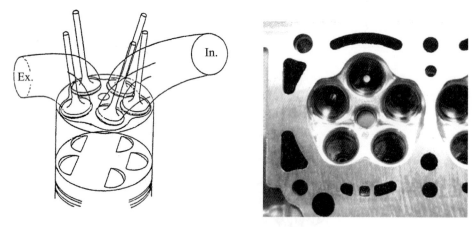

 圖 6-10-6　山葉機車每缸有 3 只進汽門 2 只排汽門

6-10-3　進汽渦流強化系統

(一) 日本豐田汽車公司之六缸 24 汽門引擎，為提高進汽渦流，使用一種 T-VIS 系統(Toyota variable intake system)，即豐田可變進汽系統，二只進汽門對應兩個進汽管，在一側設有進汽控制閥，係以電

磁閥及眞空動作閥來開閉，如圖 6-10-7 所示，使在進汽量少的低速
行駛範圍仍能使進汽流速保持一定，以維持良好渦流效果。

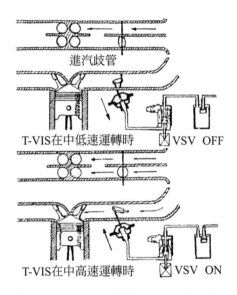

🌟 圖 6-10-7　豐田 T-VIS 作用圖

(二) 後來豐田又以 T-VIS 爲基礎，在 SOHC 引擎也使用渦流控制閥(swirl
control valve；SCV)，將進汽歧管在入口處分爲二，一側裝有 SCV，
由渦流動作器(swirl control actuator)，依進汽管之眞空大小控制
之。進汽管眞空在 290 mmHg 以上之輕負荷範圍 SCV 關閉，以防
止進汽流速降低。當進汽管眞空在 210mmHg 以下之高負荷範圍，
SCV 打開，以防止進汽效率降低。圖 6-10-8 爲 SCV 之構造及作用。

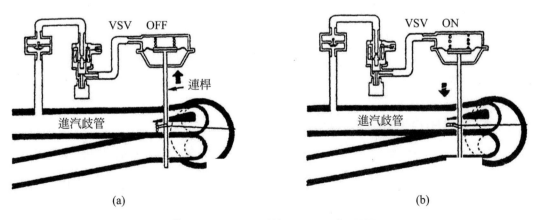

🌟 圖 6-10-8　豐田 SCV 作用圖

6-10-4 汽門數及正時控制機構

一、概述

日本三菱汽車公司於 1984 年推出一種可變進汽門數及正時之引擎，稱為雙作用超級汽缸蓋(Dual action super head，簡稱 DASH)。該引擎之特點為：每個汽缸使用 3 只汽門，一只排汽門，二只直徑不同之進汽門；直徑較小的稱為一次進汽門(primary intake valve，簡稱 PV)，直徑較大的稱為二次進汽門(secondary intake valve，簡稱 SV)，進汽門之正時及通路面積能依行駛狀況做最佳之控制。

二、汽門正時與引擎轉速及扭矩之關係

圖 6-10-9 所示，為引擎使用早開晚關度數較少之低速型凸輪及使用早開晚關度數較多之高速型凸輪之引擎轉速與扭矩曲線圖。使用低速型凸輪在引擎高速運轉時，因進汽效率較差，故扭矩降低；使用高速型凸輪則相反，在低速真空強時之進汽效率差，故扭矩較低速型低。

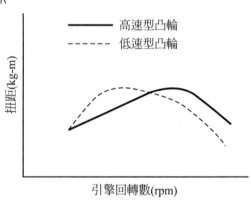

⭐ 圖 6-10-9 高低速型凸輪性能曲線

三、提高進汽渦流，促進燃燒

要使燃燒良好，進入汽缸之混合汽必須有快速之渦流，在吸入空氣量較少的低速範圍，若通路面積大時，空氣流速會降低，改善燃燒作用之渦流無法形成。因此在低速吸入空氣量少時，應使進汽通路面積減少，以維持良好的渦流。

四、三菱 DASH(G 63B 型引擎)之效果

三菱 G63B 型引擎改為 DASH 後，與原來引擎比較，最大馬力由 175ps／5500rpm，提高為 200ps／6000rpm，最大扭矩由 25.0kgm/3500rpm，提高為 28.5kgm／3500rpm，十段(10mode)耗油率由 11.2km/l 提高為 11.4km/l，60

公里／小時定速耗油率由 20.7km/l 提高為 21.2km/l。最大馬力及扭矩均增高
約 14%，且耗油率反而減少。

五、三菱 DASH 可變進汽門數及正時系統之構造及作用

(一) 三菱 DASH 汽門機構之構造如圖 6-10-10 所示，汽缸蓋內側之形狀
如圖 6-10-11 所示。

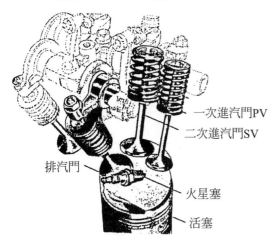

✿ 圖 6-10-10　三菱 DASH 汽門機構　　✿ 圖 6-10-11　三菱 DASH 汽門位置

(二) 進汽歧管之斷面積比例 P：S=1：2。

(三) 進汽控制機構裝在 SV 上，如圖 6-10-12 所示。以 $4kg/cm^2$ 之油壓操
作，由電腦指示電磁閥 ON-OFF 以控制搖臂內的活塞，使停止板
(stop plate)進出以使 SV 關閉或打開。圖 6-10-13 所示為控制系統組
成圖。

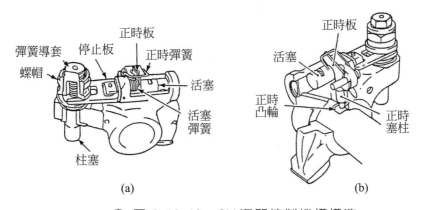

(a)　　　　　　　　　　　　　　(b)

✿ 圖 6-10-12　SV 汽門控制機構構造

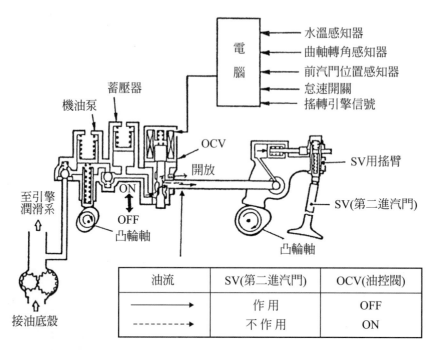

油流	SV(第二進汽門)	OCV(油控閥)
⟶	作用	OFF
----⟶	不作用	ON

⚙ 圖 6-10-13　SV 之開閉由電腦及油控閥控制

(四) 三菱 DASH(G63 B)與基本引擎各汽門之尺寸、汽門正時及汽門升 d
　　高度之規格如表 6-10-1 所示。

⚙ 表 6-10-1　三菱 DASH(G63B)與基本引擎汽門相關數據對照表

規格別	汽門頭直徑(mm)		汽門正時(開／閉)		汽門升高度(mm)	
引擎別	G63 B 引擎	基本引擎	G 63 B 引擎	基本引擎	G 63 B 引擎	基本引擎
進汽門	P 29	43	P BTDC10°/ABDC42°	BTDC19°/ABDC57°	P 7.2	10.0
	S 37		S BTDC34°/ABDC74°		S 9.0	
排汽門	37	35	BBDC72°/ATDC20°	BBDC57°/ATDC9°	10.0	10.0

(五) 在低速時，SV 不開，僅 PV 作用，以較少的早開晚關角度之汽門正
　　時，配合低速範圍之需要，以維持良好的進汽渦流。

(六) 在中高速時，SV 及 PV 同時作用，使進汽通路面積增大，汽門正時
配合中高速之需要，早開晚關度數增大，增加進汽效率，提高引擎
性能。

(七) SV 控制裝置之作用情形如圖 6-10-14 所示，當油壓低時(如圖中之
①～③)，活塞被彈簧推出，同時將停止板拉出，活塞完全退出後
被正時板擋住，停止板被拔出後，柱塞能通過停止板上之大缺口。
因此當搖臂壓下時，柱塞滑入導套中，汽門(SV)無法打開。當油壓
高時(如圖中之⑤～⑦)，先將正時板壓出，到定位時，正時板再卡
住活塞上之槽，以防停止板移動，停止板被推入後，擋住柱塞，因
此搖臂壓下時，柱塞能將汽門打開。

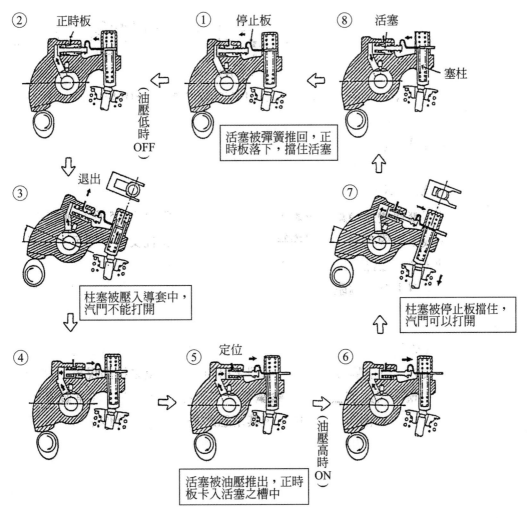

🌀 圖 6-10-14　SV 控制裝置之作用

(八) SV 控制裝置之切換點約爲 2500rpm，而能依引擎之運轉狀況在 2200 ～2700rpm 間變動。又在引擎溫度太低時，機油之黏度高，會使 SV 之控制裝置失常，因此水溫在一定轉速範圍(PV 及 SV 均動作)之控制狀況。

6-11 可變汽門正時與揚程

6-11-1 概述

早期引擎的進、排汽門的汽門正時是固定的，不論在何轉速與負荷，都在固定位置開閉汽門，使引擎性能受到限制。現代高性能引擎，爲使進排氣更完全、減少污染，提升容積效率，發展複雜的汽門控制機構，初期發展汽門開度一定(揚程 lift 固定)，連續可變汽門正時的系統，可以達到省油、怠速穩定、提高扭矩、增大動力輸出及減少排氣污染的效果，如 NISSAN(日產)汽車之 VTC，C-VTCS，TOYOTA(豐田)汽車之 VVT-i，BMW 汽車之 VANOS。

HONDA(本田)汽車之 VTEC 及 Mitsubish(三菱)汽車之 MIVEC 之設計更進一步，爲同時可改變汽門正時及揚程之系統，汽門揚程之改變爲分段式，目前最多分成三段，汽門揚程改變時汽門正時也同時改變；可以達到低轉速時省油、轉速穩定、扭矩提高，高轉速時增大動力輸出之目的。

爲進一步提升引擎性能，各汽車公司將以上系統進一步改良，朝向汽門正時及揚程均能連續改變發展。TOYOTA(豐田)汽車之 VVT-i 變成 VVTL-i、HONDA(本田)汽車之 VTEC 變成 i-VTEC、BMW 汽車之 VANOS 變成 Valvetronic，及最新之 Camless Engine(無凸輪軸引擎)。

6-11-2 VTC、CVTC

一、VTC

1. 日產汽車公司稱爲氣門正時控制 (Valve Timing Control, VTC)，爲可變氣門正時系統，僅改變進氣門的氣門正時，用於 Sentra 系列的引擎。

2.　其組成如圖 6-11-1 所示，由進氣凸輪軸前端之控制器總成、氣門正時控制電磁閥、ECM 及各感知器所構成。氣門正時控制電磁閥的安裝位置，如圖 6-11-2 所示。

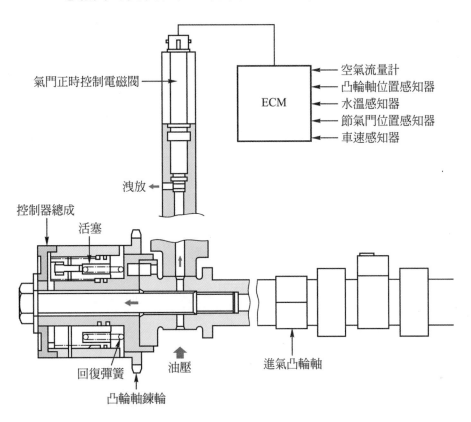

氣門正時控制電磁閥

ECM

空氣流量計
凸輪軸位置感知器
水溫感知器
節氣門位置感知器
車速感知器

洩放

控制器總成

活塞

回復彈簧

油壓

凸輪軸鍊輪

進氣凸輪軸

✤ 圖 6-11-1　VTC 系統的組成(裕隆汽車公司)

氣門正時控制電磁閥

汽缸體

✤ 圖 6-11-2　氣門正時控制電磁閥的安裝位置

二、C-VTCS

1. 日產汽車公司稱為連續氣門正時控制系統(Continuous Valve Timing Control Sytem)，裕隆汽車公司目前(2009 年)各系列車型的引擎均裝用此系統。

2. C-VTCS 的構造及作用，與 Toyota 的 VVT-i 相同，作動器是設在進氣凸輪軸上，也是分提前、保持及延遲三種作用，如圖 6-11-3 所示。詳細的構造與作用，請參閱 VVT-i 的說明。

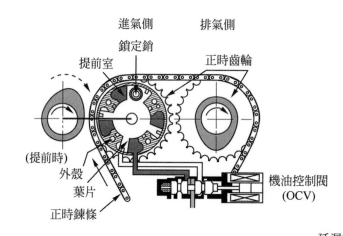

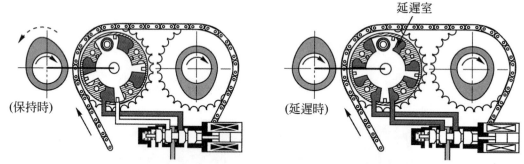

⊛ 圖 6-11-3　C-VTCS 的構造與作用

6-11-3　VANOS

1. 寶馬汽車公司在 1992 年發表的 VANOS(Variable Nocknwellen Steuerung)，稱為可變凸輪軸控制(Variable Camshaft Control)，為連續可變氣門正時系統。接著 BMW 又發展出 Double VANOS，為雙可變凸輪軸控制，即進、排氣凸輪軸均有 VANOS 裝置，進氣門的可變角度達 40°，而排氣門可達 20°，進、排氣門正時(Timing)及重疊角度(Duration)為連續可變。

2. VANOS 利用一個電磁閥，在不同轉速與負荷時，控制電磁閥的位置，改變油壓是進入黃色或綠色的管路，不同管路的油壓使活塞移動，進而推動螺旋齒輪，使凸輪軸改變位置，得到氣門正時與重疊角度連續變化，在低轉速時，凸輪軸位於使進氣門較晚開之位置，減少氣門重疊角度；而在高轉速時，凸輪軸移到使進氣門早開之位置，使進氣時間提早，並增加氣門重疊角度，如此使怠速穩定，低中轉速扭矩提高，高轉速馬力大，並減少排氣污染。

6-11-4　VVT-i

一、概述

1. 豐田汽車公司稱為智慧型可變氣門正時(Variable Valve Timing-intelligent, VVT-i)，為連續可變氣門正時系統，最初先應用在豐田汽車的高級房車 Lexus 上，目前國產化的 Camry、Corolla Altis、Vios 等也都已採用。不同的排氣量與引擎時，進氣門的開啟度數有不同變化，例如 Corolla Altis 在 2°～42° BTDC 時進氣門開啟，50°～10°BDC 時進氣門關閉。

2. VVT-i 的設計理念與 VANOS 相同，都是移動凸輪軸的位置，以改變氣門正時與氣門重疊角度，只是移動凸輪軸的機構有點不同。

3. VVT-i 的氣門正時連續可變，為只針對進氣門而設計，如圖 6-11-4 所示，排氣門的氣門正時是固定的。氣門正時雖然連續可變，但揚程是固定的。

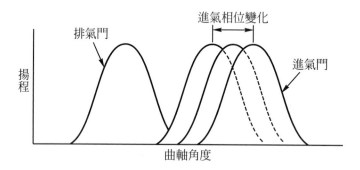

🌠 圖 6-11-4 VVT-i 的氣門正時變化(豐田汽車公司)

4. 但 2009 年的國產 Corolla Altis 2.0，推出 Dual VVT-i，則是進、排氣門的氣門正時均連續可變，將可變氣門正時系統又向上進階提升。

5. VVT-i 的控制，如圖 6-11-5 所示，ECM 接收各感知器信號，經由修正及氣門正時實際值的回饋，確立氣門正時目標值，以工作時間比(Duty Ratio)的方式控制凸輪軸正時油壓控制閥(Camshaft Timing Oil Control Valve，或簡稱 OCV)，改變油壓的方向或油壓之進出，達到使進氣門正時提前、延後或保持之目的。

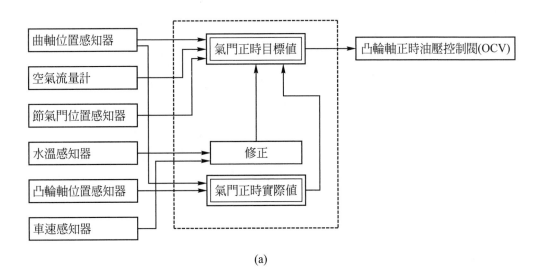

(a)

(b) OCV 的安裝位置

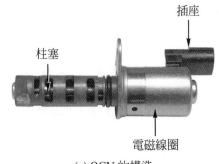

(c) OCV 的構造

☉ 圖 6-11-5　VVT-i 的控制過程與 OCV(豐田汽車公司)

二、VVT-i 的構造與作用

  1. VVT-i 的組成，如圖 6-11-6 所示，VVT-i 作動器裝在進氣凸輪
    軸前端，凸輪軸位置感知器裝於其後端。

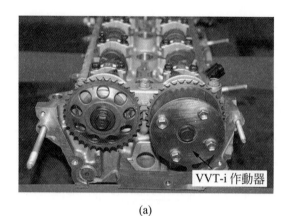

(a)

VVT-i 作動器

凸輪軸位置感知器

ECM

凸輪軸
正時油壓
控制閥

曲軸位置
感知器

(b)

⚙ 圖 6-11-6　VVT-i 的組成(豐田汽車公司)

2. VVT-i 作動器(Actuator)的構造，如圖 6-11-7 所示，葉片(Vane)
與進氣凸輪軸固定在一起，在外殼內，因油壓之作用，葉片可
在一定角度內前後位移，帶動進氣凸輪軸一起旋轉，達到進氣
門正時之連續不同變化；另外鎖定銷(Lock Pin)右側有油壓送
入時，柱塞克服彈簧力量向左移，與鍊輪盤分離，故葉片可在
作動器內左右移動；但無油壓進入時，柱塞彈出，葉片與鍊輪
盤及外殼等聯結成一體轉動。

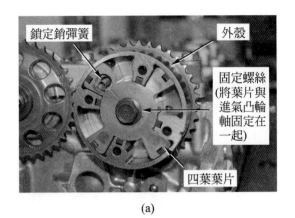

(a)

(b)

⭐ 圖 6-11-7　VVT-i 作動器的構造(豐田汽車公司)

3.　VVT-i 的作用

(1)　進氣門正時提前(Advance)時

①ECM 送出 ON 時間較長的工作時間比(Duty Ratio)信號給凸輪軸正時油壓電磁閥，如圖 6-11-8(b)所示，閥柱塞移至最左側，此時左油道與機油壓力相通，而右油道則為回油，故機油壓力將葉片(此處葉片為三葉，係初期的 Lexus 所採用，目前多數引擎均採用四葉葉片)向凸輪軸旋轉方向推動，使進氣凸輪軸向前轉一角度，進氣門提前開啟，進、排氣門重疊開啟角度最大。

② 圖 6-11-8(a)所示，四葉葉片已在最大提前位置，但與外殼間似乎還有相當的空間，其實不是，注意看 5 點鐘方向的葉片，已經被擋銷擋住了(故要變化正時角度，只要改變擋銷的位置即可，不必更改整個作動器的設計)。

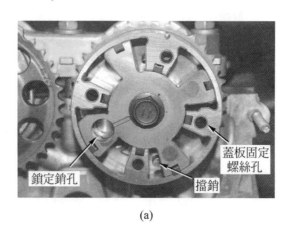

(a)

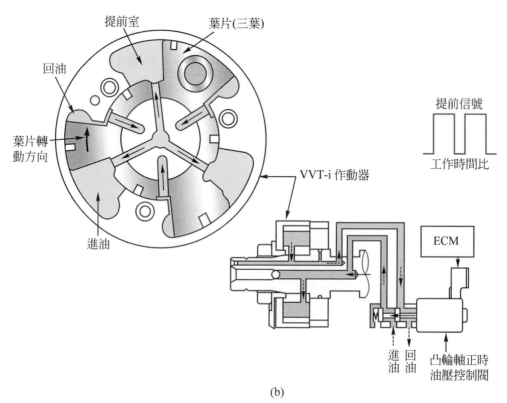

(b)

🌟 圖 6-11-8　進氣門正時提前時 VVT-i 的作用(豐田汽車公司)

(2) 進氣門正時保持(Hold)時：ECM 送出 ON 時間一定之工作
時間比信號給凸輪軸正時油壓電磁閥，如圖 6-11-9 所示，
閥柱塞保持在中間，堵住左、右油道，此時不進油也不回
油，葉片保持在活動範圍的中間，故進氣門開啓提前角度
較少。

(a)

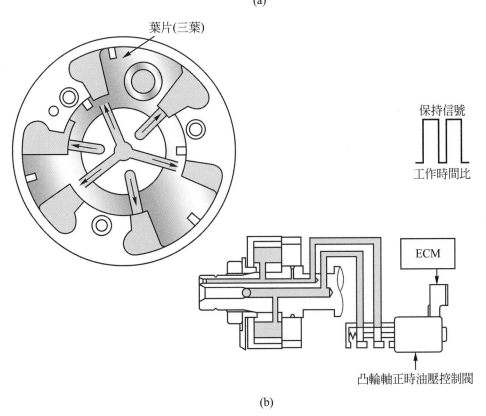

(b)

⚙ 圖 6-11-9　進氣門正時保持時 VVT-i 的作用(豐田汽車公司)

(3) 進氣門正時延遲(Retard)時：ECM 送出 ON 時間較短的工作時間比信號給凸輪軸正時油壓電磁閥，如圖 6-11-10 所示，閥柱塞移至最右側，此時左油道回油，右油道與機油壓力相通，故機油壓力將葉片逆凸輪軸旋轉方向推動，進氣門開啟提前角度最少。

(a)

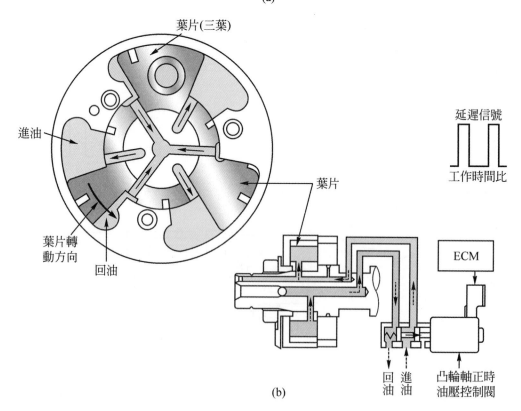

(b)

⊛ 圖 6-11-10　進氣門正時延遲時 VVT-i 的作用(豐田汽車公司)

4. VVT-i 在各種運轉狀態及負荷時，進氣門的提前狀況及其優點，如表 6-11-1 所示。

 表 6-11-1　VVT-i 在各種運轉狀態及負荷時的變化與優點(豐田汽車公司)

怠速	IN / EX	怠速運轉穩定、省油
輕負荷	→ IN / EX	確保引擎穩定性
中負荷	← IN / EX	省油、低污染
低／中轉速 高負荷	IN ← / EX	提高扭矩與馬力輸出
高轉速 高負荷	→ IN / EX	提高馬力輸出
低溫時	IN / EX	快怠速運轉穩定、省油
起動時	IN / EX	改善起動性

6-11-5　VTEC

一、概述

1. 本田汽車公司稱為電子控制可變氣門正時與揚程系統(Variable Valve Timing & Lift Electronic Control System, VTEC)，當改變氣門的揚程時，氣門正時與氣門重疊角度隨之改變。

2. 1980 年代中期,本田汽車公司在可變氣門正時系統最早開發成功，並應用在量產車上，以現今每缸四氣門引擎為例，驅動進氣門的凸輪軸上有兩種不同高度的凸輪，利用氣門搖臂內活塞位置的切換，以決定低或高凸輪頂開進氣門；甚至每缸凸輪軸上有三種不同高度的進氣凸輪，也是利用氣門搖臂內活塞位置之切換，使兩支進氣門一微開一中開、兩支均中開或兩支均大開，以達到低速時省油、扭矩高，中速時扭矩與馬力輸出兼具，高速時馬力大之特點。

3.　如表 6-11-2 所示，為本田汽車公司五種 VTEC 型式的比較。

　　✷ 表 6-11-2　五種 VTEC 型式的比較(本田汽車公司)

型式			DOHC VTEC	SOHC VTEC	SOHC VTEC-E	SOHC New VTEC	SOHC 3 Stages VTEC
控制的氣門		進氣門	作用	作用	作用	作用	作用
		排氣門	作用	無	無	無	無
作動方式 (開度)	低速	進氣門	2 小	2 小	1 大 1 小 (微開)	1 中 1 小 (微開)	1 中 1 小 (微開)
		排氣門	2 小				
	中速	進氣門			轉換區	轉換區	2 中
		排氣門					
	高速	進氣門	2 大	2 大	2 大	2 大	2 大
		排氣門	2 大				
作動條件	水溫		60℃ 以上	60℃ 以上	−5.3℃ 以上	10℃ 以上	低→中： 40℃ 以上 中→高： 60℃ 以上
	轉速		5600rpm 以上	4800rpm 以上	2500rpm 以上	2300～ 3200rpm 之間依歧管壓力而定	低→中： 3000rpm 以上 中→高： 6000rpm 以上
	車速		30km/hr 以上	AT： 5km/hr 以上 MT： 20km/hr 以上	5km/hr 以上	10km/hr 以上	AT： 10km/hr 以上 MT： 15km/hr 以上
	引擎負荷		依歧管壓力而定				依節氣門 開度而定
車種			S2000	Civic JM	Civic VX	Accord LS	Civic JC

4. 以下介紹兩種 VTEC，一為 SOHC New VTEC，用於 1998 年起在台灣製造的第六代雅哥(Accord)汽車，另一種是 SOHC 3 Stages VTEC。另以照相圖顯示用在 Civic 的 SOHC VTEC。

二、SOHC New VTEC

1. 概述

(1) 現今常用的四氣門引擎，由於氣門打開揚程是固定不變的，若要具有高轉速、高出力的性能，就無法兼顧到一般行車常用轉速範圍之性能，亦即能高轉速、高出力的引擎，在低轉速時扭矩不足，怠速穩定性較差，且燃油消耗量較高；而著重於一般迴轉域扭矩輸出的兩氣門引擎，其高轉速性能會降低。因此，能夠因應各種轉速變化，具有寬廣動力波段的可變氣門正時與揚程機構之引擎，為現代的理想引擎。

(2) 在低轉速時，因主、副進氣門開度不同，提供一巨大之升降差異，而得到強烈的迴轉渦流，能產生高燃燒效率，故提高低轉速扭矩、怠速穩定性及減低燃油消耗率；而在高轉速時，因主、副進氣門同時大開，故能產生高馬力。

2. 構造

(1) 可變氣門正時及揚程機構，在凸輪軸上，每缸進氣門設有一低、一高兩個低轉速用凸輪，及一個高轉速用凸輪，如圖 6-11-11 所示。在一般迴轉域時，低轉速用凸輪作動，主進氣門開度比副進氣門大；而在高迴轉域時，高轉速用凸輪作動，主、副進氣門以相同開度打開，揚程比低速時大。

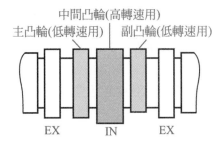

● 圖 6-11-11　SOHC New VTEC 的凸輪軸構造(本田汽車公司)

(2) 可變氣門正時與揚程機構的構造，如圖 6-11-12 所示。由凸輪軸、主搖臂(Primary Rocker Arm)、副搖臂(Secondary Rocker Arm)、中間搖臂(Mid Rocker Arm)、正時活塞(Timing Piston)、正時板(Timing Plate)、同步活塞A(Synchronizing Piston A)、同步活塞 B(Synchronizing Piston B)與主、副進氣門等所組成。

(3) 中間搖臂的兩端分別是主搖臂與副搖臂，中間搖臂為高轉速用，主搖臂與副搖臂為低轉速用。主搖臂內有正時活塞與同步活塞 A，中間搖臂內有同步活塞 B，副搖臂內有止擋活塞。每缸之凸輪軸上有三種不同揚程的凸輪，中間凸輪為高迴轉用，揚程最大，左、右凸輪為低迴轉用，主凸輪揚程次之，副凸輪揚程最小。

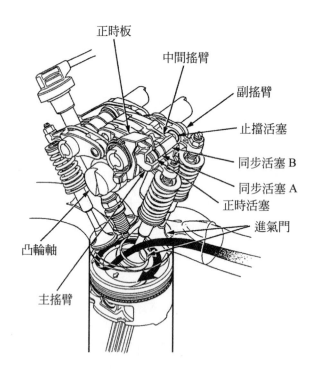

✺ 圖 6-11-12　SOHC New VTEC 的構造(本田汽車公司)

(4) 中間搖臂內有運動彈簧總成，為一輔助定位裝置，可抑制低迴轉時之搖臂空隙，並可在高迴轉時，圓滑的作動進氣門。另外，為使各搖臂容易連結與分離，特別加裝了正時板。

3. 作用

(1) 低轉速時：如圖 6-11-13 所示，主、副搖臂與中間搖臂分離，分別由主、副凸輪 A、B 以不同的時間與揚程驅動。主進氣門開度約 9mm，副進氣門則微開。

(2) 高轉速時：如圖 6-11-14 所示，因油壓進入，正時活塞向右移，主、副與中間搖臂被同步活塞 A 與 B 連結成一體動作，故三個搖臂均由中間凸輪 C 以高揚程驅動。此時主、副進氣門開度約為 12mm。

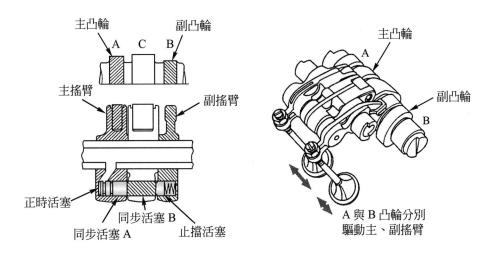

🌐 圖 6-11-13 　低轉速時各搖臂的動作(本田汽車公司)

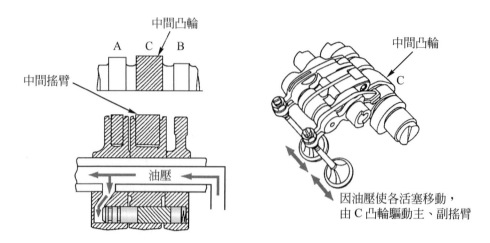

因油壓使各活塞移動，
由 C 凸輪驅動主、副搖臂

✤ 圖 6-11-14　高轉速時各搖臂的動作(本田汽車公司)

4.　ECM 控制：如圖 6-11-15 所示，電腦依據引擎轉速、引擎負荷、車速及水溫的信號，在下列條件下使電磁閥打開，油壓進入搖臂內，切換爲高迴轉之作動狀態：

(1)　引擎轉速：2,300～3,200rpm 間，依歧管負壓而變化。

(2)　引擎負荷：依歧管負壓值。

(3)　車速：10km/h 以上。

(4)　水溫：10℃ 以上。

(a)

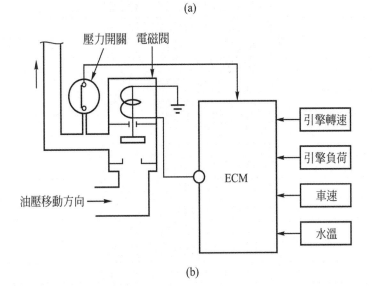

壓力開關　電磁閥

油壓移動方向 →

ECM

引擎轉速

引擎負荷

車速

水溫

(b)

✿ 圖 6-11-15　SOHC New VTEC 的電腦控制系統(本田汽車公司)

三、SOHC 3 Stages VTEC

1. 其構造如圖 6-11-16 所示，具有兩組活塞組及兩個油路；氣門搖臂的構造也與兩段式 VTEC 不同，如圖 6-11-17 所示。Honda Civic Hybrid 採用的就是一具 1.3 L 3 Stages i-VTEC 引擎。

2. 利用進氣門三段式的不同開度，以達到低轉速時省油及扭矩提高，中轉速時扭矩及馬力保持在高水平，及高轉速時輸出馬力大之目的。

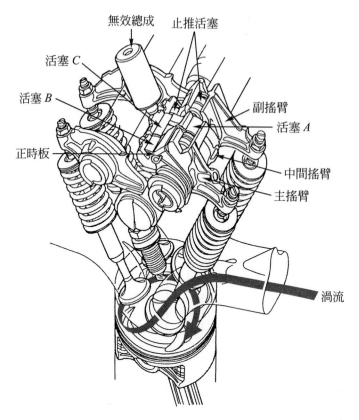

無效總成　止推活塞　活塞 C　活塞 B　副搖臂　活塞 A　正時板　中間搖臂　主搖臂　渦流

⚜ 圖 6-11-16　SOHC 3 Stages VTEC 的構造(本田汽車公司)

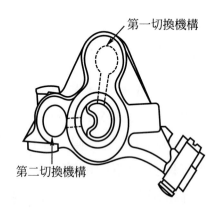

第一切換機構　第二切換機構

⚜ 圖 6-11-17　SOHC 3 Stages VTEC 氣門搖臂的構造(本田汽車公司)

3. 三段式 VTEC 的作用

(1) 第一段時：兩個油路都沒有油壓，三個氣門搖臂都可自由活動，兩支進氣門分別由主搖臂與副搖臂驅動，揚程分別是 7mm 與微開，使進氣渦流強烈，燃燒完全，達到低轉速時省油及扭矩提高之效果，如圖 6-11-18(a)所示。

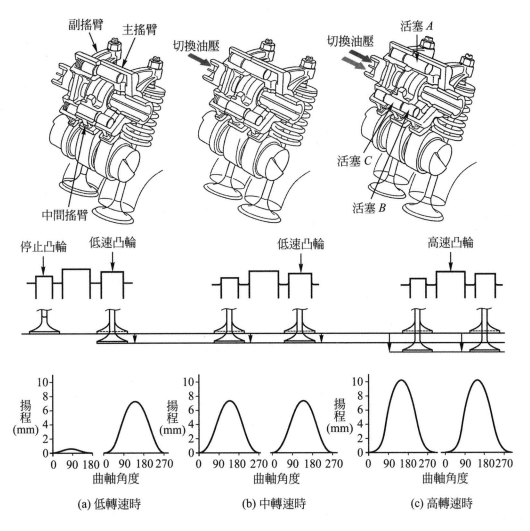

⊕ 圖 6-11-18　SOHC 3 Stages VTEC 的作用(本田汽車公司)

(2) 第二段時：上油路送入油壓，活塞 A 移動，使主搖臂與副搖臂結合為一體，因此兩支進氣門均由主搖臂驅動，亦即由低速凸輪驅動，揚程都是 7mm，以確保中轉速時扭矩與馬力值，如圖 6-11-18(b)所示。

(3) 第三段時：上、下油路都送入油壓，上油路的油壓仍使主、副搖臂結合為一體；下油路送入之油壓，使活塞 B 與活塞 C 移動，故中間搖臂與主搖臂及副搖臂結合為一體，兩支進氣門均由中間搖臂驅動，亦即由凸輪高度最高的高速凸輪驅動，兩支進氣門的揚程都是 10mm，以確保高馬力輸出，如圖 6-11-18(c)所示。

4. 三段式 VTEC 的電路及作用油路，如圖 6-11-19 所示。

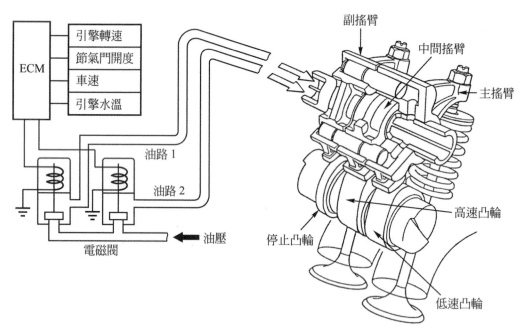

❀ 圖 6-11-19　SOHC 3 Stages VTEC 的電路及作用油路(本田汽車公司)

四、SOHC VTEC

1. 用在喜美汽車引擎上，如圖 6-11-20 所示，其構造及作用與 SOHC New VTEC 很相似。每個汽缸有五個凸輪，進氣用凸輪有三個，兩個低轉速用凸輪的高度差很小。

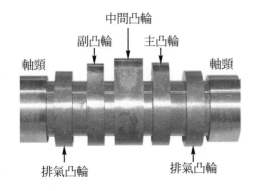

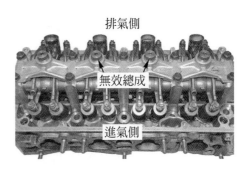

✪ 圖 6-11-20　SOHC VTEC 的凸輪軸構造　✪ 圖 6-11-21　SOHC VTEC 的氣門機構

2. 氣門機構的全圖，如圖 6-11-21 所示，無效總成是在中間搖臂的正上方。進氣門機構的局部圖，如圖 6-11-22 與圖 6-11-23 所示，主搖臂與中間搖臂內的正時活塞因油壓而向右移出時，壓縮止擋活塞(內有彈簧)，三個搖臂成一體，此時為高轉速時。

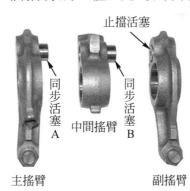

✪ 圖 6-11-22　SOHC VTEC 的進氣門機構　✪ 圖 6-11-23　SOHC VTEC 的進氣門搖臂分解圖

6-11-6　MIVEC

一、概述

1. 三菱汽車公司 2003 年全新的 2.4L SOHC 四缸 MPI 4G69 引擎，配置三菱革新氣門正時電子控制(Mitsubishi Innovative Valve Timing Electronic Control, MIVEC)系統，與另一部規格大致相同，配置連續可變氣門正時(Continuously Variable Valve Timing)的 4G-64 GDI-V 引擎相比較，其動力輸出與省油性幾乎相同，如表 6-11-3 與圖 6-11-24 所示；且由於 MIVEC 的幫助，使此部新 MPI 引擎的排氣污染比 GDI 引擎低，同時引擎尺寸更小。注意圖 6-11-24 所示，4G69 引擎的省油性與 GDI 引擎在相同範圍內，而且距"日本 2010 年燃油消耗標準"，還有一段餘裕空間。

表 6-11-3　4G69 與 4G64 引擎的規格比較(www.mitsubishi-motors.com)

引擎型式	4G69 MIVEC	4G64 GDI-V
汽缸配置	線列四缸	
缸徑 × 行程(mm)	87.0 × 100	86.5 × 100
排氣量(L)	2,378	2,350
壓縮比	9.5	10.8
燃油供應	進氣管噴射	缸內噴射
使用汽油	普通(Regular)無鉛	高級(Premium)無鉛
氣門機構	SOHC，16V，MIVEC	DOHC，16V，連續凸輪相位可變
性能	(165ps)121kW/6000min^{-1} 217N-m/4000min^{-1}	(165ps)121kW/5700min^{-1} 230N-m/3500min^{-1}
排氣污染	比日本 2000 年排氣標準低 75%	比日本 2000 年排氣標準低 25%

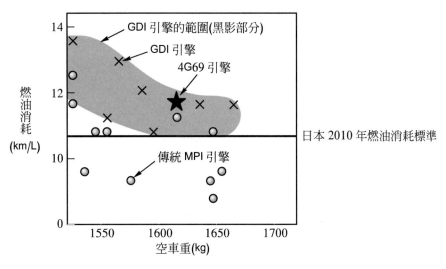

🌐 圖 6-11-24　4G69 引擎的省油性(www.mitsubishi-motors.com)

2.　汽車科技的發展，在追求環境保護及節省能源的準則下，另一項重大的需求是引擎性能的提升。因此當開發引擎時，典型的做法是裝置可變氣門正時(Variable Valve Timing)系統，讓各項需求都能得到滿足；同時，如何使引擎更輕及更簡小化(Compact)，具有較佳的主動安全性能、車廂及車身外部設計自由度，也是車廠所面臨的要求。因此三菱在全新的 2.4L 引擎上設置 MIVEC，同時燃燒室、引擎體等重新設計，使汽缸內氣流強烈，伴隨的特性是高燃燒穩定度，故可得極佳省油性、極低排氣污染，以及大量進氣的結果，使馬力輸出更高。MIVEC 的穩定燃燒效果，如圖 6-11-25 所示，故可採用稀薄混合汽，及冷起動時延後點火時間，以迅速提升觸媒轉換器溫度。

3.　三菱汽車全系列的車款，目前均已採用 MIVEC 引擎。

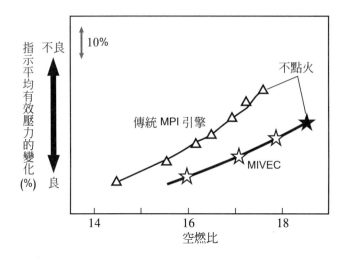

🌀 圖 6-11-25　MIVEC 的穩定燃燒效果(www.mitsubishi-motors.com)

二、MIVEC 的構造與作用

1.　MIVEC 使進氣凸輪進行兩種作用模式，一為低轉速模式(Low Speed Mode)，即各缸兩支進氣門的開度不相同；另一為高轉速模式(High Speed Mode)，即各缸兩支進氣門的開度大且相同。進氣門開度的變化，可得如圖 6-11-26 所示之目的，低轉速模式時，由於燃燒穩定，因此可得低燃油消耗、低排氣污染及高扭矩輸出；高轉速模式時，由於進氣門開度大，持續打開時間長，進氣量多，故可得高馬力輸出。

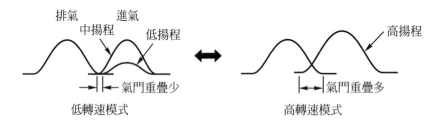

🌀 圖 6-11-26　進氣門開度的變化及其目的(www.mitsubishi-motors.com)

模式	項目	動力	燃油消耗	排氣污染(冷起動)
低轉速模式	藉由減少內部 EGR，改善燃燒穩定度	○	○	○
	藉由缸內強烈氣流，改善燃燒定度		○	
	藉由低氣門揚程，使摩擦最小化		○	
	藉由減少回吐(Spitback)，提高容積效率	○		
高轉速模式	藉由排氣助力學效果，提高容積效率	○		
	藉由高氣門揚程，提高容積效率	○		

2. MIVEC 系統的構造，如圖 6-11-27 所示，低揚程凸輪(Low Lift Cam)及中揚程凸輪(Medium Lift Cam)，分別經氣門搖臂，各帶動一支進氣門；高揚程凸輪(High Lift Cam)在低揚程凸輪與中揚程凸輪的中間，T 型槓桿(T Shaped Lever)隨高揚程凸輪運動。

3. MIVEC 系統的作用，如圖 6-11-27 所示。

   (1) 低轉速時：T 型槓桿的翼片(Wing)自由往復動作，不與任何零件接觸，因此兩支進氣門，分別由低揚程凸輪與中揚程凸輪經氣門搖臂帶動，以小揚程及中揚程打開。

   (2) 高轉速時：在兩個氣門搖臂內的活塞被油壓推向上，T 型槓桿翼片與活塞接觸，此時由高揚程凸輪，經 T 型槓桿，同時推壓兩個氣門搖臂背面，使兩支進氣門同時以大揚程打開。

   (3) 低、高轉速模式的切換點約在 3,500rpm 左右。

4. 由以上的說明可以了解，三菱汽車公司 MIVEC 的構造及作用，與本田汽車公司的 VTEC 非常相似，但本田的 VTEC 在 1985 年就已經開始發展使用了。

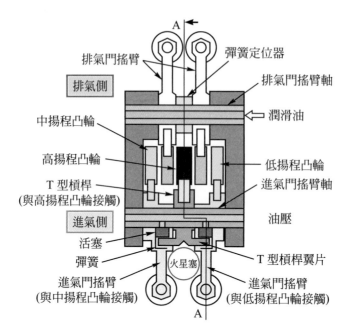

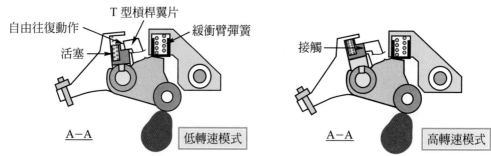

⭐ 圖 6-11-27　MIVEC 系統的構造與作用(www.mitsubishi-motors.com)

⚙ 6-11-7　VVTL-i

一、概述

1. Toyota 最新的 VVTL-i(Variable Valve Timing & Lift-intelligent)，為連續可變氣門正時與兩段揚程變化系統，與 VVT-i 功能相同外，氣門並可進行兩段式揚程變化，與 VTEC 相似。此系統最早是應用在 2001 年豐田高性能汽車 Celica 上，以 1.8L 的排氣量，其最大馬力可達 192ps/7,800rpm，且扭矩呈高原式輸出。

2.　VVTL-i 比 VVT-i 系統的不同點

(1)　進、排氣凸輪軸上，各缸的凸輪，一為低、中轉速凸輪(Low and Medium Speed Cam)，一為高轉速凸輪(High Speed Cam)，使進、排氣門均可做兩段揚程變化。

(2)　進、排氣凸輪軸下方設有搖臂組。

(3)　汽缸蓋後端另加一機油控制閥(Oil Control Valve)。

二、VVTL-i 系統的構造與作用

1.　VVTL-i 系統的構造，如圖 6-11-28 所示。進、排氣門均可變揚程，高轉速時，進、排氣門的揚程分別是低、中轉速時的 1.6 倍與 1.4 倍。進氣凸輪軸前端裝有 VVT-i 作動器，其作用與前述的 VVT-i 相同。整個系統共採用兩個 OCV。

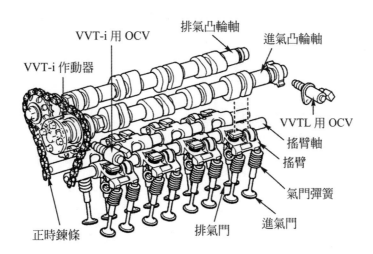

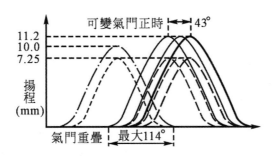

⊕ 圖 6-11-28　VVTL-i 系統的構造

2. 低、中轉速時氣門的作用：如圖 6-11-29 所示，當低、中轉速時，由於鎖定銷(Lock Pin)左側無油壓送入保持在原位，因此高轉速凸輪正下方的頂桿是在自由移動狀態，頂不到搖臂，故此時低、中轉速凸輪，經滾環(Needle Roller)、搖臂，使兩支進、排氣門同時以較小揚程打開。

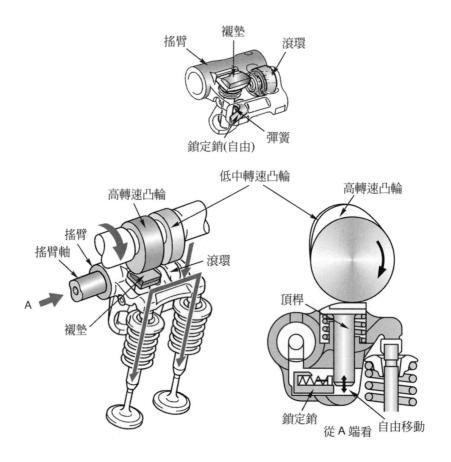

⊛ 圖 6-11-29　低、中轉速時氣門的作用(豐田汽車公司)

3. 高轉速時氣門的作用

(1) 爲了在高轉速時，讓油壓進入各搖臂內，故在引擎後端另裝有機油控制閥(Oil Control Valve, OCV)，如圖 6-11-30 所示，在高轉速時，OCV 打開，機油進入各搖臂內，使各鎖定銷移動。

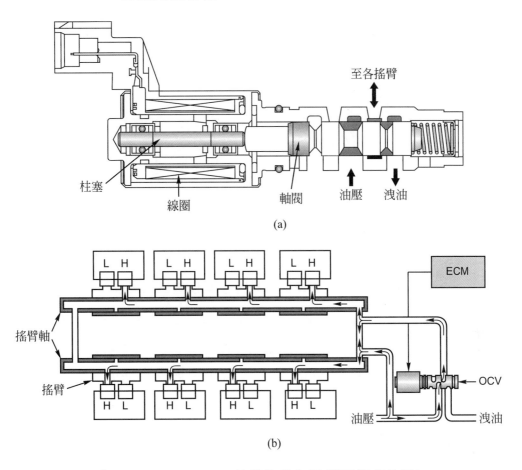

⊛ 圖 6-11-30 OCV 的構造與作用(豐田汽車公司)

(2) 當引擎轉速超過 6,000rpm，且引擎工作溫度在 60℃以上時，OCV 打開油壓通道，機油進入各搖臂內，將鎖定銷向右推，此時頂桿即無法自由移動，也就是頂桿被墊高，故此時由高轉速凸輪，經頂桿、鎖定銷、搖臂，使兩支進、排氣門同時以較大揚程打開，如圖 6-11-31 所示。

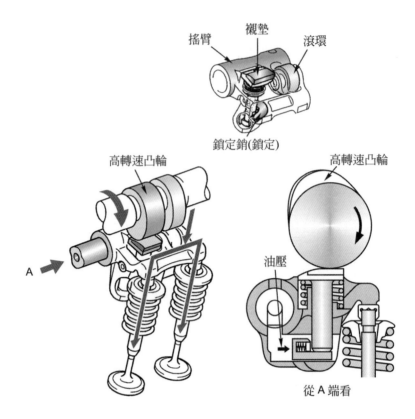

 圖 6-11-31　高轉速時氣門的作用(豐田汽車公司)

4. 以上敘述中，揚程只要有兩段變化，其氣門正時當然跟著有兩種變化，然後再配合 VVT-i 作動器的控制，使氣門正時有更多的變化。另外本 VVTL-i 系統適用於高轉速的 Celica 採用，若要應用在豐田汽車的一般車系，則系統的軟硬體均需做變更。

6-11-8　i-VTEC

一、概述

1. Honda 最新的 i-VTEC，也是連續可變氣門正時與兩段揚程變化系統，係 VTEC、VTCintelligent 之結合。與 VTEC 功能相同外，利用 VTC，使氣門正時連續可變。注意！本系統的兩段揚程，其第一段揚程兩支進氣門的開度不相同。

2. 本田開發應用 i-VTEC 技術引擎中的四種，如表 6-11-4 所示，Integra2.0L 汽車採用的 KA20A Euro-R 高性能引擎，其最大馬力輸出達 220PS，以自然進氣引擎而言，實在非常驚人。不過，不論是 Toyota 的 VVTL-i，或是 Honda 的 i-VTEC，都是為了兼顧性能、經濟及環保三者，而不是只講求高輸出馬力。i-VTEC 引擎能更同時兼顧全轉速域的扭矩、油耗及極低排污表現，且低震動、寧靜、體積小、重量輕及高耐用度等特質均能具備。

⊕ 表 6-11-4　四種採用 i-VTEC 技術的本田引擎

引擎型式 項目	K20A	KA20A Euro-R	KA-24A	KA-24A T-type
1. 進氣側	VTEC+VTC	VTEC+VTC	VTEC+VTC	VTEC+VTC
2. 排氣側		VTEC		VTEC
3. 壓縮比	9.8:1	11.8:1		10.5:1
4. 最大馬力	155PS/6,000rpm	220PS/8,000rpm	160PS/5,500rpm	200PS/6,800rpm
5. 最大扭矩	19.2kg-m/ 4,500rpm	21.0kg-m/ 6,000rpm	22.0kg-m/ 4,500rpm	23.7kg-m/ 4,500rpm

3. 本田汽車所有全系列的車款，目前均已採用 i-VTEC 引擎。

4. i-VTEC 比 VTEC 引擎的不同點：

(1) 引擎均改採用雙凸輪軸(DOHC)。

(2) 在進氣凸輪軸前加裝 VTC 作動器(VTC 作動器與 Toyota VVT-i 作動器，兩者的構造及作用幾乎完全相同)。

(3) 仍使用搖臂，其構造與 SOHC VTEC 使用者不相同，外型較簡單，但功能相同。

(4) 以正時鍊條取代正時皮帶，以精確控制氣門啟閉。

5. 可變氣門控制(Variable Timing Control, VTC)裝置的特點：

(1) 氣門正時，即凸輪相位(Cam Phase)延遲(Retard)時，減少氣門重疊(Overlap)的角度，如圖 6-11-32 所示，使回流汽缸的排氣量減少，因此燃燒很穩定，並可降低引擎怠速。

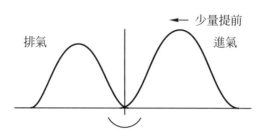

❀ 圖 6-11-32　進氣門提前打開角度小時(本田汽車公司)

(2) 凸輪相位提前(Advance)時，增加氣門重疊角度，如圖 6-11-33 所示，使回流汽缸的排氣量增加，因此可減少泵動損失 (Pumping Loss)及污染氣體。所謂泵動損失係指活塞下行時，真空吸力對活塞下行的阻力，氣門重疊角度大時，真空吸力變小，故泵動損失減少。現今引擎中，泵動損失最少者，為 BMW 汽車中搭配 Valvetronic 裝置之引擎，因其無節氣門，故泵動損失少，省油性極佳。

(3) 由於氣門重疊角度可變，如圖 6-11-34 所示，能使進氣慣性(Inlet Inertia)最大化，故能達到最佳的輸出性能。

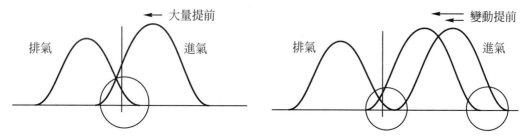

❀ 圖 6-11-33　進氣門提前打開角度大時 (本田汽車公司)　❀ 圖 6-11-34　進氣門提前角度可變化 (本田汽車公司)

二、VTC 裝置各零組件的構造

1. VTC 裝置全圖，如圖 6-11-35 所示，多數感知器均係利用原 VTEC 裝置所使用者。

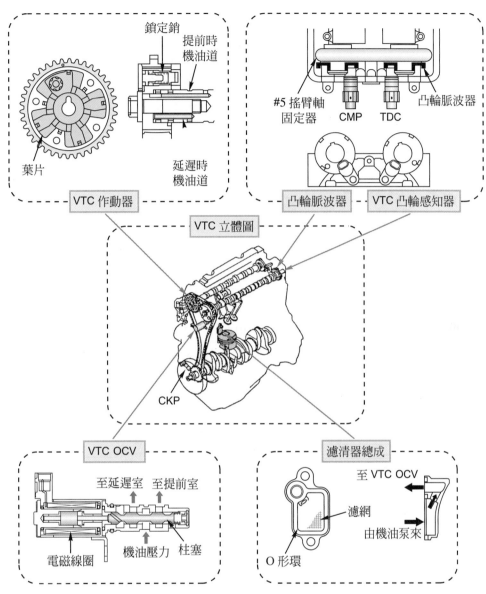

⊛ 圖 6-11-35 VTC 裝置全圖(本田汽車公司)

2. VTC 作動器(actuator)的構造,如圖 6-11-36 所示,由鎖定銷(lock pin)、鎖定銷彈簧、正時齒輪、葉片(vane)、封簧及前板等所組成。利用葉片及封簧隔開提前室(advance chamber)與延遲室(retard chamber)。

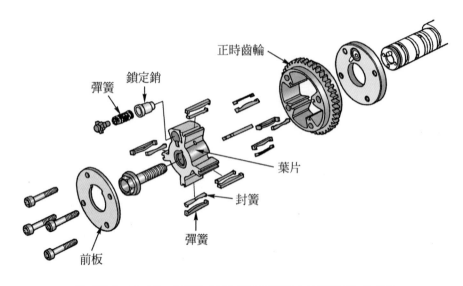

⊛ 圖 6-11-36　VTC 作動器的構造(本田汽車公司)

3.　VTC 機油控制閥(Oil Control Valve, OCV)的構造,如圖 6-11-37 所示。OCV 裝在正時齒輪下方,由 ECM/PCM 所控制。

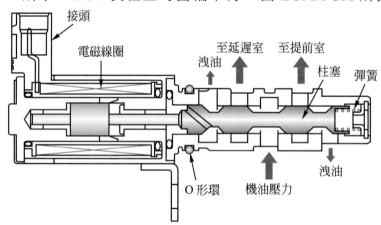

⊛ 圖 6-11-37　機油控制閥的構造(本田汽車公司)

三、VTC 裝置的作用

1.　概述

(1) ECM/PCM 接收各感知器信號,計算並做出決定後,將信號送給 OCV。

(2) 引擎起動後,機油壓力達一定值時,油壓經 OCV 進入作動器,使鎖定銷解除鎖定作用。

(3) 使 OCV 開始作用有兩個條件，一是引擎機油溫度必須達 5℃ 以上，二是引擎轉速必須達一定值以上。引擎機油溫度是由引擎冷卻水溫度(ECT)及進氣溫度(IAT)兩種感知器的信號計算而得。

(4) 當 i-VTEC 系統被偵測到有故障發生時，VTC 的作用會停止，鎖定銷將整個作動器鎖定在氣門正時最延遲的位置。

2. 控制方塊圖的作用

(1) ECM/PCM 由 ECT 及 IAT 感知器所送來的信號，如圖 6-11-38 所示，做出 VTC 作動器是否作用的判斷。

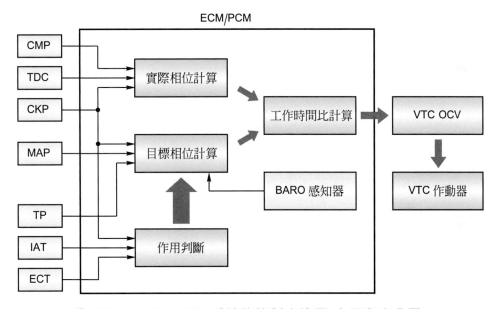

❀ 圖 6-11-38　VTC 系統的控制方塊圖(本田汽車公司)

(2) ECM/PCM 由 CKP、MAP、TP 及 BARO 等各感知器送來的信號，計算出目標凸輪相位角度值。

(3) ECM/PCM 由 CMP 及 TDC 感知器的回饋信號所計算的實際凸輪相位角度值，與目標值相比較後，送出工作時間比信號給 OCV，使油壓送往作動器的提前室或延遲室。

3. 作動器的作用

　(1) 解除鎖定

　　① 當引擎停止運轉時，鎖定銷彈簧力量使鎖定銷移出，將作動器鎖定在最大延遲位置，如圖 6-11-39 所示。

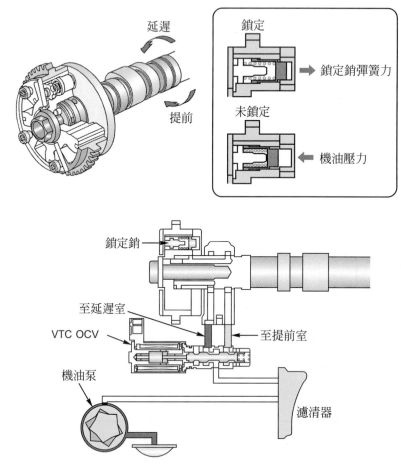

● 圖 6-11-39　作動器鎖定與未鎖定的狀態(本田汽車公司)

　　② 當引擎發動後，油壓達一定值時，壓力將鎖定銷推回，使作動器內葉片能自由轉動。

　　③ 當油壓低於一定值或引擎熄火時，鎖定銷再度移出，整個作動器再成一體旋轉。

　(2) 提前：當 ECM/PCM 依各種信號，決定必須提前時，將工作時間比信號送給 OCV，OCV 使提前側油道打開，機油

進入作動器的提前室，壓力將葉片推向一側，如圖 6-11-40 所示，使凸輪相位在提前狀態。

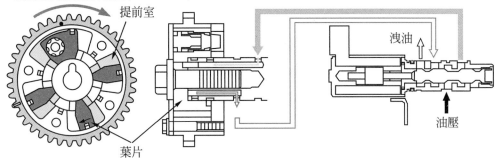

🌑 圖 6-11-40　凸輪軸向氣門正時提前方向旋轉(本田汽車公司)

(3)　延遲：當 ECM/PCM 依各種信號，決定必須延遲時，將不同的工作時間比信號送給 OCV，OCV 使延遲側油道打開，機油進入作動器的延遲室，壓力將葉片推向另一側，如圖 6-11-41 所示，使凸輪相位在延遲狀態。

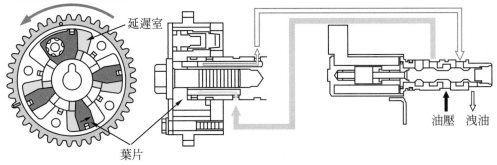

🌑 圖 6-11-41　凸輪軸向氣門正時延遲方向旋轉(本田汽車公司)

四、VTEC 裝置的構造與作用

1.　VTEC 裝置的構造，如圖 6-11-41 所示，為用於本田高性能跑車 S2000 的結構，係進、排氣門均有 VTEC。用於目前本田已開發的 K20A 與 KA-24A 引擎之 i-VTEC，其 VTEC 機構，如圖 6-11-42 右側所示，僅在進氣端設置，每缸有三個進氣用凸

輪，主、副凸輪用於低轉速，主凸輪高，副凸輪低，或者高度相同，依引擎設計而定；中間凸輪則用於高轉速。KA20A Euro-R 與 KA24A T-type 高性能引擎的 VTEC 裝置，則與圖 6-11-42 相同。

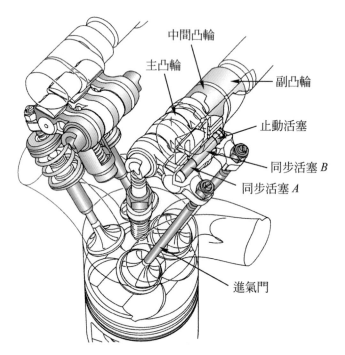

中間凸輪
主凸輪
副凸輪
止動活塞
同步活塞 *B*
同步活塞 *A*
進氣門

✿ 圖 6-11-42 進、排氣側均有 VTEC 機構(本田汽車公司)

2. VTEC 裝置的作用

  (1) 低轉速時

    ① 油壓沒有進入，同步活塞 *A*、同步活塞 *B* 及止動活塞均在原位，故三個搖臂自由活動，主、副凸輪分別打開進氣門，如圖 6-11-43 所示。

    ② 若進氣門一開、一關，則可造成進氣的強烈渦流，並可減少動力損耗。

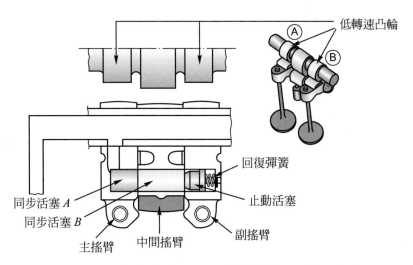

低轉速凸輪

回復彈簧

止動活塞

同步活塞 A
同步活塞 B

主搖臂　　中間搖臂　　副搖臂

⊛ 圖 6-11-43　低轉速時 VTEC 裝置的作用(本田汽車公司)

(2) 高轉速時

① 油壓進入，同步活塞 A、同步活塞 B 及止動活塞均向右移動，使三個搖臂串連成一個整體，此時由較高的中間凸輪帶動打開兩支進氣門，如圖 6-11-44 所示。

② 兩支進氣門開度均大，容積效率高，可提供高輸出性能。

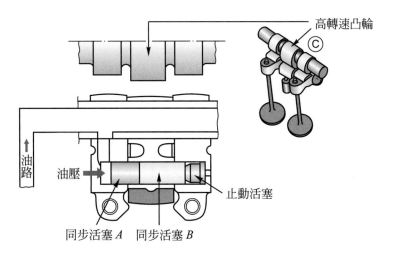

高轉速凸輪

油路

油壓

止動活塞

同步活塞 A　同步活塞 B

⊛ 圖 6-11-44　高轉速時 VTEC 裝置的作用(本田汽車公司)

⚙ 6-11-9　VALVETRONIC

一、概述

1. Valvetronic 是 BMW 所研發的氣門啓閉新技術，其實稱它作"可變氣門正時與揚程系統"，還不足以彰顯出其特殊與創新的結構，事實上它是一種進氣門無段可變揚程的系統。

2. Valvetronic 被成功研究出來，是靠一位進入 BMW 任職第二年的 28 歲年輕工程師，名叫哈洛·恩格(Harald Unger)，在 1991 年被賦予研發一套完全可變氣門的機構，到 1993 年 8 月，於德國慕尼黑申請專利，名為 "Cylinder head with cam followers resting on an eccentric shaft"，直譯為 "汽缸蓋處凸輪從動件依賴偏心軸"，句中凸輪從動件(Cam Followers)，實際上就是負責打開進氣門的搖臂，而偏心軸(Eccentric Shaft)，並非進氣凸輪軸(Inlet Camshaft)，每支進氣門都有一段偏心軸，偏心軸改變中間槓桿的位置，再由進氣凸輪軸頂中間槓桿，經搖臂，使進氣門打開。

3. Valvetronic 的特點，除了氣門的新機構外，最特殊之處為無節氣門(Throttle Valve)，因此傳統上所謂進氣歧管真空已經不存在。現今引擎中，除了柴油引擎外，四行程汽油引擎部分，目前僅 BMW 汽車配置 Valvetronic 的引擎無節氣門之設計。

4. Valvetronic 的優點

   (1) 省油效果相當顯著，介於 6～16%之間，一般行車條件下，省油可達 10%以上。主要原因為無節氣門，故無泵動損失；尤其是在市區或塞車時，比傳統式引擎，其省油效果更明顯。其次因其進氣門開度可無段變化，也就是在低轉速時進氣門開度小，故動力損耗少，相對也具有省油效果。通常一種單項新設計，使油耗表現能達到如此效果者，Valvetronic 幾乎是獨一無二的。

   (2) 怠速及低速運轉十分平順。因無節氣門，進氣歧管的阻礙減少，使引擎在部分負荷下進氣更流暢之故。

(3) 引擎反應快。也是因為無節氣門，踩下油門時，進氣門依比例開啟，大量空氣立刻進入汽缸，效率可完全發揮。而傳統式引擎，踩下油門時節氣門打開，空氣充滿進氣歧管後，才會進入汽缸。兩相比較下，Valvetronic 引擎的進氣速度較快。

二、Valvetronic 系統的構造與作用

1. 如圖 6-11-45、圖 6-11-46 及圖 6-11-47 所示，為 BMW 引擎所採用，整個 Valvetronic 系統只使用一個步進馬達，每支進氣門有一段偏心軸(Eccentric Shaft)，整段偏心軸正中央有一扇形齒輪，由步進馬達的軸驅動。V6 以上引擎則使用兩個步進馬達。

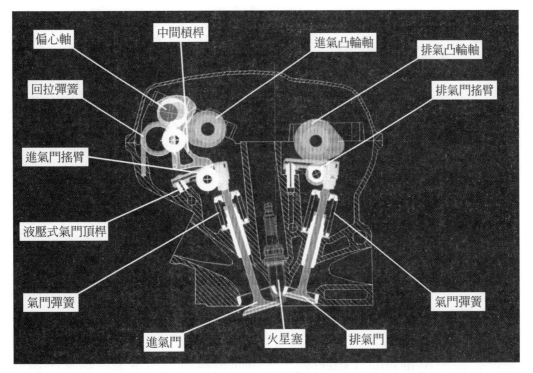

🜨 圖 6-11-45　Valvetronic 系統的構造(一)(automotive engineering April 2002)

⊛ 圖 6-11-46　Valvetronic 系統的構造(二)

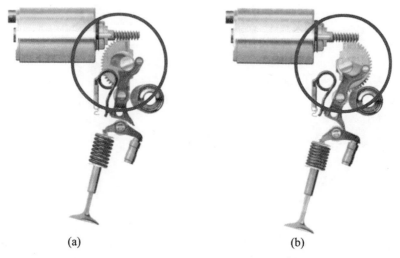

(a)　　　　　　　　　　　　(b)

⊛ 圖 6-11-47　Valvetronic 系統的作用(汽車購買指南，2001 年 12 月號)

2. 每支進氣門有一組開啓機構，包括中間槓桿(Intermediate
Lever)、回拉彈簧(Pull-back Spring)、搖臂及液壓式氣門頂桿
(Hydraulic Lifter)等。在中間槓桿中央採用滾柱軸承，與進氣
凸輪接觸；回拉彈簧鉤在中間槓桿下方，使中間槓桿下方保持
向右側；而液壓式氣門頂桿是用來使整個機構保持無間隙。當
然主動部分是進氣凸輪軸的凸輪。

3. 未踩油門時，信號送給 ECM，ECM 綜合各信號後，將進氣門
開啓量的信號送給步進馬達，如圖 6-11-47(a)所示，爲進氣門

開啓量最小時，扇形齒輪在步進馬達軸的最左端，偏心軸的位置使中間槓桿上端保持在其位移量的最左側，中間槓桿中央滾柱軸承離進氣凸輪最遠，故中間槓桿下端下移量最小，經搖臂，使進氣門開度最小，約 0.25mm 左右，引擎保持怠速運轉。

4. 如果讀者看不出來(a)、(b)兩圖偏心軸位置的差異，請將圖轉 180°來看，你就可以輕易比較出兩圖間之差別。

5. 如圖 6-11-47(b)所示，為進氣門開啓量最大時，扇形齒輪在步進馬達軸的最右端，偏心軸的位置使中間槓桿上端保持在其位移量的最右側，中間槓桿中央滾柱軸承離進氣門凸輪最近，故中間槓桿下端下移量最大，經搖臂，使進氣門開度最大，約 9.7mm。從 0.25mm 到 9.7mm 的無段開度變化，整個機構的反應時間僅需 0.3 秒。

6. Valvetronic 系統可與 BMW 原有的進、排氣門可變氣門正時系統(Double VANOS)相容，使整體作用更優異，如圖 6-11-48 所示，為 BMW 7 系列的 V8 引擎，採用 Valvetronic 與 Double VANOS，注意四支凸輪軸前面各裝一個油壓作動器，使進、排氣門正時連續可變。

✦ 圖 6-11-48　採用 Valvetronic 與 Double VANOS 之 7 系列 V8 引擎
　　　　　　 (automotive engineering March 2002)

⚙ 6-11-10 Audi 汽門揚升系統(AVS)

1. Audi 汽門揚升系統為因應最佳化進氣循環而發展,並於 2006 年後期發表於 Audi A6 的 2.8 升 V6 FSI 引擎。

2. 不同於 6 缸自然進氣引擎 (2.8 升和 3.2 升),此系統並未使用於 2.0 升 TFSI 引擎的進氣側,而是只使用於排氣側。如圖 6-11-49 所示。

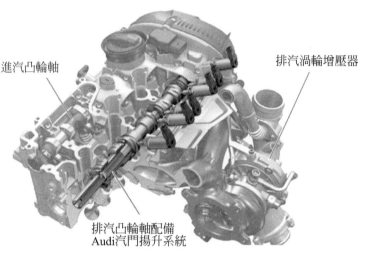

進汽凸輪軸　排汽渦輪增壓器

排汽凸輪軸配備
Audi汽門揚升系統

⚙ 圖 6-11-49　Audi 汽門揚升系統

3. 於低引擎轉速時,使用窄凸輪外緣。於高引擎轉速時,此系統會變換為寬的基本凸輪外緣。窄凸輪外緣提供非常晚的排氣汽門開啟時間。這可以有效避免因為汽缸的預排氣脈衝(於排氣汽門開啟點)在汽門重疊時期產生的排氣氣體回流,這就是 180 度曲軸角度的偏置。提前進氣汽門正時因而產生。

4. 正壓傾斜度使得燃燒室得以有效淨化。首先,利用減少殘留在汽缸內氣體含量;其次,利用增進提前進汽門正時而大大的強化汽化效率。

5. 這些提昇措施不斷循環,造就出更佳的反應及低轉速時更大的扭力。因此,可以更快速的建立增壓壓力。扭力曲線陡峭,且加

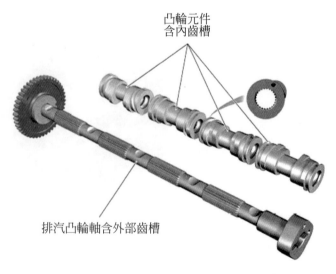

凸輪元件
含內齒槽

排汽凸輪軸含外部齒槽

⚙ 圖 6-11-50　Audi 汽門揚升系統之凸輪軸構造

速時駕駛者幾乎無法察覺一絲一毫的渦輪遲滯。如圖 6-11-50 所示。

6. 滾子凸輪搖臂的修改

　　排氣凸輪軸的滾子凸輪搖臂已經修改成在凸輪元件上可以同時具有兩個汽門揚升凸輪。要達成此目的，現有的滾子直徑更大且寬度更窄。

　　在此同時，利用改良的軸承，滾子凸輪搖臂更具有極致的低磨擦系數。為了避免滾子凸輪軸承向下傾斜，採用不可拆卸的方式與支撐元件連接。因此，預組裝模組式的滾子凸輪搖臂只能整組更換。如圖 6-11-51 所示。

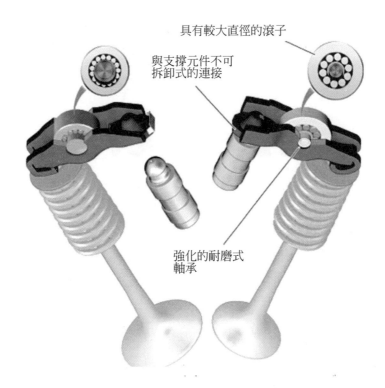

具有較大直徑的滾子

與支撐元件不可拆卸式的連接

強化的耐磨式軸承

⚙ 圖 6-11-51　　Audi 汽門揚升系統之滾子搖臂

7. 作用

　　每一缸的排氣側都具有一組可移動的凸輪元件。因此每一支排汽門都具有兩個汽門揚升凸緣。利用縱置式位移的凸輪元件，就可以在較大和較小的凸出外緣之間做變換。當作動器從小汽門揚升變換至大汽門揚升時，另一個作動器就會從小汽門揚升變換至大汽門揚升。二次作動器

從大汽門揚升變換回小汽門揚升。當引擎控制電腦作動作動器時，金屬銷會彈出並卡入凸輪元件的移動滑槽。

凸輪元件的設計是當凸輪軸轉動時會自動移動，因此可以變換兩支排汽門的凸輪外緣。凸輪元件的移動滑槽的外型必須能在變換之後使金屬作動器插銷往後推。金屬銷無法藉由引擎控制電腦的作動而退回。如圖 6-11-52 所示。

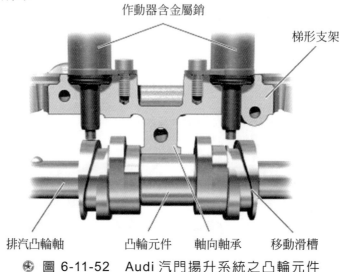

作動器含金屬銷　　　　梯形支架

排汽凸輪軸　　凸輪元件　軸向軸承　移動滑槽

✵ 圖 6-11-52　Audi 汽門揚升系統之凸輪元件

8. 凸輪元件的鎖定

為了確保這些機構調整時不會使凸輪元件移動過大，調整行程是由一止檔機構限制。在此情況下，汽缸頭上蓋(汽門室蓋)內凸輪軸軸承的作動就會受到限制。

也必須確保在這些機構調整之後，凸輪元件仍然維持在其定位上。因此，凸輪軸內的凸輪元件採用內含受彈簧作用的鋼珠棘爪來定位。如圖 6-11-53 所示。

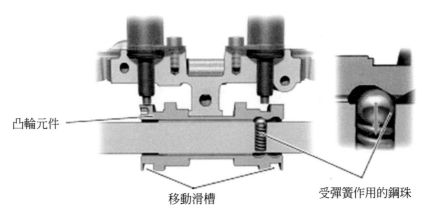

凸輪元件

移動滑槽

受彈簧作用的鋼珠

✺ 圖 6-11-53　Audi 汽門揚升系統凸輪元件鎖定裝置

9. 凸輪外緣

　　在凸輪元件上每支汽門各有兩個凸輪外緣。凸輪正時是依據所需的引擎特性裝配。

　　小凸輪的運行(圖示 A 的部份)是使用 6.35mm 的汽門開啟行程。開啟的長度是 180°的曲軸角。排汽門在 TDC 過後 2°關閉。

　　利用大凸輪的運行(圖示 B 的部份)提供 10mm 的全行程，這是 215°曲軸角度的開啟長度。排汽門在 TDC 之前 8°關閉。如圖 6-11-54 所示。

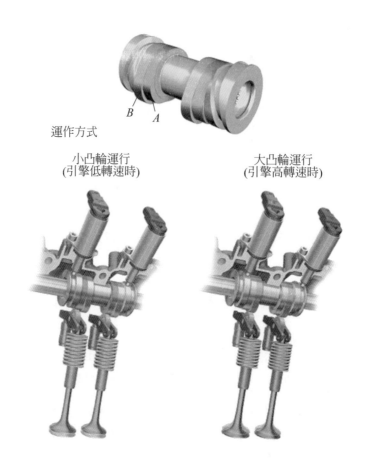

運作方式

小凸輪運行
(引擎低轉速時)

大凸輪運行
(引擎高轉速時)

✿ 圖 6-11-54　Audi 汽門揚升系統之控制凸輪外緣

10. 凸輪調整作動器

　　凸輪調整作動器為電磁式作動器。每一缸有兩個作動器。如圖 6-11-55 所示。一個作動器用來移動凸輪軸上的凸輪元件以作為大汽門揚升時使用。另一個作動器則是將凸輪元件重置為小汽門揚升。

　　每一個作動器都是利用螺絲以外加方式固定在汽缸頭上蓋(汽門室蓋)。利用 O 型環密封。當引擎控制電腦作動作動器時，金屬銷會彈出並卡入凸輪元件的移動滑槽，因而變換成另一個凸輪外緣。如圖 6-11-56 所示。

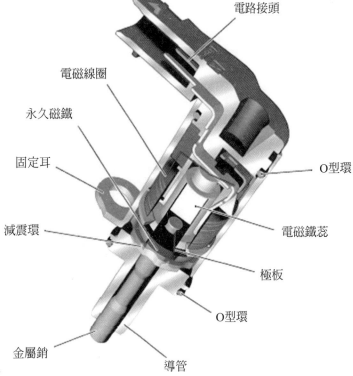

電路接頭

電磁線圈

永久磁鐵

固定耳

減震環

O型環

電磁鐵蕊

極板

O型環

金屬銷

導管

✪ 圖 6-11-55　Audi 汽門揚升控制系統之
　　　　　　　凸輪調整作動器

✪ 圖 6-11-56　電磁閥之構造

11. 作用

　　　電磁閥整合作動器中。當引擎控制電腦作動電磁閥時，金屬銷會彈出。電磁閥透過供應簡短的電瓶電壓而作動。

　　　當金屬銷彈出時，它會由作動器本體內的永久磁鐵固定定位。

　　　由於快速的伸展時間(18-22ms)，所以金屬銷的作動具有極快的速度。減震環靠近永久磁鐵以確保插銷不會回彈或造成損壞。金屬銷現在伸入移動滑槽，當凸輪軸轉動時就會移動凸輪元件。如圖 6-11-57 所示。

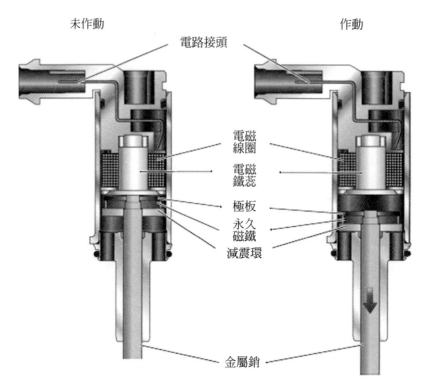

未作動　　　　　　　作動

電路接頭

電磁線圈

電磁鐵蕊

極板

永久磁鐵

減震環

金屬銷

⊛ 圖 6-11-57　電磁閥之作動情形

12. 凸輪調整作動器的作動

　　凸輪調整作動器之作動是由引擎控制電腦所控制。如圖 6-11-58 所示。

　　引擎控制電腦會產生一搭鐵信號來達到此目的。電壓是透過 Motronic 電源供應繼電器來供應。

　　當冷卻水溫度達−10℃。此系統便已準備就緒。利用此基本凸輪，例如：具有大外緣的凸輪，來起動引擎。之後，此系統立即變換為小凸輪外緣。當引擎停止時，此系統就變回基本凸輪。每個作動器的最大電源輸入為 3 安培。如圖 6-11-59 所示。

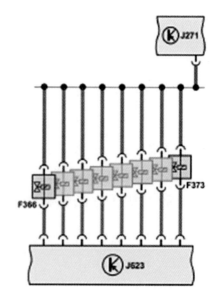

⊛ 圖 6-11-58　引擎控制電腦
使凸輪調整作動器作動

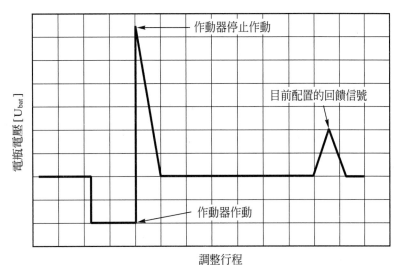

◈ 圖 6-11-59　凸輪調整作動器的作動

13. 在工作範圍之間變換

　　本圖表為當引擎達工作溫度時，Audi 汽門揚升系統工作範圍的示意表。

　　表中可以清楚的看到，使用小汽門揚升至約 3100rpm 的中等引擎轉速。

　　在所需的引擎範圍內變換至大汽門揚升，進氣歧管活板也有較寬的開啟度。如圖 6-11-60 所示。

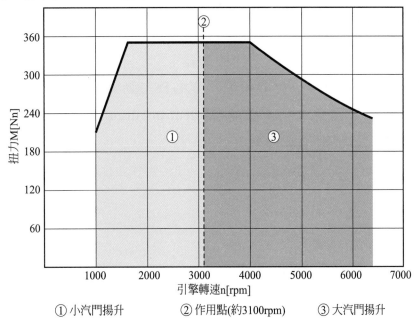

①小汽門揚升　　　②作用點(約3100rpm)　　　③大汽門揚升

◈ 圖 6-11-60　Audi 汽門揚升系統工作範圍

6-11-11　CAMLESS ENGINE

1.　無凸輪引擎，可說是引擎設計上未來最新的發展。想想看，一部引擎不需要凸輪軸時，其相關的零組件，如正時皮帶(鍊條)、張力器、氣門搖臂、氣門搖臂軸等等都省略掉了，且氣門的傳動不需耗用引擎動力，這些改進所帶來的優點實在非常可觀。

2.　德國的西門子(Siemens)公司，已經在發展第二代的所謂電磁氣門組(electromagnetic valve train, EVT)無凸輪引擎，並已在四缸十六氣門引擎進行最高轉速時的全負荷運轉試驗。

3.　每支氣門作動器(actuator)殼內都有一個位置感知器(position sensor)配合作用；各作動器可個別單獨動作，氣門正時控制可達其物理極限。作動器是依自由彈簧質量-振動器原理(free springmass-oscillator principle)作用，以特殊設計之軟體控制作動器線圈之電流，使氣門在關閉將與氣門座接觸時，減速至接近零，故可使磨損與噪音減至最低。

4.　電子氣門控制單元(electronic valve control unit, EVCU)與作動器間，以 CAN Bus 傳輸信號；並由裝在曲軸的起動－充電機(starter-generator)供應優點很多的 42V 給整個系統運作。

5.　此種最新的氣門控制科技，無疑的對車輛的省油、低污染及性能提升，將會有極佳的助益。

6.　Lotus 公司也已經研發一套名爲主動氣門組(active valve train, AVT)系統，以電磁液壓(electrohydraulic)方式使氣門作動，取代凸輪軸及其機構。

7

汽油引擎排汽污染與控制

7-1 汽車各部排出之污氣分析

7-1-1 概述

汽車會排出污氣之處有排汽管排出的廢汽,曲軸箱之吹漏氣,油箱、化油器等蒸發之油氣等,如圖7-1-1所示。

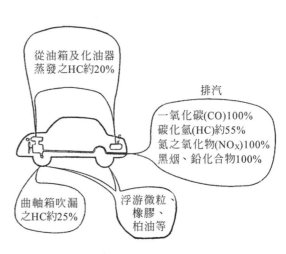

從油箱及化油器蒸發之HC約20%

排汽

一氧化碳(CO)100%
碳化氫(HC)約55%
氮之氧化物(NO_X)100%
黑烟、鉛化合物100%

曲軸箱吹漏之HC約25%

浮游微粒、橡膠、柏油等

⊛ 圖 7-1-1　汽車各部排出污氣之分佈

7-1-2　汽車排汽管排出之污氣

　　汽車排汽管排出的污氣，係汽油[為各種碳氫化物之複雜混合液]與空氣[主要成分為氮(N_2)和氧(O_2)]在燃燒室燃燒後之生成物。如圖 7-1-1 所示，主要成分為氮(N_2)、二氧化碳(CO_2)等無害之氣體，但也有一部分有害之一氧化碳(CO)、碳氫化物(HC)、氮之氧化物(NOx)、甲醛($HCHO$)、鉛化合物(CHO)[$Pb(CH_3)_4$，$Pb(CH_3)_3(C_2H_5)$，$Pb(CH_3)_2(C_2H_5)_2$，$Pb(CH_3)(C_2H_5)_3$，$Pb(C_2H_5)_4$ 等]、二氧化硫(SO_2)、黑煙(碳微粒)等物質。

7-1-3　引擎曲軸箱吹漏氣體

　　因活塞與汽缸壁間無論製作如何精密，不論新舊，絕不能維持活塞與汽缸壁間絕對的氣密。引擎運轉中燃燒所產生的壓力把活塞向下推動，同樣的壓力也使未完全燃燒的燃料或燃燒生成物，經活塞環與汽缸壁間漏入曲軸箱，這種現象叫吹漏(blow-by)，如圖 7-1-2 所示。曲軸箱吹漏氣中主要成分為未燃燒之混合汽及燃燒後之氣體。

壓縮衝程時未燃　　動力行程時燃燒
的空氣和HC漏到　　氣漏到曲軸箱裏
曲軸箱裏面　　　　面

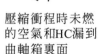 圖 7-1-2　曲軸箱吹漏氣體

這些吹漏氣對引擎之害處有：

(一) 降低機油品質。

(二) 產生沈澱及膠狀物。

(三) 產生腐蝕性的酸類，損害引擎零件。

　　將吹漏氣體排放出去時，裏面之 HC 對空氣會產生嚴重之污染(約佔汽車排出 HC 之 25～30%)。

7-1-4　汽車燃料系蒸發之污氣

從汽車油箱、化油器等處蒸發之油氣，主要成分為 CnHm，約占汽車總 HC 排出量的 15～20%。

7-2　汽車排出污氣成分之不良影響

7-2-1　一氧化碳(CO)

石油爐、木炭不完全燃燒，都市瓦斯洩漏造成的中毒死亡事件，都是一氧化碳在作怪。空氣中一氧化碳之含量達 0.03%時，就會使人致死。在此量之前也有頭痛、目眩等症狀。人體吸入一氧化碳後，血液中的血紅蛋白易與一氧化碳結合，而無法與本應結合的氧(O_2)結合，致無法將氧供給體內使用。

一氧化碳比空氣稍輕，在交通量少的地方很快會逸散，不會太增大濃度，但在交通量多的道路或十字路口附近，則一氧化碳之聚積量會很多。

7-2-2　碳化氫(HC)

碳化氫有惡臭，在濃度高、無風、滯留再受陽光照射時會因光化學反應而發生煙霧，影響視線並使眼睛產生刺痛、喉嚨痛、味覺能力降低等毛病，空氣中碳化氫之含量必須 1%以下。

7-2-3　氮之氧化物(NO_x)

空氣中的氮本是原態從引擎排出，但汽缸內燃燒溫度高時，空氣中的氮反應發生微量氧化氮。從排汽管排出時，大都為一氧化氮，但一氧化氮會在大氣中氧化成二氧氮。一氧化氮的毒性不大成問題，二氧氮卻有毒性，會影響動植物之生長，刺激眼睛黏膜，使呼吸器官發生哮喘性症狀或肺水腫、肺癌。除以上直接影響外，它還會與碳化氫等起光化學反應，形成臭氧、醛等煙霧。日本勞動衛生規制規定一氧化氮和二氧氮之含量總和應在 5ppm(0.0005%)以下。

7-2-4 甲醛(H•CHO)

甲醛會刺激眼睛、呼吸器官的黏膜，不只有不快感，對呼吸機能也有不良的影響，藥用福馬林即為甲醛的水溶液。

7-2-5 鉛化合物

鉛化合物的微粉吸入肺的深處時，有害造血作用。汽車排汽中的鉛，是用為抗爆震用的烴基鉛所分離者；不過現在放出大氣中的鉛蓄電池的鉛量大於汽車的排汽。排汽中，鉛的影響較少成為大氣污染的物質，但卻造成排汽淨化裝置的觸媒劣化，使排汽再循環裝置故障，直接影響排汽淨化。

7-2-6 二氧化硫(SO₂)

大氣中二氧化硫(SO_2)的主要發生源為燃燒重油或煤炭的工廠、發電廠、大樓等，汽車排出之量甚少。

7-3 汽車排出污氣之發生過程與引擎工作情況之關係

7-3-1 CO之發生過程

一氧化碳係汽油在燃燒時，空氣量供給不足時發生不完全燃燒之產物：

$$2C+O_2 \rightarrow 2CO$$

若空氣充足產生完全燃燒時，則汽油中的 O_2 結合成無害的 CO_2：

$$C+O_2 \rightarrow CO_2$$

引擎排出的一氧化碳與二氧化碳如圖 7-3-1 所示，濃度與燃料空氣之混合比之濃稀有密切關係，尤其一氧化碳產生量(濃度)與混合比之關係更為密切，一氧化碳之發生量在濃混合此時增加甚速。二氧化碳之發生量在理論理想混合此附近時最多，混合汽較稀時，因未燃燒之氣體增加，二氧化碳的發生量反而有減少之趨勢。

因此減少一氧化碳的方法，必須使用較稀薄之混合汽(空氣含量較多)，

但是混合汽太稀時容易發生碳化氫，並且引擎的輸出馬力亦有降低之趨勢。圖 7-3-2 所示為混合此與引擎輸出馬力之關係，在混合此 12.5：1 時馬力最大，燃料消費率在混合比 15：1 附近時最低。

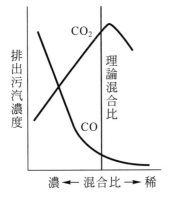

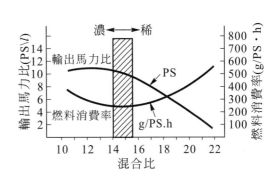

🌟 圖 7-3-1　混合比與 CO、CO_2 濃度關係　　🌟 圖 7-3-2　引擎輸出馬力、燃料消費率與混合比關係

⚙ 7-3-2　HC 之發生過程

碳化氫(HC)為碳氫化物之總稱，為汽油之主要成分。燃料中所含之碳，作完全燃燒後變成二氧化碳排出，又氫與氧結合後變成水蒸汽排出，其化學反應式如下：

$$2H_2 + O_2 \text{—} 2H_2O$$

排汽管所排出之碳化氫，係汽油不完全燃燒後，以燃燒剩餘物的狀態所排出，其發生之原因有下列四種：

(一) 在燃燒室中混合汽之燃燒係從火星塞點火之火焰逐漸擴大，而傳到整個燃燒室；若燃燒室壁附近的溫度太低時，則這附近的混合汽無法達到燃燒程度，火焰的溫度逐漸降低，而未達到汽缸壁前，火焰就消失，這一層混合汽一般稱為消焰層」(quench zone)。此層距汽缸壁 0.05～0.5 mm，這層消焰層的未燃燒混合汽由活塞排出汽缸外，即含有多量之碳化氫。

(二) 在減速時，節汽門很快關閉到怠速位置，進汽歧管之真空急速增高，在瞬間發生很濃之混合汽，因此有大量的未燃燒混合汽排出，而含有多量之碳化氫。

(三) 因進汽門與排汽門有重疊開放之時間，有部分新鮮混合汽會從排汽門逸出，經排汽管排出而含有多量之碳化氫。

(四) 使用比理論混合比稀薄的混合汽(混合比在 17：1 以上時)亦會不完全燃燒，產生未燃成分。同時混合汽過稀，燃燒室內火焰傳播不良，容易造成不著火而排出大量未燃成分。

7-3-3　NO_x 之發生過程

NO_x 係氮與氧化合物之總稱，一般在高溫下燃燒物質時所產生之氮氣因氧化(與氧的結合)量之不同而產生許多不同物質。

(一) 在高溫下有 N_2 與 O_2 存在時，會產生下列的化學變化：

$$N_2+O_2 \rightarrow 2NO$$

所產生之 NO 遇到空氣中的 O_2 再發生變化：

$$2NO+O_2 \rightarrow 2NO_2$$

排汽中的 NO_x 大部分為 NO 與 NO_2 的混合氣體。

(二) NO_x 的發生量在理論混合此附近最大，而混合比較稀或較濃，其發生量急劇的減少；又受溫度之影響很大，一般汽油引擎所發生 NO_x 之濃度如圖 7-3-3 所示，隨最高燃燒溫度的上升而急劇的增大。圖 7-3-4 為 NO_x 濃度與點火時間及混合比之關係。

(三) 排汽中的碳化氫及一氧化碳係在不完全燃燒之情形下發生。而 NO_x 正好相反，係在完全燃燒之情形下發生，因此若要防止 NO_x 之大量發生，必須將其最高燃燒溫度降低，但最高燃燒溫度降低會引起引擎馬力降低的惡影響。

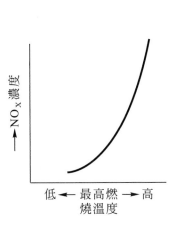

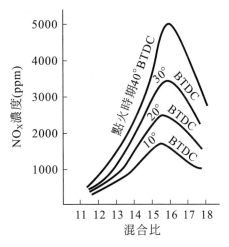

🌑 圖 7-3-3 最高燃燒溫度與 NOₓ 濃度之 🌑 圖 7-3-4 NOₓ 濃度與點火時間及混合
關係　　　　　　　　　　　　　　　比之關係

⚙ 7-3-4　排氣中污染發生與引擎工作情況關係概述

　　排汽中各有毒氣體之發生過程與燃料混合比、點火時間、引擎構造、引擎轉速、引擎溫度、引擎負荷等有密切關係，同時對引擎的輸出馬力、燃料消耗率、運轉性能等有很大影響。因此在設法減少有毒氣體之排出時，必須做綜合性的檢討後實施，才能得到最佳效果。下面就影響最大的混合比、點火時間、引擎溫度、引擎負荷等分別加以討論。

⚙ 7-3-5　混合比與污氣發生之關係

　　高性能引擎所供給之混合汽，其空氣與汽油之重量比為 15：1 時，燃燒效率最高(理論混合比)。巡行速度時使用稍稀之經濟混合比約 16：1 左右，在最大輸出馬力時需使用 12.5：1 左右之濃混合比，通常使用之混合比在 12～16.5：1 之範圍內。混合比與有害氣體排出之關係如圖 7-3-5 所示，歸納有下述關係。

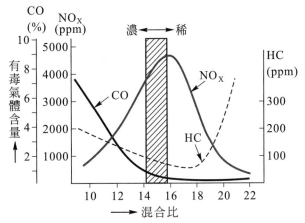

🌑 圖 7-3-5　混合比與污氣發生之關係

(一) 供給較濃混合汽時，NO_x 減少，一氧化碳、碳化氫增加。

(二) 供給較稀混合汽時，一氧化碳、碳化氫減少，NO_x 增加。

(三) 但供給超過 17：1 以上之稀薄混合汽時，NO_x、一氧化碳減少，碳化氫增加。

7-3-6 點火時間與污氣發生之關係

(一) NO_x 與碳化氫的發生量與燃燒時之最高溫度及燃燒時間有密切關係，如圖 7-3-6 所示為點火時間延遲後，NO_x 的發生量減少。因為點火時間延遲後，燃燒由最適當的狀態變成緩慢燃燒，因此汽缸內的燃燒最高溫度降低，故 NO_x 的發生量減少。

(二) 點火時間延遲後，如圖 7-3-7 所示，碳化氫的發生量也會減少，因為燃燒速度延緩的結果，使排汽系統能保持較高之溫度，因高溫促進氧化的結果使碳化氫的發生量減少。

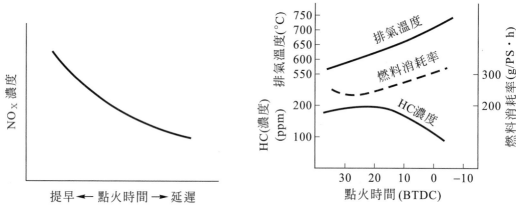

圖 7-3-6　點火時間與 NO_x 濃度之關係　　圖 7-3-7　點火時間與 HC 濃度、排汽溫度及燃料消耗率之關係

(三) 如圖 7-3-8 所示，最佳的點火時間為上死點前 α 度，在此位置點火引擎可以得到最高效率(即汽缸內之壓力及最高溫度均最高)。現在點火時間由 $\alpha°$ 延遲到 β 時，汽缸內的壓力線由 A 曲線變成 B 曲線，汽缸內的壓力與最高燃燒溫度約成正比的關係，故由圖 7-3-8 中可以了解下列事項：

1.　最高燃燒溫度由 a 降到 b，因此 NO_x 之發生量會減小。

2.　燃燒時間由 a' 延長到 b'，因後燃增加，延長燃燒時間，故碳化

氫之發生量會減少。

3. 因汽缸之最高壓力降低，故引擎之輸出馬力也降低。

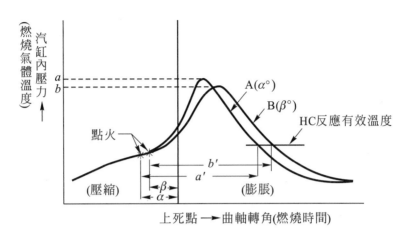

❋ 圖 7-3-8　汽缸內最高壓力(溫度)與點火時間之關係

7-3-7　引擎溫度與污氣發生之關係

一、低溫時

引擎冷時，化油器之霧化不良，吸入之混合汽與冷的進汽歧管及汽缸壁接觸，有一部分汽油凝結成液狀或粒狀，為彌補凝結汽油，必須使用很濃的混合汽。結果混合汽中之空氣量不足，產生大量的一氧化碳，並且有大量未燃燒之碳化氫產生，此時 NOx 減少。現代電腦控制汽油噴射式燃料系統，已大幅改善。

二、高溫時

冷卻水的溫度在 80～90℃ 時，燃料汽化良好，引擎運轉效能最佳，燃燒最經濟。如果引擎溫度過高時，則會使引擎產生過熱、爆震、預燃等故障，燃燒溫度過度升高時，NOx 之發生量大增。

7-3-8　引擎運轉條件與污氣發生之關係

汽車各種運轉條件下有害氣體發生之關係如表 7-3-1 所示。

一、怠速時

怠速運轉時，因混合比較濃，進入汽缸之混合汽量較少，故發生之一氧化碳最多，NO_x 發生量最少。

二、巡行時

汽車一般行駛時，NO_x 之發生量較多，碳化氫之發生量較少。

三、加速時

引擎加速運轉時，要求較大之輸出馬力，汽缸內之溫度高，故 NO_x 之發生量增多。急加速時，因在短期供應多餘之燃料，產生不完全燃燒，故一氧化碳及碳化氫之排出量亦大為增加。

表 7-3-1　各種運轉條件有害氣體之關係

運轉條件	有害氣體發生量(%)		
	一氧化碳(CO)	碳氫化物(HC)	氮氧化物(NO_x)
怠速時	5.0	4.4	0.05
巡行時	8.1	7.0	10.6
加速時	83.1	38.5	89.3
減速時	8.8	50.1	0.1

四、減速時

配備化油器的車輛，在行駛中駕駛員突然放開加速踏板時，引擎在高轉速下，節汽門突然關閉，在瞬間產生很強的真空。此強力真空會吸入多量之燃料，結果因吸入空氣量大減，而吸入燃料量大增，因而產生很濃的混合汽。同時，汽缸內之壓縮壓力降低，燃燒速度及溫度降低，一氧化碳之發生量增加，此時消焰層增厚，產生大量之碳化氫。電腦控制式汽油噴射引擎於減速時，會切斷噴油，避免混合汽過濃。

7-3-9　引擎負荷與污氣發生之關係

一、低速低負荷運轉時

引擎在怠速、減速行駛等低速、低負荷運轉時，混合汽變濃，汽缸內混合汽之壓力降低，混合汽燃燒速度變慢，產生不完全燃燒，故一氧化碳之發生量增加。因消焰層變厚，有很多未燃燒混合汽排出，故碳化氫之發生量增加，因燃燒溫度低，故 NO_x 之排出量很少。

二、高負荷運轉時

　　配備化油器的車輛，引擎高負荷運轉時，化油器之真空變弱，無真空點火提前，燃燒速度變快，機械點火提前裝置配合轉速作用，壓縮壓力高，混合汽溫度上升，燃燒效率提高，此時一氧化碳之發生量減少，NO_x 之發生量增加。

三、引擎高轉速時

　　如引擎轉速快時，因燃燒時間短，故有未燃燒之碳化氫發生；引擎轉速慢時，因汽門開啓重疊之關係，有部分新鮮混合汽會排出，而使碳化氫增加。

7-3-10　引擎設計與污氣發生之關係

一、概述

　　引擎本體的設計影響燃燒特性，也影響排汽成分。進排汽系統對混合汽量或質的影響是改變汽缸內氣體的交換過程。汽門正時、汽缸燃燒室的形狀、壓縮比、燃燒室的燃燒堆積物、火星塞的位置、形狀及燃燒室的汽缸壁溫度等為左右燃燒特性的重要因素。

二、汽門正時

　　進排汽系統中最重要的汽門正時是指引擎的進汽門與排汽門在曲軸旋轉角度的開閉位置。為了增加進入汽缸之混合汽，在排汽門未關閉前，進汽門即已打開。此時，進排汽門均在開啓狀態，稱為重疊。在高速運轉時，汽門重疊可以改善吸入效率，但在低速運轉時，吸入的混合汽會從排汽門逸出，增加未燃燒的碳化氫；不過前一循環的燃燒氣體殘留量也稍增加，所以有降低燃燒溫度之效果。現代汽車引擎配備可使汽門正時能隨引擎轉速而變化之裝置。

三、燃燒室形狀與壓縮比

　　汽缸或燃燒室壁面溫度比起燃燒氣體溫度可說相當低。原因是：暴露於高溫的時間短，熱經壁面被冷卻水帶走，因材料不耐高溫而強制冷卻，接觸此壁面的混合汽層不燃燒。

未燃燒氣體多時，碳化氫的排出量增加，所以壁面面積對汽缸容積比[燃燒室的表面積(S)／燃燒室的容積(V)]宜小。故通常採用半球形燃燒室，以減少 S/V 比，使混合汽進出容易，並能在汽缸中產生強渦流，以提高燃燒效率。

NO$_x$ 乃氮在高溫下氧化反應而生成，降低最高燃燒溫度時即減少，為此宜降低壓縮比；但降低壓縮比會降低引擎的燃燒效率及輸出馬力，且增加燃料消耗率。

四、稀混合汽之使用

使用超稀薄混合汽(混合比 18：1 以下)，如果能穩定燃燒時，一氧化碳、碳化氫及 NO$_x$ 都能顯著減少。

7-4　控制汽車排出污氣之方法

7-4-1　減少曲軸箱吹漏氣排出之方法

積極式曲軸箱通風系統，能將曲軸箱之吹漏氣再引入汽缸燃燒，不使排出，由早期之開放式 PCV 系統改進為遮蔽式 PCV 系統及封閉式 PCV 系統，其中以封閉式 PCV 系統能完全防止吹漏氣之排出而最具效果。目前車子均已裝有 PCV 系統。

7-4-2　減少燃料氣體排出之方法

防止油箱中的油氣排到大氣中，必須有貯存之設備，於高溫汽車引擎不發動時，能貯存蒸發之油氣，而於引擎運轉時再送到進汽歧管使用。因此需使用特製留有空隙之油箱及活性碳罐來容納膨脹及貯存油氣。同時在燃料系之壓力大於大氣壓力時應防止油氣逸出，故油箱使用附有真空閥之密封油箱蓋，在油箱壓力低時大氣能進入維持燃油之暢通，壓力高時關閉以防止油氣排出。

7-4-3　減少排氣管排出污氣之方法

一、概述

由本章第二節汽車排出污氣發生之過程，與引擎工作情況之關係，可知要減少引擎排出氣體中有害成分(CO、HC、NO$_x$)之基本方法如下：

(一) 改良引擎各部機件構造，尤其是進汽系統、燃燒室、燃料系與點火系等，使供應良質的混合汽，並使燃燒過程保持在最不容易產生污氣之狀況下完成。

(二) 在燃燒過程中發生的污氣，在排汽系統中做後處理，使污氣氧化或還原成無害氣體後才排出大氣中。

二、減少 CO 及 HC 之方法

(一) 一氧化碳(CO)係燃料不完全燃燒之結果，因此要減少一氧化碳之排出量，如圖 7-4-1 所示，採用比較稀的混合比燃料即可。但是混合比太稀薄時，點火困難，並且易發生失火現象(miss-fire：不能點火燃燒)，而使碳化氫增加，並使引擎馬力降低。

(二) 碳化氫係燃料不經過燃燒而直接排出之氣體成分，其發生之傾向與一氧化碳相似，如圖 7-4-2 所示，混合汽濃時容易發生；但如過度稀薄時亦容易發生；又使用引擎煞車時大量發生，因此減速時之控制有特別注意之必要。

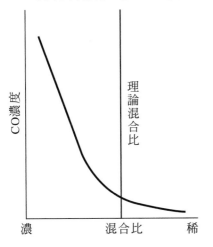

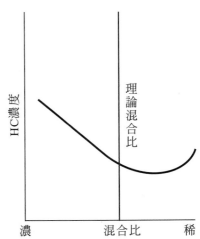

⚙ 圖 7-4-1　混合比與 CO 濃度之關係　　⚙ 圖 7-4-2　混合比與 HC 發生之關係

(三) 要減少一氧化碳、碳化氫的共同方法是使用較稀的混合汽，並使其能完全的燃燒，其具體改進的方法如下：

1. 採用電子控制式燃料噴射系統，使能經常控制混合比在最適確之狀況下。

2. 加熱進氣，使汽油容易汽化。

3. 改良進汽歧管的形狀，使分配到各汽缸之混合汽均勻。

4. 使吸入汽缸中之混合汽產生亂流，以促進燃燒。

5. 在減速時，不要讓節汽門急激關閉，以防止因空氣量不足而發生不完全燃燒。

6. 在減速時，使進汽歧管內導入空氣或混合汽，以維持容易燃燒之狀態，防止不完全燃燒發生。

7. 在減速時停止燃料的供給。

三、減少 NO_x 之方法

減少一氧化碳、碳化氫的發生如前所述是使吸入汽缸之混合汽完全燃燒；但是減少 NO_x 的產生如圖 7-4-3 所示，係在理論混合比附近濃度最大，燃燒效率愈高，也就是燃燒溫度愈高，特別於引擎加速時之產生量最多。因此減少一氧化碳、碳化氫之原理與減少 NO_x 之原理互相矛盾，要有效減少 NO_x 的方法較難，且常會影響引擎性能，一般採用下列幾種方法：

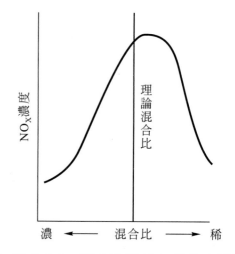

⊛ 圖 7-4-3　混合比與 NO_x 發生之關係

(一) 供給較理論混合比稀薄之混合汽，使其做完全的燃燒。

(二) 將定量的不活性排出氣體再導入吸氣側，使最高燃燒溫度降低，以抑制 NO_x 之發生，此法稱排汽再循環(EGR)。

(三) 變更汽門正時使具有如 EGR 之效果。

(四) 使混合汽進入汽缸時能產生亂流，以提高燃燒速度，縮短最高溫度的時間。

(五) 使用兩只火星塞同時點火，以提高燃燒速度，縮短最高溫度時間。

(六) 改良燃燒室設計，如設副燃燒室、亂流產生洞等，以產生火焰噴流，提高燃燒速度，縮短最高溫度時間。

(七) 在進氣系統加裝 EGR，在排氣系統加裝三元觸媒轉換器，都可以有效減少 NO_x 排放，請參閱第六章之相關介紹。

CHAPTER 8

汽油引擎燃料系統

8-1 液化石油氣燃料系統

 ### 8-1-1 概述

　　所謂 LPG 是液化石油氣英文之簡稱，LPG 主要來源有二，從天然氣中分離得到，另一來源為原油煉製過程中之副產品，由碳和氫組成，其他成份包括丙烷(Propane)、丙烯(Propylene)、正丁烷(Isobutane)、異丁烷(n-butane)、丁烯(n-butene-1)、丁二烯(n-butene-2)等，其中最主要的成分為丙烷及丁烷。

　　LPG 在世界上使用非常廣泛，除了可以作為汽車燃料之外，也使用做家庭燃料、工業燃料、船舶及航空器燃料以及石化原料等，其中車用 LPG 即為丙烷及丁烷依一定比例混合而成。

　　液化石油氣燃料具備有高熱值及低污染等特點。使用液化石油氣為車輛燃料，有助於改善空氣品質，減少廢氣污染排放。

以單位容積之發熱量而言，汽油為 11200 kcal/kg，丙烷為 12040 kcal/kg，丁烷為 11840 kcal/kg，液化石油氣之發熱量較汽油高；但因液化石油氣之液體比重就比汽油低很多，所以若換算為每單位容積之發熱量以每公升表示，汽油為 7390 kcal，丙烷為 6113 kcal，丁烷為 6909 kcal，液化石油氣之每公升發熱量反較汽油低。

LPG 抗爆震性能佳，辛烷值為 110～125，汽油為 92～98，適合高壓縮比引擎使用。

由於 LPG 在常溫壓下為氣態，易於空氣完全混合燃燒，對引擎本體，火星塞及機油等就不會有凝結、侵蝕或沖淡的影響。

市售的 LPG 主要的成分是丙烷(propane)和丁烷(butane)，有時也含少量的丙烯(propylene)和丁烯(butylene)。石油氣液化的壓力，與溫度有關，一般在 20℃時，液化丁烷約需 2.2bar 的壓力，55℃時，液化丙烷約需 22bar 的壓力。大部分的火花點火的引擎都可以安裝 LPG 系統成為雙燃料引擎。在大多數的 LPG 系統中，如同汽油噴射一樣，是將 LPG 噴入進氣歧管，透過 LPG 的壓力調整、噴氣時間及 Lambda 閉迴路控制，可以讓 LPG 系統達到歐洲第四期環保(Euro 4)的標準。

 8-1-2　系統概觀

如圖 8-1-1 所示為 LPG 燃料系統圖。

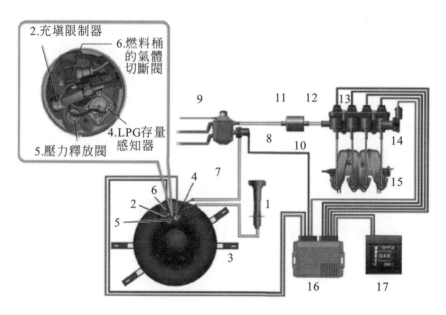

🌀 圖 8-1-1　LPG 系統

8-1-3 各機件功能介紹

1. 附單向閥的 LPG 加注口：

   如圖 8-1-2 所示。

   安裝位置在加油孔旁邊，加注口必須依照各國家的規定，使用合適的轉接頭才能填充LPG。加注口設計有單向閥門，使得液態 LPG 時僅能加注進燃料桶而不會逸出。

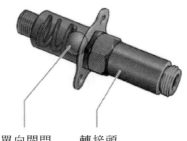

單向閥門　轉接頭

❀ 圖 8-1-2　LPG 單向閥

2. 充填限制器：

   如圖 8-1-3 所示。

   安裝位置在燃料筒上，作用原理同化油器的浮筒室油路，利用浮桶位置高低控制通道的倒通，達到限制液態 LPG 加注量不會超過燃料筒的 80%，其餘 20% 空間是讓溫度變化時，作為膨脹空間用。

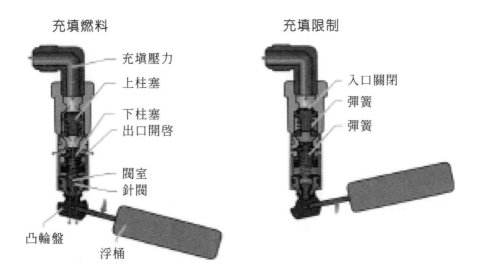

充填燃料　　　　　　　　　　　　充填限制

充填壓力
上柱塞
下柱塞
出口開啓
閥室
針閥
凸輪盤
浮桶
入口關閉
彈簧
彈簧

❀ 圖 8-1-3　LPG 充填限制器

3. 燃料桶：

安裝位置在行李箱的備胎空間，功能是儲存液態 LPG，其容量為 49 公升，因爲安全因素，填充限制器會將液態 LPG 的量限制在 39 公升。

4. LPG 存量感知器：

如圖 8-1-4 所示。

安裝位置在燃料筒內，利用可變電阻的信號，將燃料筒內的液態 LPG 存量傳送至 LPG 控制電腦，並將其存量指示在中控台的「附 LPG 存量指示的模式切換開關」上。

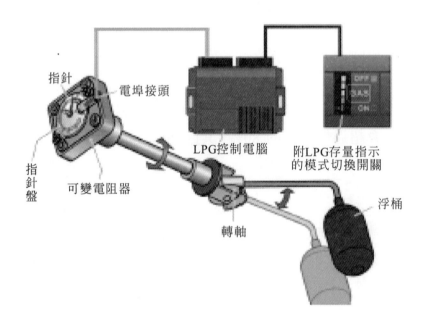

指針　電埠接頭

指針盤　可變電阻器　LPG控制電腦　附LPG存量指示的模式切換開關

轉軸　浮桶

🌐 圖 8-1-4　LPG 存量感知器

5. 壓力釋放閥：

如圖 8-1-5 所示。

安裝位置在燃料筒上，當燃料箱內的壓力超過 27.5bar(例如外界溫度過高時)，壓力釋放閥會將過壓釋放，當壓力降至 27.5bar 以下，閥門會回復到關閉狀態。壓力釋放閥上方有一個紅色指示蓋子，當壓力釋放時，會將蓋子推開，達到警示的作用。

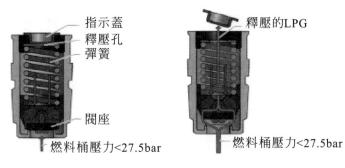

指示蓋
釋壓孔
彈簧
閥座
燃料桶壓力<27.5bar

釋壓的LPG
燃料桶壓力<27.5bar

❀ 圖 8-1-5　壓力釋放閥

6. 燃料桶的氣體切斷閥：

如圖 8-1-6 所示。

安裝位置在燃料桶上，在非 LPG 運轉模式(鑰匙開關 OFF、汽油運轉模式)的時候，切斷 LPG 的供應，避免逸出燃料筒。

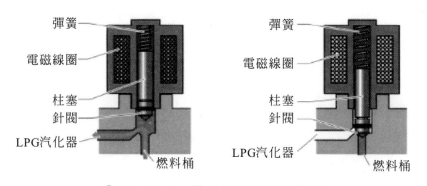

彈簧
電磁線圈
柱塞
針閥
LPG汽化器
燃料桶

彈簧
電磁線圈
柱塞
針閥
LPG汽化器
燃料桶

❀ 圖 8-1-6　燃料桶的氣體切斷閥

7. 液態 LPG 管路：

連接 LPG 加注口與燃料箱之間，以及燃料箱與 LPG 氣化器高壓閥之間的高壓區域；其設計材質外管為銅，管內承受的液態 LPG 壓力約 10bar。

8. LPG 氣化器高壓閥：

如圖 8-1-7 所示。

安裝位置在 LPG 氣化器，控制進入到 LPG 氣化器的第一階段減壓區的 LPG 量。

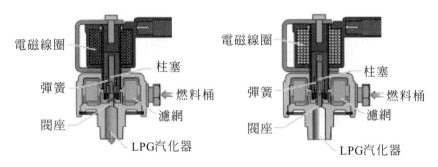

☀ 圖 8-1-7　燃料桶的氣體切斷閥

9.　LPG 氣化器：

如圖 8-1-8 所示。

利用空間變化以及冷卻水加溫，用二階段減壓的方式，將高壓液態 LPG 燃料氣化為低氣壓氣態的 LPG 燃料。

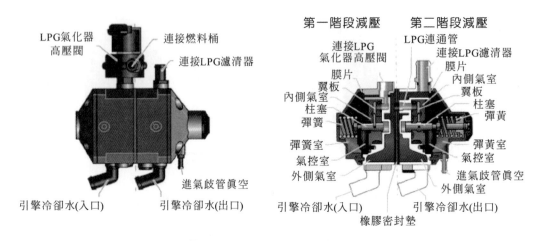

☀ 圖 8-1-8　LPG 氣化器

作用說明：

第一階段減壓：

　　透過這個過程，會將液態高壓(Max.10bar)的 LPG 燃料降低成氣態低壓(1.6bar)的 LPG 燃料，並透過連通管將氣態低壓的 LPG 燃料送到第二階段減壓區的內側室。

(1)　膜片受到大氣壓力及彈簧作用力的影響，與膜片相連接的連桿會將翼板開啟，高壓(Max.10bar)液態 LPG 燃料透過高壓閥進入內側氣室，液態 LPG 燃料再通過外側室進入

氣控室，在這個過程，液態 LPG 因為空間變化，所以氣化成氣態 LPG 燃料。如圖 8-1-9 所示。

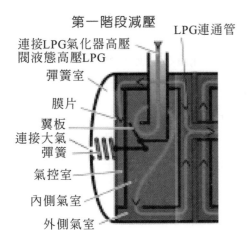

🌼 圖 8-1-9 第一階段減壓空間變化

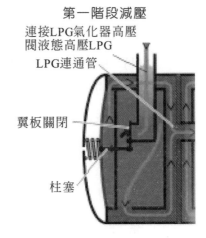

🌼 圖 8-1-10 第一階段減壓翼板關閉持續氣化

(2) 氣控室壓力升高到 1.6bar 時，彎曲的膜片將會壓縮彈簧，與膜片相連接的連桿會將翼板關閉，使液態高壓的 LPG 燃料無法進入內側氣室，而內側氣室的 LPG 可以持續氣化。如圖 8-1-10。

(3) 氣控室壓力降低到 1.6bar 以下時，彈簧會將膜片推回，與膜片相連接的連桿會將翼板再次開啟，更多的液態高壓 LPG 燃料可以進入內側氣室氣化。如圖 8-1-11 所示。

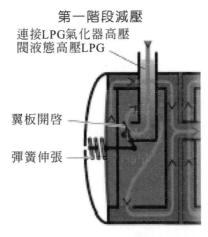

🌼 圖 8-1-11 第一階段減壓翼板開啟持續氣化

第二階段減壓：

透過這個過程，會將氣態 1.6bar 的 LPG 燃料調整成氣態 1bar 的 LPG 燃料，降壓過的氣態 LPG 燃料會經過 LPG 濾清器送至氣體噴射閥。

(1) 第二階段減壓區的膜片被進入氣歧管壓力與彈簧作用力的影響，當連接的翼板是開啟的時候，氣態的 LPG 燃料透過連通孔可以進入第二階段減壓區的內側室，氣態 LPG 燃料通過外側氣室進入氣控室，在這個過程，液態 LPG 燃料因為空間變化，所以降低為約 1bar 的低壓氣態 LPG 燃料。如圖 8-1-12 所示。

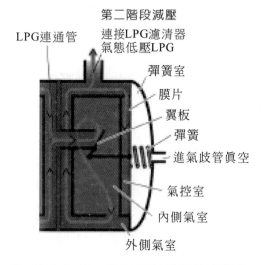

🌀 圖 8-1-12　第二階段減壓空間變化

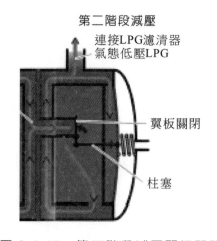

🌀 圖 8-1-13　第二階段減壓翼板關閉

(2) 氣控室壓力升高到 1bar 時，彎曲的膜片將會壓縮彈簧，與膜片相連接的連桿會將翼板關閉，使從第一階段減壓區的 LPG 燃料無法進入第二階段減壓區的內側氣室，而內側氣室的 LPG 可以持續氣化。並將降壓過的氣態 LPG 燃料送至 LPG 濾清器及氣體噴射閥。如圖 8-1-13 所示。

(3) 氣控室壓力降低到 1bar 以下時，彈簧會將膜片推回，與膜片相連接的連桿會將翼板再次開啟，更多的氣態低壓 LPG 燃料可以進入內側氣室氣化。如圖 8-1-14 所示。

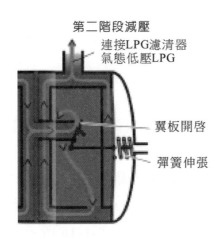

第二階段減壓
連接LPG濾清器
氣態低壓LPG

翼板開啓

彈簧伸張

⊛ 圖 8-1-14　第二階段減壓翼板開啓

冷卻水加熱區：

在 LPG 氣化的過程會吸收大量的熱(氣化潛熱)，爲了避免 LPG
氣化器及管路結冰堵塞，會將引擎冷卻水導入 LPG 氣化器內
部的水道，加熱 LPG 氣化器。如圖 8-1-15 所示。

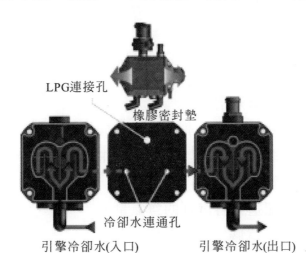

LPG連接孔

橡膠密封墊

冷卻水連通孔

引擎冷卻水(入口)　　　引擎冷卻水(出口)

⊛ 圖 8-1-15　冷卻水加熱區

10. 氣態 LPG 管路：

連接 LPG 氣化器、LPG 濾清器、氣軌及氣體噴射閥之間的低
壓區域；其設計材質爲特殊塑膠，管內承受的氣態 LPG 壓力
約 1bar。

11. LPG 濾清器：

安裝位置在 LPG 氣化器與氣軌之間，阻絕細小的雜質進入氣
軌及氣體噴射閥。

12. 氣軌：

將氣態 LPG 燃料穩定的供應給氣體噴射閥。

13. 氣體噴射閥：

安裝位置在氣軌上，藉由 LPG 控制電腦依照當時引擎當時的
運轉需求及氣軌壓力，控制氣體噴射閥的開啟時間，將氣態
LPG 送進氣歧管。如圖 8-1-16 所示。

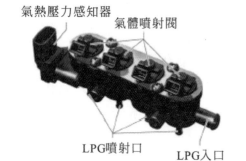
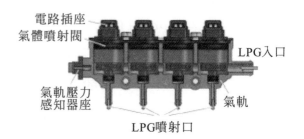

❀ 圖 8-1-16　氣體噴射閥

14. 氣軌壓力感知器：

測量氣軌的壓力，並將測量數據提供給 LPG 控制電腦，作為
控制氣體噴射閥開啟時間的其中依個參數。

15. 進氣歧管：

平均分配進入各汽缸的空氣量。

16. LPG 控制電腦：

與汽油引擎控制電腦相連接，共用引擎上的各個感知器信號，
計算各缸 LPG 燃料的噴射需求量。

17. 附 LPG 存量指示的模式切換開關：

指示燃料桶的 LPG 存量及作為汽油模式與 LPG 模式的切換開
關。

8-2 汽油噴射系統概述

8-2-1 概述

由於科技的不斷提升，對汽車引擎性能要求不斷提高；尤其兩次石油危機以後，油價節節升高，美、日等國對汽車排出廢汽的要求也愈來愈嚴格，使用化油器已無法滿足汽油引擎的苛刻要求；因此化油器無法有效的供應引擎從怠速到高速各種不同狀況下所需適當混合比的混合汽，同時汽油無法完全汽化，會造成汽油的浪費及排汽的污染。故現代高性能汽油引擎均改用汽油噴射系統代替化油器系統。

8-2-2 使用汽油噴射系統之優點

(一) 提供各種運轉情況下適當的混合比，排汽中所含 HC、CO、NO_x 之有毒氣體大為減低。

(二) 單位馬力之汽油消耗量減少，節省燃料。

(三) 引擎出力性能提高，尤其低速時之扭矩顯著增大，單位排汽量之引擎馬力提高。

(四) 加減速反應靈敏。

(五) 低溫引擎起動性能佳，引擎溫熱期間之性能提高。

(六) 個別汽缸之燃燒更完全，更具有彈性，引擎之設計更富有變化。

8-2-3 汽油噴射系統發展演變

汽油噴射系統並非最近之新產品，早在九十年前(即一九二〇年代)已經用在飛機引擎上，以提高飛機在高空飛行之性能。汽車使用汽油噴射器最早是由西德戴姆拉朋馳(Daimler Benz)公司於一九五〇年用在賽車(racing car)上，以後汽油噴射系統之製造與控制技術不斷改進，使性能更提高，成本降低，而逐漸成為現代汽車之標準裝置。一九六一年美國本的士(Bendix)公司公開電子控制之汽油噴射系統(EFI)產品，將電子控制技術用到汽油噴射系統，使控制更靈敏，性能更提高；西德波細(Bosch)公司購其專利加以研究改

進，於一九六七年推出電子控制汽油噴射系統(ECGI)，因性能優越，使電子控制汽油噴射裝置快速發展。日本汽車公司多購波細專利去生產。汽油噴射系統之發展過程如圖 8-2-1 所示。

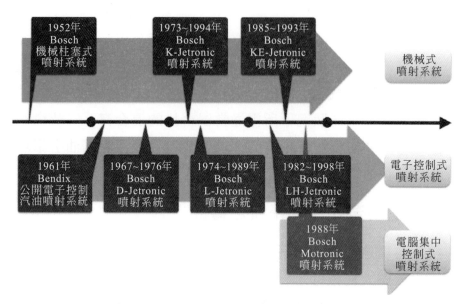

🌏 圖 8-2-1　汽油噴射系統之發展過程

 ## 8-2-4　汽油噴射系統之種類

一、概述

汽油噴射系統可分機械控制及電子控制式兩大類。前者利用引擎轉速、進氣速度、引擎真空、引擎溫度及進汽量等經由機械裝置來控制噴油量；後者利用各種感知器(sensor)產生之信號送入電子控制器(electronic control unit)(即俗稱之電腦)根據引擎各種狀況之需要來控制噴油量。

二、機械控制式汽油噴射系統

機械控制式汽油噴射系統因基本控制原理之不同又分為很多類型：

(一) 早期之汽油噴射系多利用引擎轉速、進汽歧管壓力與空氣溫度來控制噴油，構造複雜，作用欠靈敏，目前已被淘汰。

(二) 一九六五年以前，歐洲各國使用之汽油噴射系統如保持捷(Porsche)、梅賽德斯─賓士(Mercedes-Benz)、愛快羅密歐(Alfa-Romeo)等使用類似多柱塞式高壓柴油噴射泵之汽油噴射系統。

(三) 西德波細公司改良 L-Jetronic 電子控制汽油噴射系統，於一九七〇年開發一種機械控制式連續汽油噴射系統 CIS(continuous injection system)，稱為 K-Jetronic，構造簡單，動作靈敏可靠；經改裝後能做混合比回饋控制，可用在三元觸媒轉換器之車上，為過去歐洲各汽車大量使用之汽油噴射系統 (BMW，Mercedes-Benz, Porsche, Renault, SAAb, Volkswagon，VOLVO……等均採用)。

三、電子控制式汽油噴射系統

電子控制式汽油噴射系統依主要控制方法之不同又分為壓力計量系統 (pressure measurement system)，波細公司稱為 D-Jetronic，及空氣流量計量系統 (air flow quantity measurement system)，波細公司稱為 L-Je-tr oniC。目前使用之空氣流量計量系統有翼板式(flap type)、漩渦超音波式、熱線式等三種。

(一) 壓力計量系統：此式為最早之電子控制汽油噴射系統，以進汽歧管之壓力(真空)信號為基礎來計測噴油量，而以車速、冷卻水溫度、進汽溫度等感知器之信號來修正。每一汽缸之進汽門前裝有一只噴油嘴，由電腦來控制噴油嘴電磁閥之打開時間以決定噴油量。曲軸每二轉噴油一次，噴油嘴分為二組，六缸引擎三只為一組，四缸引擎二只為一組同時作用。

(二) 翼板式空氣流量計量系統：波細之 L-Jetronic、日產之 EGI、豐田之 EFI 等均為此式；以翼板來測量進入引擎之空氣量為基礎來決定主噴油量，再以引擎負荷、冷卻水溫度、進汽溫度、引擎轉速、排汽中氧之含量等感知器之信號來修正。每一汽缸之進汽門前裝有一只噴油嘴，全部汽缸並聯，曲軸每一轉噴油一次(一九八一年起，日產 ECCS 之噴油嘴依點火順序噴油)。

(三) 漩渦超音波式空氣流量計量系統：日本三菱汽車公司開發一種利用空氣流過阻礙體時會產生漩渦之特性，設計一套利用超音波來計算空氣流量計。空氣流經阻礙體時產生之漩渦數與空氣流量成正比，利用超音波來計算漩渦數而轉換成脈動信號，送給電腦以決定噴油量。在相當化油器處有一噴射混合器，內有兩只噴油嘴交互噴油，再由進汽歧管將混合汽送到各汽缸。

(四) 熱線式空氣流量計量系統：在空氣道中裝置熱線，空氣流過時會使熱線冷卻，為保持熱線溫度一定，流過之電流必因熱線冷卻程度(即空氣流量)之不同而變化。由電流之變化及其他修正係數，電腦才可以控制噴油量，目前五十鈴汽車公司之 I-TEC 系統使用此式。

 缸內汽油直接噴射系統

8-3-1　缸內汽油直接噴射系統概述

一、缸內汽油直接噴射引擎的優點

1. 缸內汽油直接噴射引擎的兩大優點為省油及高出力。省油即可減少的排放量，再配合新式設計及裝置，缸內汽油直接噴射引擎也可大幅降低 CO、HC 及 NO_x 之排放，故三菱汽車公司將其汽油直接噴射(Gasoline Direct Injection, GDI)引擎定位為全球環保引擎。

2. 缸內直接噴射引擎比一般噴射引擎能夠更省油及高出力的原因為：

   (1) 省油的原因

   ① 低負荷時，利用層狀氣體分佈，壓縮行程末期噴射的燃料被氣流及活塞頂部的球形曲面保持在火星塞附近，為易於點燃的最佳混合比，而周圍則為空氣層，整個燃燒室內成為 40：1 的超稀薄空燃比仍能穩定燃燒，達到省油效果。

   ② 低負荷成層燃燒時，由於超稀薄空燃比能進行燃燒，因此節氣門開度得以變大,故可減低泵動損失(pumping lose)；另在燃燒氣體與汽缸壁間的空氣層具有斷熱效果，故冷卻損失(cooling lose)較少，如圖 8-3-1 所示，為豐田汽車公司 D-4 缸內汽油直接噴射引擎，與一般噴射引擎在泵動損失及冷卻損失間之差異。所謂泵動損失，是指活塞在汽缸內移動時的動能損失，如摩擦

損失，活塞下行進氣時的真空吸力阻止其移動之損失，以及活塞上行壓縮時的動力損失(這就是為什麼 Atkinson Cycle 引擎延後進氣門關閉的原因)。

③ 怠速轉速可設定在較低值，例如三菱汽車的 GDI 引擎怠速為 600rpm。

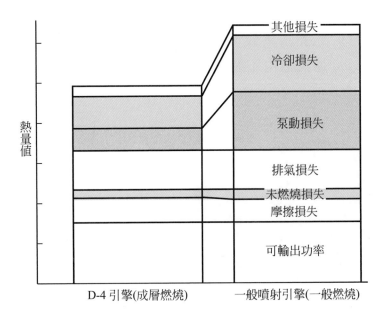

🌐 圖 8-3-1　兩種引擎在泵動損失及冷卻損失間之差異

(2) 高出力(馬力及扭矩)的原因

① 進氣行程時就開始噴射燃料，整個燃燒室為均勻混合約理論空燃比的均質混合汽。

② 進氣行程就開始噴油，燃料汽化之吸溫冷卻效果，使空氣密度增加，可提高容積效率，故比一般噴射引擎的出力高。

③ 直接噴入汽缸中燃油的汽化作用，降低空氣溫度，引擎不易爆震，故壓縮比可提高，如 GDI 引擎壓縮比可達 12.0：1。

二、缸內汽油直接噴射引擎的特殊設計

缸內汽油直接噴射引擎為達到省油及高出力，比一般噴射引擎的特殊設計為：

1. 高壓噴油器：裝在汽缸蓋上，配合高壓汽油泵，將汽油直接噴入汽缸中，噴油壓力達 $50 \sim 120 kg/cm^2$ 之間。

2. 氣流產生裝置

   (1) 三菱汽車公司採用兩條垂直進氣道，產生滾流(tumble)，進氣道中不裝控制閥，如圖 8-3-2 所示。

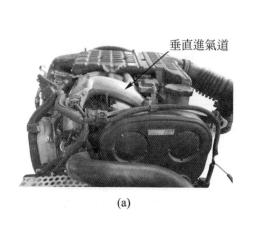

(a)

(b)

✪ 圖 8-3-2　Mitsubishi 採用的氣流產生裝置(三菱汽車公司)

   (2) 豐田汽車公司兩條進氣道

   ① 一為直線孔道，一為螺旋孔道，直線孔道中設渦流控制閥，低負荷時關閉，空氣經螺旋孔道進入汽缸，可形成強烈的渦流(swirl)，如圖 8-3-3 所示。

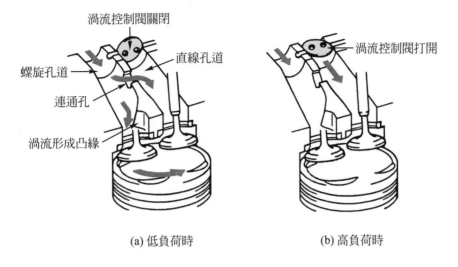

渦流控制閥關閉

直線孔道

螺旋孔道

連通孔

渦流形成凸緣

渦流控制閥打開

(a) 低負荷時　　　　　　　　　(b) 高負荷時

💮 圖 8-3-3　Toyota 採用的氣流產生裝置(一)(豐田汽車公司)

② 新型 D-4 引擎，已將兩條進氣道均改爲直線孔道，配合氣流控制閥，而產生滾流，如圖 8-3-4 所示。並將渦流式噴油器改爲可改變燃料噴霧形狀的裂縫(slit)式噴油器，以及活塞頂部的改良，使整體效率更向上提升。

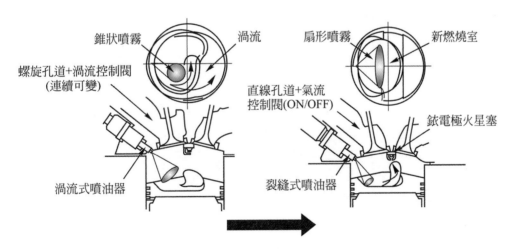

錐狀噴霧　　　渦流

螺旋孔道+渦流控制閥
(連續可變)

渦流式噴油器

扇形噴霧　　　新燃燒室

直線孔道+氣流
控制閥(ON/OFF)

銥電極火星塞

裂縫式噴油器

💮 圖 8-3-4　Toyota 採用的氣流產生裝置(二)

(3) 日產汽車公司採用兩條進氣道，其中一條進氣道裝設氣流控制閥，如圖 8-3-5 所示。

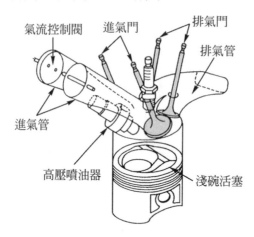

⊕ 圖 8-3-5　Nissan 採用的氣流產生裝置(自動車工學)

3. 特殊活塞：活塞頂部凹陷為淺碗或深碗型，並削成不規則形狀，如圖 8-3-6 所示，為各種特殊活塞的構造。

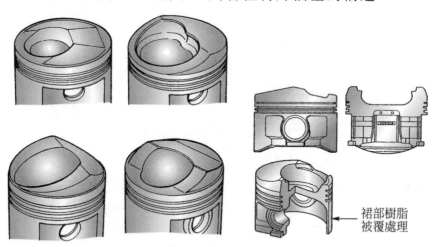

⊕ 圖 8-3-6　各種特殊活塞的構造

4. 電子控制節氣門：因缸內汽油直接噴射引擎之燃燒型態有多種模式，空燃比變化時導致扭矩變動，故利用電腦控制節氣門，以迅速且精確控制吸入空氣量，來改善扭矩的變動。

8-3-2　三菱 GDI 汽油直接噴射系統

1. GDI 引擎汽油係直接噴入汽缸中，且噴射正時精確，不像傳統式的汽油噴射引擎，汽油在汽缸外噴射，如圖 8-3-7 所示，汽油與空氣無法成層狀混合，且汽油會附著在進氣管壁及進氣門上，同時噴射正時較不理想。

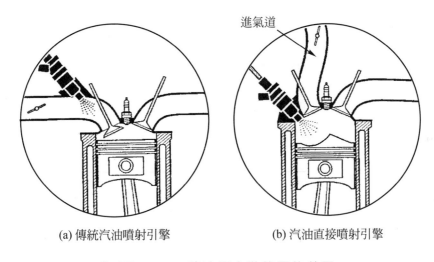

進氣道

(a) 傳統汽油噴射引擎　　　　　(b) 汽油直接噴射引擎

❀ 圖 8-3-7　噴油器安裝位置的差異

2. GDI 引擎採用兩種作用模式，超稀薄燃燒模式(ultra-lean combustion mode)與高輸出模式(superior output mode)，另外針對歐洲地區之 GDI 引擎，增加兩段混合模式(two-stage mixing mode)。當在輕負荷巡行狀態，車速低於 120km/h 時，為超稀薄燃燒模式；當在高負荷，或車速高於 120km/h 時，自動轉換為高輸出模式；當從靜止或低速急加速時，則轉換為兩段混合模式。

3. GDI 引擎的省油性能

   (1) 怠速時的燃油消耗：即使在很低的怠速轉速，GDI 引擎仍能維持穩定的燃燒，如圖 8-3-8 所示，GDI 引擎怠速轉速為 600rpm，而傳統 MPI 引擎則為 750rpm，因此在怠速時，GDI 引擎比傳統 MPI 引擎省油 40%。

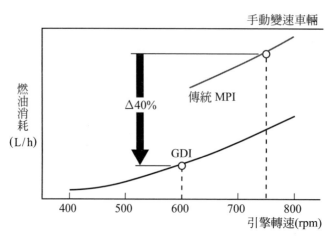

❂ 圖 8-3-8　GDI 引擎怠速時的省油性能(三菱汽車公司)

(2) 巡行時的燃油消耗：如圖 8-3-9 所示，以時速 40km/h 時為例，GDI 引擎比傳統 MPI 引擎省油 35%。

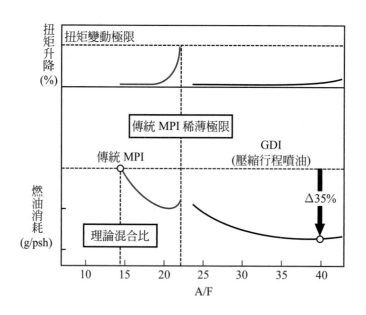

❂ 圖 8-3-9　GDI 引擎巡行時的省油性能(三菱汽車公司)

(3) 市區行駛時的燃油消耗：依日本表示市區行駛之 10/15 模式測試，GDI 引擎比傳統 MPI 引擎省油 35%，甚至比柴油引擎省油，如圖 8-3-10 所示。

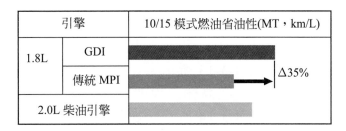

引擎		10/15 模式燃油省油性(MT，km/L)
1.8L	GDI	
	傳統 MPI	Δ35%
2.0L 柴油引擎		

🌑 圖 8-3-10　GDI 引擎市區行駛時的省油性能(三菱汽車公司)

5.　GDI 引擎的高輸出性能

(1)　容積效率提高：垂直進氣道使進氣更流暢，且汽油在汽缸內噴射蒸發會冷卻進氣，因此得以提高容積效率，從低轉速至高轉速，GDI 引擎容積效率均比傳統 MPI 引擎高，類似增壓器的增壓效果，如圖 8-3-11 所示。

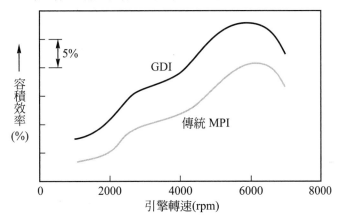

🌑 圖 8-3-11　GDI 引擎的高容積效率(三菱汽車公司)

(2)　壓縮比提高：汽油蒸發使進氣冷卻的另一益處是可減低爆震，因此允許 GDI 引擎壓縮比達 12.0：1，可提高燃燒效率，如圖 8-3-12 所示。

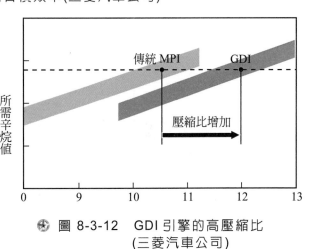

🌑 圖 8-3-12　GDI 引擎的高壓縮比(三菱汽車公司)

(3) 高馬力與扭矩輸出：與同條件的傳統 MPI 引擎相比，在所有轉速時，GDI 引擎的馬力與扭矩輸出，均高約 10%以上，如圖 8-3-13 所示。

(4) 加速性能：在高輸出模式時，GDI 引擎提供優異的加速性能，如圖 8-3-14 所示，與傳統 MPI 引擎比較，0～100 的加速時間減少約 10%。

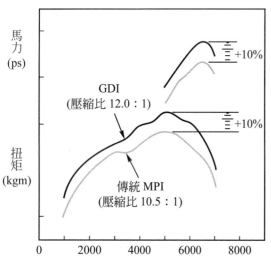

❀ 圖 8-3-13　GDI 引擎的高馬力與扭矩輸出(三菱汽車公司)

❀ 圖 8-3-14　GDI 引擎的加速性能(三菱汽車公司)

5. GDI 引擎特性對提升扭矩的影響，如圖 8-3-15 所示，兩段式混合與抑制瞬間爆震的特性，可提升低轉速範圍加速時之扭矩；而進氣冷卻效果與垂直進氣道的平滑順暢進氣之特性，可在中、高轉速範圍時得到更大的扭矩輸出。

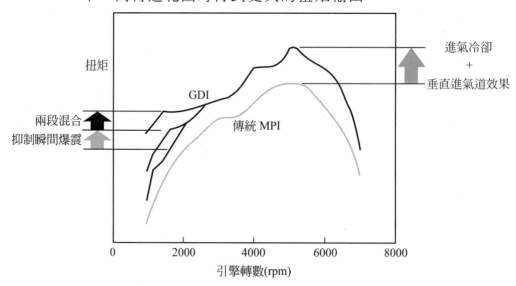

❀ 圖 8-3-15　GDI 引擎特性對提升扭矩的影響(自動車工學)

二、GDI 的構造與作用

1.　GDI 引擎的四項創新關鍵設計，如圖 8-3-16 所示。

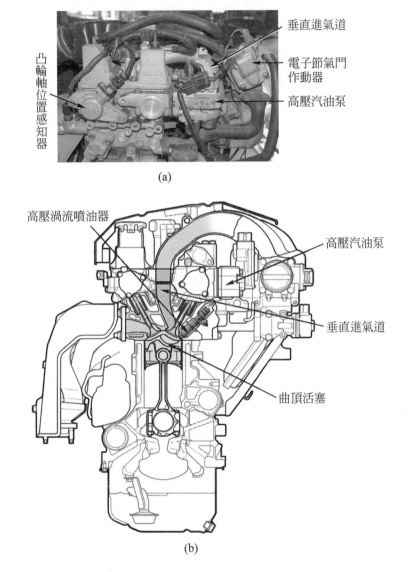

圖 8-3-16　GDI 引擎的四項創新關鍵設計(三菱汽車公司)

2.　GDI 引擎在各模式時的作用

(1)　超稀薄燃燒模式

①　適用一般行駛時，車速穩定，無瞬間加速，車速在 120km/h 以下，此時混合比約 30～40：1。

② 在進氣行程時，吸入垂直氣流，空氣因活塞頂部之曲面而向上反捲，形成強烈的順時針方向滾動氣流；在壓縮行程末期，高壓渦流噴油器噴入渦流狀汽油，配合滾動氣流及活塞之位移，使霧狀汽油，即濃混合汽，集中在火星塞附近，易於點火燃燒，而周圍的混合汽較稀薄，成層狀分佈，如圖 8-3-17 所示；整個燃燒火球控制在球形穴內，沒有燃料浪費，且空燃比最稀可達 40：1 仍能完全燃燒。

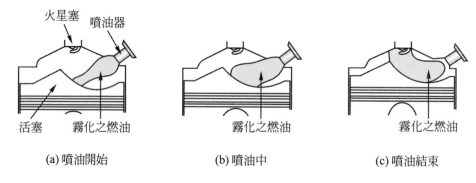

火星塞　噴油器

活塞　霧化之燃油

(a) 噴油開始

霧化之燃油

(b) 噴油中

霧化之燃油

(c) 噴油結束

⊛ 圖 8-3-17　壓縮行程末期噴油的情形(三菱汽車公司)

(2) 高輸出模式：車速在 120km/h 以上或高負荷時，自動轉換為高輸出模式，此時混合比約 13～24：1。在進氣行程時噴油，由於進氣冷卻之效果，使容積效率提高，因此馬力及扭矩的輸出比傳統 MPI 引擎高。

(3) 兩段混合模式

① 係針對歐洲地區使用的 4G93 GDI 引擎之設計，除可提升低、中轉速的扭矩，尤其是低速扭矩，使車輛起步強勁外，並可抑制爆震之發生。

② 所謂兩段混合，是將全部噴射量的 1/4 左右燃料，在進氣行程時噴入汽缸中，為第一段噴射，此時混合汽非常稀薄，空燃比約為 60：1，不可能發生自燃現象；另外的 3/4 燃料，在壓縮行程末期噴入汽缸中，為第二段噴射，如圖 8-3-18 所示，瞬間形成的濃混合汽，空燃

比約 12：1，立刻點火燃燒，根本沒有時間讓混合汽發生反應而造成爆震，同時其結果如圖 8-3-19 所示，在 650rpm 時，其扭矩輸出比傳統燃燒方式高 55%。

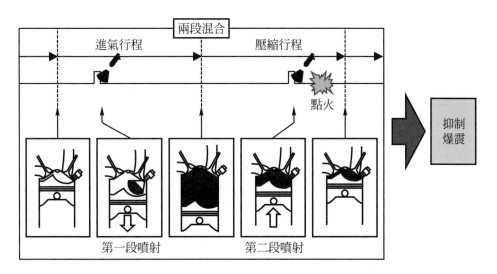

🌐 圖 8-3-18　兩段混合模式的作用(自動車工學)

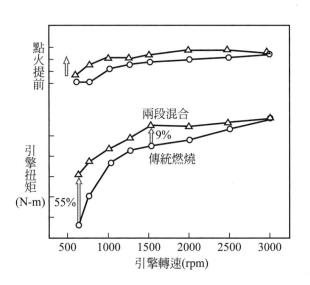

🌐 圖 8-3-19　兩段混合模式時的扭矩輸出(三菱汽車公司)

3.　GDI 引擎的汽油系統

(1)　GDI 引擎的汽油系統，如圖 8-3-20 所示，由低壓汽油泵、低壓汽油調節器、高壓汽油泵、高壓汽油調節器、油壓感

知器、汽油共管及噴油器等所組成。高壓汽油泵的安裝位置，如圖 8-3-21 所示。

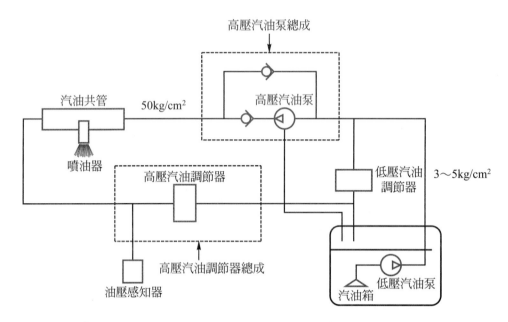

◈ 圖 8-3-20　GDI 引擎汽油系統的組成(三菱汽車公司)

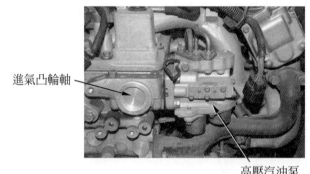

◈ 圖 8-3-21　高壓汽油泵等的安裝位置(三菱汽車公司)

(2) 高壓汽油泵：由進氣凸輪軸直接驅動，能在引擎所有運轉範圍內，提供汽油霧化所需的 5MPa 油壓。

(3) 高壓汽油調節器：將高壓汽油泵送來的油壓調節為 5MPa，當油壓超過時，釋放閥打開，以維持油壓在一定壓力。

(4) 高壓渦流噴油器：產生強烈渦流使汽油霧化，以達到汽油粒子微粒化之效果。

(5) 噴油器驅動器(Injector Driver)

① 噴油器的作動利用噴油器驅動器，為一高電壓驅動器，因此即使在超稀薄燃燒模式，噴油器針閥打開的短暫時間內，5MPa 的壓力能精確噴射汽油，亦即能提高噴油器的反應能力，故增加噴油的準確性。

② 噴油器驅動器提供高電壓及高電流給噴油器，如圖 8-3-22 所示，作動瞬間電壓及電流可達 100V 及 20A，噴油器的開啟時間，在怠速與節氣門全開時，分別只有 MPI 引擎噴油器的 1/8 與 1/4。

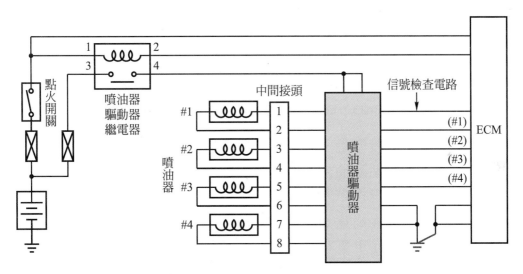

🌀 圖 8-3-22　高壓噴油器電路(最新汽車控制之技術　承雄實業有限公司)

三、GDI 的排氣污染控制技術

1. GDI 引擎的淨化技術為著重於如何減低 HC 及 NOx 之排放，利用兩段燃燒(Two-Stage Combustion)模式、反應型排氣歧管(Reactive Type Exhaust Manifold)及大量 EGR 與稀薄燃燒 NO_x 觸媒轉換器(Lean NOx Catalytic Converter)等新技術。

2. 減低 HC 新技術

(1) 利用兩段燃燒，因排汽溫度升高，使三元觸媒轉換器的觸媒提早活性化，及利用反應型排汽歧管，使排汽停留，並與空氣混合，以確保燃燒反應繼續進行，排汽升溫，以使觸媒提早活性化，如圖 8-3-23 所示。亦即兩種新技術，可使冷引擎發動後，在很短的時間內，使三元觸媒轉換器到達其 250℃ 以上之工作溫度，故 HC 排出量迅速降低。

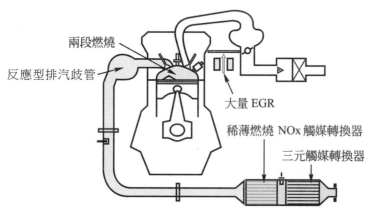

⊛ 圖 8-3-23　GDI 引擎的排汽控制技術(自動車工學)

(2) 兩段燃燒，係在層狀燃燒模式的怠速時，除了在壓縮行程末期噴油外，也在排汽行程末期追加噴射汽油，再度產生燃燒作用，如圖 8-3-24 所示，使引擎起動後怠速時的排汽溫度高達 800℃，比一般引擎 200℃ 的排汽溫度高了許多。GDI 引擎可設計兩段燃燒，而傳統 MPI 引擎，因噴油器裝在汽缸外，無法如 GDI 引擎般設計。

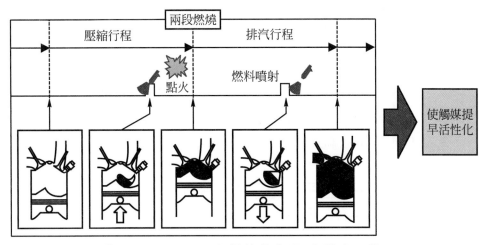

圖 8-3-24　兩段燃燒的作用(自動車工學)

3. 減低 NO_x 新技術

(1) 利用大量 EGR，由於 GDI 引擎在燃燒領域的混合汽濃度高，即使有大量 EGR 氣體，也不會影響燃燒之穩定性，因此 EGR 的利用率可達 70%，使 NO_x 排出量大幅降低。

(2) 利用稀薄燃燒 NOx 觸媒轉換器，為在稀薄條件下仍可淨化 NO_x 的轉換器。歐洲地區由於汽油中含硫量較高，故使用選擇還原型觸媒(Selective Reduction Type Catalysts)；而日本及加州地區由於汽油中含硫量較低，故使用 NO_x 捕捉型觸媒(NO_x Trap Type Catalysts)。

 8-3-3　豐田(TOYOTA)汽車公司 D-4 引擎

一、概述

1. 為減少地球環境中的二氧化碳，同時節省石油能源，豐田汽車公司開發的高性能、低油耗環保引擎，稱為 D-4 引擎，在一般轉速時，空燃比可達 50：1 的超稀薄燃燒，同時搭配 VVT-i 與電子控制節氣門機構，使引擎反應更靈敏，能產生更高的馬力與扭矩。

2. D-4 意即直接噴射四行程汽油引擎(Direct Injection 4 Cycle Stroke Gasoline Engine)，另外四個 D 也可用來表示直接汽油噴射(Direct Gasoline Injection)、充分的混合形成(Dynamic Mixture Formation)、精確的燃燒控制(Decisive Combustion Control)及愉悅的性能(Delightful Performance)等。

3. D-4 引擎系統的組成，如圖 8-3-25 所示。

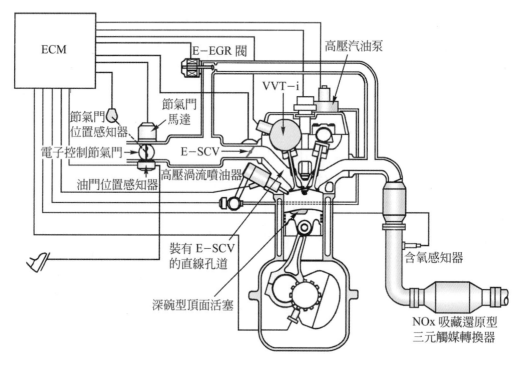

⭐ 圖 8-3-25　D-4 引擎系統的組成(最近汽車控制之技術　承雄實業有限公司)

二、D-4 的構造與作用

1. 引擎本體構造

(1) D-4 引擎為 2,000c.c. DOHC 線列四缸十六氣門引擎，其壓縮比為 10：1。

(2) 主要著重於活塞頂部燃燒室的設計，呈深碗型。在凹陷部內混合汽成層化之形成，如圖 8-3-26 所示，當壓縮行程活塞接近上死點時，噴油器從與火星塞稍為偏斜的方向噴射汽油，與進氣渦流混合汽化，並向火星塞處移動，汽油與空氣成層化分佈，接著火星塞點火，混合汽迅速燃燒。

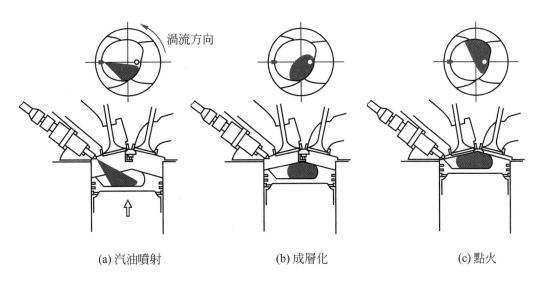

(a) 汽油噴射　　　　　　　(b) 成層化　　　　　　　(c) 點火

🌀 圖 8-3-26 活塞凹陷部內混合汽成層化的形成(最新汽車控制之技術　承雄實業有限公司)

2. 進氣系統

　(1) 每個汽缸均設有兩個進氣道，一為直線孔道，一為螺旋孔道，直線孔道上設有電子控制之渦流控制閥(Swirl Control Valve, SCV)，如圖 8-3-3 與圖 8-3-19 所示。

　(2) 低、中負荷時，SCV 閥關閉，空氣僅能由螺旋孔道進入，並經連通孔，高速進入直線孔道。由螺旋孔道進入之空氣，由於渦流形成凸緣之設計，產生強烈進氣渦流，可促進燃料微粒化及成層化。

　(3) 高負荷時，SCV 閥打開，空氣由兩個進氣道大量進入汽缸。

3. 汽油系統

　(1) D-4 引擎的燃料系統組成，如圖 8-3-27 所示，分成低壓與高壓兩部分。

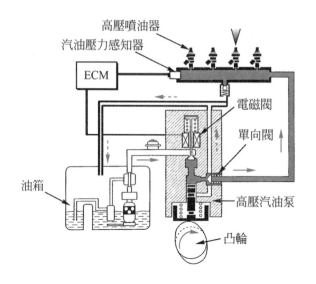

❀ 圖 8-3-27　D-4 引擎汽油系統的組成

(2)　高壓汽油泵內的柱塞,是由排汽凸輪軸上的特殊凸輪驅動,如圖 8-3-28 所示,將低壓汽油提升至 8～13MPa(82～133kg/cm²)之高壓,再送至汽油共管中。當油壓太低或太高時,汽油壓力感知器將信號送給 ECM,ECM 使電磁閥開、閉,以調節一定之油壓,如圖 8-3-29 所示。

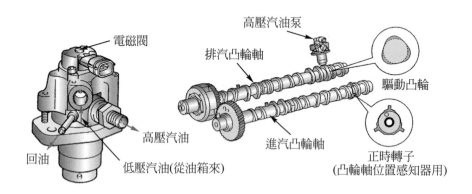

❀ 圖 8-3-28　高壓汽油泵的構造與驅動

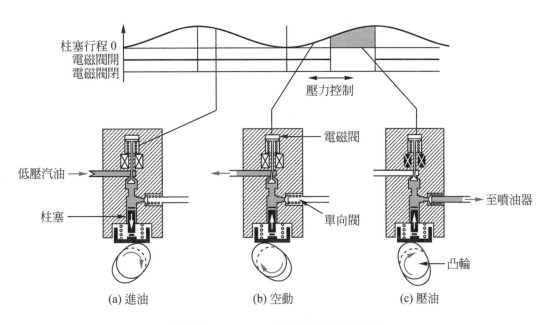

❋ 圖 8-3-29　高壓汽油泵的作用

(3)　高壓噴油器

① 高壓渦流噴油器，是利用電容放電式，瞬間之高電壓
　 及定電流之方式驅動噴油器，在進氣行程初期或壓縮
　 行程末期作用，其噴射壓力爲 12MPa(122kg/cm^2)。

② 新型 D-4 引擎已將渦流(swirl)式噴油器，改爲採用裂縫
　 (Slit)式噴油器，如圖 8-3-30 所示。汽油的噴霧形狀，
　 從圓錐狀改爲扇形，如圖 8-3-4 所示。

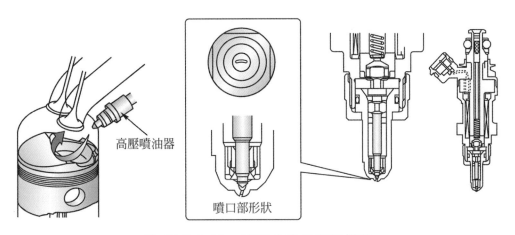

❋ 圖 8-3-30　裂縫式噴油器的構造

4. 汽油噴射控制

(1) 為實現在各種運轉條件下，均能安定的燃燒，因此依引擎轉速與負荷，做最適當的汽油噴射量與噴射正時控制。汽油噴射量控制，即是空燃比的控制，如圖 8-3-31 所示，隨著空燃比的變化，燃燒型態也有四種變化。從成層燃燒的超稀薄燃燒，轉移至稀薄範圍之均質燃燒過程中，設有一弱成層燃燒範圍，其目的是在空燃比發生變化時，用以抑制扭矩變化之衝擊。

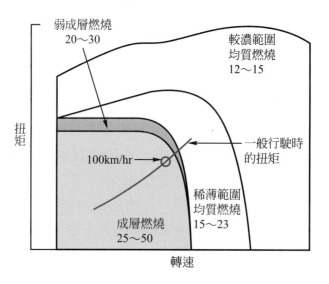

🌀 圖 8-3-31 燃燒型態的變化(最新汽車控制之技術　鉅鼎興業有限公司)

(2) 低轉速低負荷時：係成層燃燒，空燃比為 25～50：1。由於引擎負荷小，所需動力較小，以超稀薄燃燒狀態進行；在壓縮行程末期汽油噴入深碗型活塞頂的燃燒室，與進氣之渦流或滾流混合成層化，進行成層燃燒，如圖 8-3-32 所示。

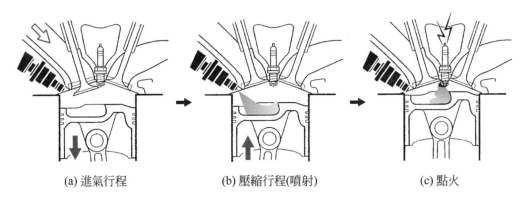

(a) 進氣行程　　　　　　　(b) 壓縮行程(噴射)　　　　　　(c) 點火

☸ 圖 8-3-32　成層燃燒的作用

(3) 低轉速中負荷時：係弱成層燃燒，空燃比為 20～30：1。
當引擎負荷增加，混合汽須稍濃以維持正常的動力輸出，
部分汽油在進氣行程先噴入汽缸中，先行充分混合，並於
壓縮行程末期再做第二次噴射，達到成層化與稀薄混合汽
之結果，以進行弱成層燃燒，如圖 8-3-33 所示。

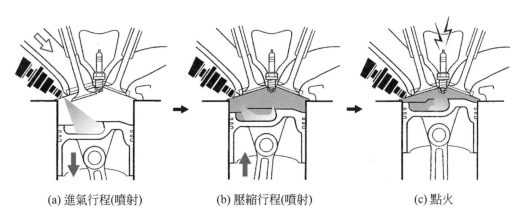

(a) 進氣行程(噴射)　　　　(b) 壓縮行程(噴射)　　　　　(c) 點火

☸ 圖 8-3-33　弱成層燃燒的作用

(4) 中轉速中負荷時：係稀薄範圍均質燃燒，空燃比爲 15～
23：1。爲保持一定的扭矩值，此時混合汽須較濃，在進
氣行程初期噴入接近理論空燃比的汽油，經進氣行程及壓
縮行程的均勻混合，進行稀薄範圍的均質燃燒，如圖
8-3-34 所示。

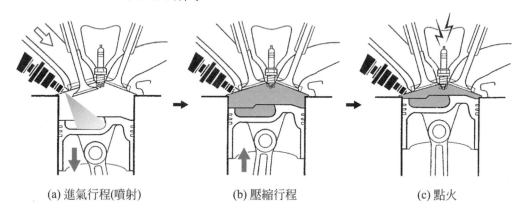

(a) 進氣行程(噴射)　　　　(b) 壓縮行程　　　　(c) 點火

❀ 圖 8-3-34　稀薄範圍均質燃燒的作用

(5) 高轉速高負荷時：係較濃範圍均質燃燒，空燃比爲 15～
23：1。此時引擎必須發揮最大扭矩值，故在進氣行程噴
入較多汽油，使空燃比維持在理論空燃比附近，進行較濃
範圍的均質燃燒。

三、D-4 的排汽污染控制

1. 採用大量 EGR 控制，EGR 回流量最大可達 40%，能降低燃燒
溫度，減少 NO_x 產生。大量 EGR 雖會造成燃燒不穩定，但渦
流及層狀混合汽之技術，可安定燃燒狀況。

2. 由於傳統式的三元觸媒轉換器，在理論混合比附近的淨化效果
最佳，而汽油直接噴射引擎經常是在稀薄燃燒狀態，因此 D-4
引擎採用 NO_x 吸藏還原型觸媒轉換器，在稀薄燃燒範圍時，鉑
(Pt)使 O_2 與 NO 化合成 NO_2，並由吸藏物質(R)吸附，此時爲吸
藏時期；當引擎運轉狀態轉變爲理論空燃比的燃燒範圍時，吸
藏物質上的 NO_2 釋放至鉑上，與排汽中的 HC 與 CO 產生還原
反應成 N_2、CO_2 與 H_2O，如圖 8-3-35 所示。

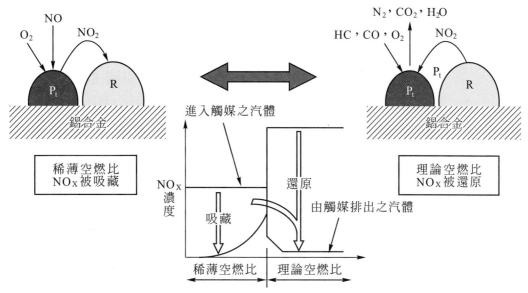

⊛ 圖 8-3-35　NOₓ吸藏還原型觸媒轉換器的作用(最新汽車控制之技術　承雄實業有限公司)

 ### 8-3-4　日產(NISSAN)汽車公司 Di 引擎

一、概述

1. Di 引擎也是兼顧環保與行駛性能的引擎，能大幅提高省油性及引擎之輸出。例如將 VQ30DE 型 MPI 引擎，改成 VQ30DD 型直接噴射引擎後，其油耗減少 20～30%，而出力則提高 5～7%。

2. Di 引擎系統的組成，如圖 8-3-36 所示。

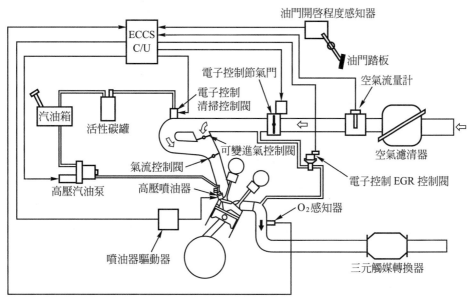

⊛ 圖 8-3-36　Di 引擎系統的組成(自動車工學)

二、Di 的構造與作用

1. 進氣系統：各缸分別有兩條進氣管，其直立角度此一般引擎大，且其中一條進氣管設有氣流控制閥，如圖 8-3-5 所示。

2. 淺碗活塞

(1) 其進氣側之凹槽較淺，如圖 8-3-6 之左上角所示。

(2) 淺碗活塞與氣流控制閥配合之作用，分成兩種燃燒領域，如圖 8-3-37 所示，在低負荷時為省油的成層燃燒，而高負荷時為高出力的均質燃燒，應用兩種燃燒方式，故同時具備了省油與高出力。

① 成層燃燒：為低、中負荷時之作用，此時氣流控制閥關閉，空氣從單側進氣管進入，在汽缸內產生渦流，如圖 8-3-38 所示；接著在壓縮行程末期噴入的燃料，被渦流保持在火星塞附近，在被上推的混合汽擴散前，火星塞點火成層燃燒，此時汽缸內的空燃比約 40：1。

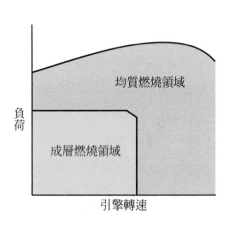

圖 8-3-37　Di 引擎的兩種燃燒領域（自動車工學）

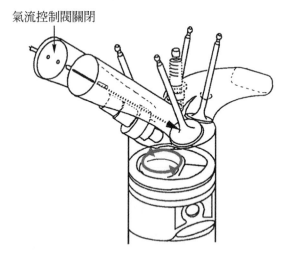

氣流控制閥關閉

圖 8-3-38　成層燃燒的作用（自動車工學）

② 均質燃燒：為高負荷時之作用，此時氣流控制閥打開，空氣從兩個進氣管進入，在汽缸內產生滾流，如圖 8-3-39 所示；燃料在進氣行程時即噴入，整個汽缸內為均質的混合汽，加上進氣冷卻效果，故可獲得比傳統 MPI 引擎高的出力。

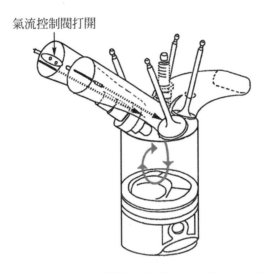

氣流控制閥打開

⊛ 圖 8-3-39 均質燃燒的作用(自動車工學)

3. 高壓噴油器：Di 引擎也是採用高電壓噴油器，噴射壓力介於 GDI 引擎與 D-4 引擎之間，為 $7.0 \sim 9.0$ MPa$(70 \sim 90$kg/cm$^2)$，並有採用冷車起動噴油器。

4. 扭矩變動控制：產生相同扭矩時，均質燃燒比成層燃燒所需的空氣較少，因此從成層燃燒轉換成均質燃燒時，電子控制節氣門會瞬間關閉，同時汽油噴射量、噴射正時、點火正時與 EGR 量等也會精密變動，故扭矩平順轉換，使駕駛質感優良。

8-3-5　福斯奧迪(VAG)汽車公司 FSI 引擎

一、Audi 汽車公司

1. Audi 汽車的汽油直接噴射引擎,簡稱為 FSI(Fuel Stratified Injection)。Audi 首先在 1997 年的德國法蘭克福車展中展出三缸汽油直接噴射引擎,此項技術並已普遍應用在 2001 年起的 Audi 各款汽車上。

2. 1.6 FSI、2.0 FSI 及與 2.0 FSI 對照的傳統汽油噴射引擎 2.0 MPI 的規格。Audi 表示,FSI 引擎的省油性可達 15%。

3. FSI 引擎的核心技術有:單柱塞高壓噴射泵,配合共管(Common Rail)式汽油噴射系統,噴射壓力達 11.0MPa。

二、運轉模式

導引空氣造成擾流的燃燒方式可讓引擎執行均質燃燒與分層供油燃燒模式。

引擎的電子單元會依負載及油門踏板位置,選擇最佳的燃燒模式。

有四種主要的模式如圖 8-3-40 所示。

－分層稀薄燃燒與廢氣再循環(EGR)

－均質稀薄燃燒無廢氣再循環

－均質燃燒與 Lambda=1 有廢氣再循環

－均質燃燒與 Lambda=1 無廢氣再循環

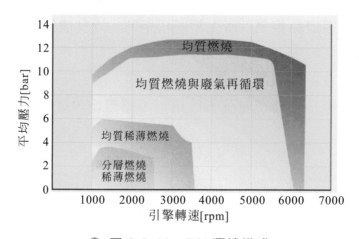

⊛　圖 8-3-40　FSI 運轉模式

三、引擎管理系統

分層供油模式

燃油噴射，在分層供油模式盡可能地調合燃燒室與汽缸內的油氣。也須符合下列需求：如圖 8-3-41 所示。

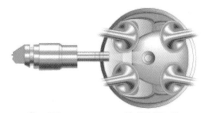

◉ 圖 8-3-41 分層模式

1. 引擎需要在適當的負載與轉速範圍。

2. 在系統中不能出現排汽相關的異常。

3. 冷卻水溫達到攝氏 50℃ 度以上。

4. NO_X 儲存觸媒轉換器的溫度介於攝氏 250℃ 至 500℃ 之間。

5. 進氣歧管活板應關閉。如圖 8-3-42 所示。

依據引擎控制圖，進氣歧管活板會關閉下部進氣管。因此，增加的進氣量必須通過上部進氣管，然後開始在汽缸形成擾流的進氣。

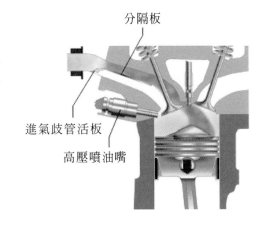

分隔板

進氣歧管活板

高壓噴油嘴

◉ 圖 8-3-42 活板關閉

活塞冠的凹處與活塞往上移動時均會增加汽缸內的氣流擾流。如圖 8-3-43 所示。

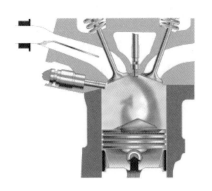

◉ 圖 8-3-43 氣流擾流

燃油在壓縮行程的點火點之前一刻噴射，燃油以高壓(40-110bar)噴入空氣渦流中。氣流將混合汽帶往火星塞。如圖 8-3-44 所示。

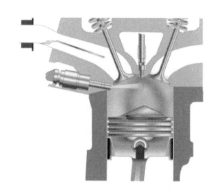

❂ 圖 8-3-44　噴油

由於噴射角度非常的平，霧化的油汽不會直接噴到活塞頂；這就是所熟知的「導引空氣」方式。如圖 8-3-45 所示。

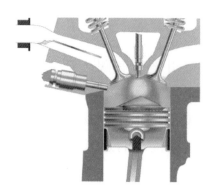

❂ 圖 8-3-45　導引空氣

在點火燃燒時，混合汽與汽缸壁之間有一層空氣的隔離；因此減少了傳遞到引擎本體的熱量，而改善了效率。如圖 8-3-46 所示。

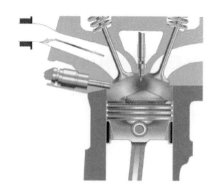

❂ 圖 8-3-46　點火燃燒

均質供油模式

　　在均質供油模式時，進氣歧管活板會根據依據引擎控制圖，開在中間的位置。

　　在燃燒室內，適量的氣流足以降低產生的油耗與廢氣。如圖 8-3-47 所示。

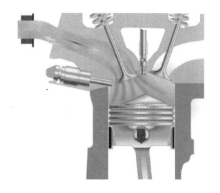

⊕ 圖 8-3-47　均質供油模式

　　在均質供油模式時，燃油是在進氣行程時就噴入，而不像在分層供油模式時是在壓縮行程才噴入。如圖 8-3-48 所示。

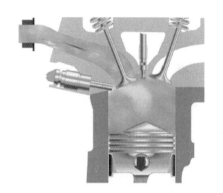

⊕ 圖 8-3-48　進氣時噴油

　　當燃油在進氣行程時就噴入，燃油與空氣在點火前就有更足夠時間充分混合。如圖 8-3-49 所示。

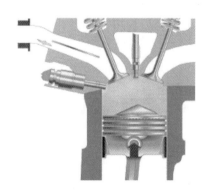

⊕ 圖 8-3-49　油氣充分混合

因此，整個燃燒室空間中均發生燃燒，不會有空氣層或再循環的廢氣隔離的情形。如圖 8-3-50 所示。

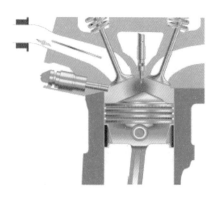

❀ 圖 8-3-50　快速燃燒

均質供油模式的優點：在進氣行程時因為直接噴射的緣故，揮發的油汽會帶走吸入燃燒室空氣的一些熱量，而將內部冷卻，可減少爆震的產生，並提高引擎的壓縮比及效率。

8-4　壓縮天然氣(CNG)燃料系統

 ### 8-4-1　概述

鑑於全世界都在盡力降低 CO_2 的排放要求下，以天然氣作為替代燃料，是其中一種方式。由於產地不同，天然氣的主要成分是 80～99%的甲烷，以及微量其他氣體，如 CO_2、N_2、HC。

天然氣可以以液態或氣態方式儲存。在 $-162°C$ 的溫度下，天然氣液化為液化天然氣(LNG)；或在 205bar 的壓力下壓縮為壓縮天然氣(CNG)，由於液態儲存會耗費較高的成本，故大多以壓縮天然氣儲存。

 ### 8-4-2　混合汽的形成

在大多數的天然氣系統中，像一般多點噴射的汽油引擎一樣，將天然氣噴入進氣歧管，完全氣態的天然氣可以改善混合汽的形成，因為在進氣歧管的天然氣不會冷凝，也不會在管壁上形成液膜。

在火花點火引擎燃料的供應上，有單燃料及雙燃料的設計，採用雙燃料供應的引擎，在使用天然氣時的功率會較使用汽油時的功率低約 10～15%，原因是燃燒是中一部分的空間受到噴入的天然氣所佔據，使容積效率較低。

天然氣的辛烷值高達 130，若採用高壓縮比的設計，可達到 13；而汽油引擎的壓縮比為 9～11。所以天然氣很適合使用在配備增壓器的引擎上，改善容積效率的問題。

 ### 8-4-3　廢氣排放

使用天然氣燃料的引擎所排出的 CO_2 比使用汽油作為燃料的引擎低 20～30%；且天然氣燃燒幾乎不會產生碳微粒，再加上三元觸媒轉換器淨化，只會產生很低的 NO_X、CO 和 HMHC(非甲烷碳氫化合物)。在煙霧和酸的排放方面，天然氣燃料優於汽油和柴油燃料。

 ### 8-4-4　硬體差異

為了使汽油引擎的硬體設備可以使用天然氣，有些零件必須更改材料；配合雙增壓(機械增壓及渦輪增壓)的設計，不論在「天然氣模式」或「汽油模式」下，都可以達到相同的功率及扭矩輸出。

天然氣的抗爆指數高於汽油燃料，這表示可以使點火時間提早而不會產生爆震現象；這意味著燃燒效率將增大，且在燃燒室中的燃燒溫度和燃燒壓力也會增加。然而，天然氣是非常乾燥的，並不像汽油有潤滑性，所以，為了將天然氣系統裝在引擎上，需要對引擎某些元件的材質做更改。

1. 鍛造活塞：增加活塞銷長度以增加潤滑面積、活塞頂及連桿小端軸承電鍍高耐磨塗層，降低磨耗損傷。
2. 氣門、氣門導管、氣門座：由抗磨損和耐腐蝕材料製作，且氣門油封有兩個密封唇。
3. 火星塞：中心電極由 0.6mm 銥合金製成，接地電極由白金製成，以應負更高的跳火電壓及溫度。
4. 氣體噴射閥：汽油噴油嘴由流經的汽油進行冷卻。但是天然氣無法冷卻氣體噴射閥，所以氣體噴射閥採用二道高導熱係數的鐵弗龍密封環及鋁製的外殼將高溫傳到汽缸頭進行冷卻。
5. 機油泵、水泵：加大冷卻量。
6. 渦輪增壓器：為了要獲得更快的渦輪增壓器反應，壓縮葉輪設計的略小一些。

8-4-5　系統概觀

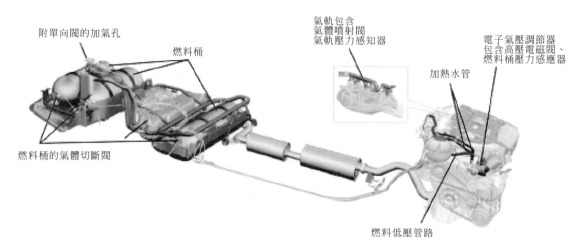

附單向閥的加氣孔

燃料桶

氣軌包含
氣體噴射閥
氣軌壓力感知器

電子氣壓調節器
包含高壓電磁閥、
燃料桶壓力感應器

加熱水管

燃料桶的氣體切斷閥

燃料低壓管路

⊛ 圖 8-4-1　天然氣系統概觀

 8-4-6　功能介紹

一、引擎控制電腦

　　1.　一般運轉：基於環保因素，引擎主要燃料爲天然氣，這意味當「天然氣模式」運轉的所有條件都滿足的時候，如表 8-4-1 所示，引擎控制電腦將引擎持續以「天然氣模式」運轉。

⊛ 表 8-4-1　運轉模式

	冷卻水溫度≦10℃	冷卻水溫度＞10℃
未對燃料桶充填燃料	使用「汽油模式」啓動引擎	使用「天然氣模式」啓動引擎
	切換成「天然氣模式」運轉條件： 1. 冷啓動功能結束 2. 冷卻水溫度＞10℃，且啓動引擎後＞100 秒	

⊛ 表 8-4-1　運轉模式(續)

	冷卻水溫度 ≦ 10℃	冷卻水溫度 ＞ 10℃
對燃料桶充填燃料後[註]	使用「汽油模式」啓動引擎	
	切換成「天然氣模式」運轉條件： 1. 混合比控制啓動 2. 冷啓動功能結束 3. 冷卻水溫度 ＞ 10℃，且啓動引擎後 ＞ 100 秒	切換成「天然氣模式」運轉條件： 混合比控制啓動後的 540 秒內

【註】天然氣有良好的稀薄燃燒性，相對的，在較濃的混合比中將使引擎性能下降或啓動困難，為了避免這類的狀況發生，所以「天然氣模式」僅能在混合汽控制 (Lambda control)時，才能運作。當燃料桶壓力感知器偵測燃料桶壓力較前一次啓動時的壓力高 30%時，引擎電腦會判斷燃料桶剛添加燃料，必須縮短氣體噴射閥的開啓時間，避免混合汽過濃。

2. 冷啓動功能：當冷卻水溫低於 10℃時，引擎控制電腦進入「汽油模式」，使氣體噴射閥執行冷啓動功能，將天然氣(約當時汽油噴射需求量的 15%)與汽油混合噴射燃燒。當氣軌裡的天然氣被加熱了，引擎電腦就停止汽油噴射，完全由天然氣的燃燒來驅動引擎。

3. 緊急啓動：當引擎搖轉 4～8 秒內無法啓動時，會自動切換成另一種燃料模式來嘗試啓動引擎。

二、氣軌壓力感知器

其功用為測量氣軌內的天然氣壓力，將信號傳送給引擎電腦，以控制電子氣壓調節器將氣軌壓力調整在 5～9bar，引擎電腦會依照氣軌壓力感知器的信號來計算氣體噴射閥的開啓時間，如圖 8-4-2 所示。

氣軌壓力感知器

⊛ 圖 8-4-2　氣軌壓力感知器

三、燃料桶氣體切斷閥

當引擎控制電腦未「執行天然氣模式」或天然氣管路漏氣時,將天然氣密封於燃料桶內,避免外洩,如圖8-4-3所示。

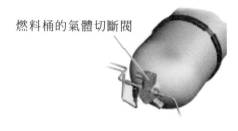

燃料桶的氣體切斷閥

✱ 圖 8-4-3　氣體切斷閥

四、氣體噴射閥

引擎電腦依照引擎轉速、負荷、燃料桶壓力、氣軌壓力計算出氣體噴射閥須開啟的時間,氣體噴射閥開啟通道將天然氣導入燃燒室,如圖8-4-4所示。

氣體噴射閥

✱ 圖 8-4-4　氣體噴射閥

五、電子氣壓調節器

利用機械及電磁閥的互相配合,將天然氣壓力分兩階段降壓。第一階段由機械降壓閥將天然氣壓力降到20bar,第二階段由電磁降壓閥將天然氣壓力依照需求,調整壓力於5～9bar,如圖8-4-5所示。

六、加熱水管

在天然氣膨脹的過程會吸收周圍的熱量(氣化潛熱),若未以冷卻水協助加溫,將造成管路結冰堵塞天然氣流動,故設計冷卻水加熱管路,如圖8-4-5所示。

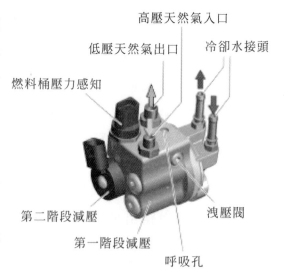

高壓天然氣入口

低壓天然氣出口　　　冷卻水接頭

燃料桶壓力感知

第二階段減壓　　　　洩壓閥

第一階段減壓

呼吸孔

✱ 圖 8-4-5　天然氣控制閥

七、燃料桶壓力感知器

其功用為測量燃料桶內天然氣存量,並依照壓力判斷燃料桶是否執行過天然氣充填,以及天然氣管路洩漏時,通知引擎控制電腦將燃料桶氣體切斷閥關閉,避免天然氣洩漏,如圖8-4-5所示。

柴油引擎燃料系統

 9-1　柴油引擎概述

 9-1-1　柴油引擎之發展簡史

(一) 柴油引擎又叫狄塞爾引擎(Disesel engine)，係紀念柴油引擎發明人，德國工程師狄塞爾博士(Dr‧Roudolf Diesel)而命名。

(二) 1891 年 1 月狄塞爾博士發表了「進氣行程吸入普通空氣，壓縮到原來體積的 1/16 左右，溫度可增到約攝氏 500°，此時將燃料注入汽缸內，吸收熱空氣的高溫，自行著火燃燒推動活塞」之理論，結果得到之動力超過預估強度，發生爆炸而遭失敗。

(三) 1897 年，狄塞爾不斷試驗結果終於完成了一部柴油引擎，能產生 20 匹馬力，舉世矚目。早期之柴油引擎因較笨重，只用於工業方面。

(四) 1924 年，德國朋馳(Benz)及 M.A.N.公司完成高速柴油引擎，並開始使用於汽車上，初期僅使用在大型客貨車上，經過不斷的研究改良，現已有高性能的小型高速柴油引擎用在小客車上。

 ## 9-1-2 柴油引擎概要

(一) 柴油引擎將空氣吸入汽缸後，以快速壓縮產生很高之壓力及溫度，再將燃料以霧狀噴入汽缸中，利用壓縮空氣之高熱使燃料自行著火燃燒，產生高壓力推動活塞作功。因燃燒壓力高，因此必須使用高強度之材料，且燃料之噴射壓力甚高，必須有極精密之燃料噴射系統，將燃料以極細之霧粒噴入高壓空氣中，故製造技術及成本較汽油引擎高。

(二) 一般汽車用柴油引擎之壓縮比約 14～23：1，壓縮後汽缸中之壓力約 30～55 kg/cm²，壓縮後空氣之溫度約為 700-900℃，最高燃燒壓力約 65～90 kg/cm²，柴油在 30 kg/cm² 之壓力下，其著火溫度約 200℃，故柴油噴入汽缸中可以迅速自行著火燃燒。引擎最高轉速大型車用約 2100～3200 rpm，小型車用約 4000～5000 rpm，排汽溫度約為 500～600℃(汽油引擎約 700～1,000℃)。

電腦控制柴油噴射系統

 ## 9-2-1 概述

電腦控制柴油引擎噴射系統之各項控制

噴射控制

(一) 計量調整：燃油噴射量的多寡會影響到重要的引擎性能，例如：引擎的扭力輸出、燃油消耗、廢氣排放量與機械和熱效應由於計量調整的關係，故引擎可在所有的工作狀態下以最佳的燃油比例操作而達完全燃燒之目的。

(二) 噴射啟始控制：噴射啟始控制對引擎運作的影響很大，例如引擎性能、燃油消耗量、噪音排放等，並且跟廢氣排放控制有息息相關的

重要地位。因此噴射啟始控制就具有決定出正確的燃油輸送量與噴射啟動點的任務。

(三) 怠速控制：怠速控制的意思是在油門踏板未踩下之前，就已經先有維持引擎運轉規定的轉速了。此怠速會主動作調整以適應目前引擎的操作情況。因此，引擎在冷車情況時的怠速會比在熱車情況下來得高。

此外，怠速控制還需把其他性能需求的層面給考慮進來，例如：

1. 當車輛電系的電力處於較低的情況，為了要預防大量的能量從發電機被抽離時。

2. 當需要更高的柴油噴射壓力時。

3. 當需要更大的能量來克服引擎與扭力轉換器於不同負荷情況下的內部摩擦阻力時。

(四) 平順運轉(smooth running)控制：平順運轉控制能增進引擎怠速運轉的穩定性。即使是在引擎內不同的汽缸中噴入相同的燃油量，也還是常會產生不同程度的扭力。除此之外，最可能造成這種差異的原因如零件的公差、各汽缸間的壓縮壓力差、汽缸與壓噴油嘴組件所造成的摩擦阻力。這些扭力差異程度所帶來的影響為引擎運轉不平衡(抖動)且廢氣排放量會增加。平順運轉控制是設計用以偵測造成轉速不穩的原因。然後針對受影響汽缸的噴油量來作控制以消除掉轉速不穩的抖動現象。

(五) 主動式脈衝減震(activepulse damping) 於主動式脈衝減震系統下，可有效降低車輛在不同加速情況下所產生負荷變化的頓挫感。

無主動式脈衝減震時：當油門踏板踩下時，會在很短的時間內噴射出大量的燃油。這突如其來的負荷轉變會導致車輛動力系統因為引擎扭力的劇烈變化而產生脈衝的情形。當這些加速變化所產生的脈衝現象會造成車內乘員的不舒適感。

有主動式脈衝減震時：當車輛起步，油門踏板踩下時，噴油嘴的燃油噴射量不會以全額輸出來供應。而是延遲噴射將近一半的燃油量。如果想在車輛動力系統中偵測到這些脈衝情況的話，可經由引

擎轉速訊號的評估來得知。當轉速突然增加時，燃油噴射量會減少；而同樣地，當轉速突然降低時，燃油噴射量會隨之增加。經此處理後，這些緩衝過的脈衝可使得車內的乘員較不易察覺到。

(六) 限速功能(gevernor)此調速功能可保護引擎不至於超轉而損壞。因此，引擎轉速將不會超過最高的容許轉速過久。

(七) 為提高柴油引擎之動力性能、燃料經濟性、減少怠速噪音、提高加速性能、降低排汽污染，柴油引擎亦開始採用各種感知器、電腦及動作器來控制柴油之噴射量及噴射時間。

 9-2-2　五十鈴 I-TEC 電腦控制柴油噴射系統

一、概述

五十鈴 I-TEC 電腦控制柴油噴射系統之構成如圖 9-2-1 所示，其控制方法方塊圖如圖 9-2-2 所示。該系統用在雙子星(Gemini)牌轎車上，該轎車裝有自動行駛裝置，其中六個開關是控制自動行駛系統用，六個感知器提供引擎運轉信號給電腦(ECU)，經計算後指示裝在噴射泵上之電子迴轉調速器及正時控制閥等動作器作用，以控制噴油量及噴油時期。本系統並有故障自己診斷及修正系統，為世界上最早電腦化控制之柴油引擎動力轎車。

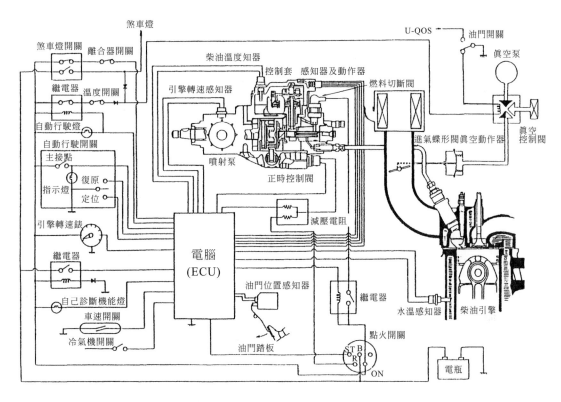

◈ 圖 9-2-1 五十鈴 I-TEC 電腦控制柴油噴射系統之構成圖

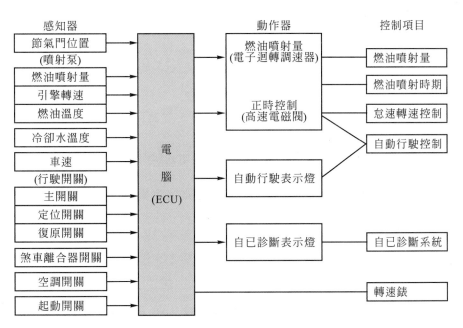

◈ 圖 9-2-2 五十鈴雙子星牌轎車 I-TEC 電腦控制柴油噴射及自動行駛控制系統作用方塊圖

二、燃料控制系統

　　波細 VE 型高壓分油式噴射泵之噴油量控制係移動控制環來改變噴射泵柱塞之有效行程而控制之，洩放孔開得愈早，噴射量愈少，開得愈晚，噴油量愈多。控制環之移動以機械方式控制較為容易。I-TEC 電腦控制柴油噴射系統使用電子迴轉型機械調速器來使控制環移動，如圖 9-2-3 所示。電子迴轉調速器之動作由電腦指示，電腦則根據六個感知器依運轉條件接收之信號計算後下達指令。

(一) 電子迴轉調速器

　　電子迴轉調速器之構造如圖 9-2-3 所示，為一種大電流強力電子迴轉型調速器，動作電流約 5～6A。轉子之軸端為偏心，使轉子之迴轉運動經控制環變為直線運動。轉子之最大迴轉角度約 60 度，其迴轉角度之大小由電腦控制。

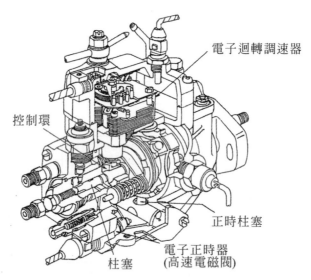

　🌟 圖 9-2-3　裝有電子迴轉調速器及正時器之波細 VE 型噴射泵之構造

(二) 油門位置感知器

　　油門位置感知器之構造如圖 9-2-4 及圖 9-2-5 所示，為一種可變感應係數式信號發電機。當油門移動時，與推桿連在一起之鐵芯在線圈中移動；鐵芯在線圈中之位置改變時，感應係數發生改變，使發出之脈衝信號亦隨著改變，將油門位置信號送給電腦，以做控制電子迴轉調速器之基礎。此種感知

器無機械接觸，耐久性及穩定性佳，產生之信號為數位信號，精確可靠，油門踏板之操作力很輕，使加油反應輕巧靈敏。

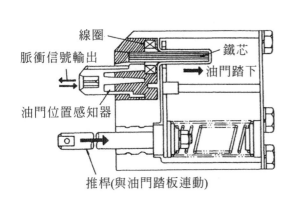

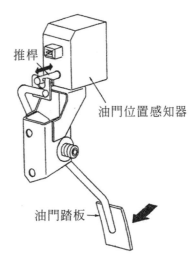

圖 9-2-4　油門位置感知器(一)　　　圖 9-2-5　油門位置感知器(二)

(三) 電子正時器

　　普通波細 VE 型高壓分油式噴射泵噴油時期之控制，係由噴油泵之轉速決定；轉速高時供油泵之送油壓力高，推動正時活塞，使滾輪架轉動，而使凸輪盤上升之時間提早，而使噴油時間提前。電子正時器之作用原理基本上仍與 VE 相似，正時控制閥為與汽油噴射器相似之精密高速電磁閥，由電磁閥電流之通斷來控制洩漏油量而改變作用在正時活塞之油壓，構造如圖 9-2-6 所示。

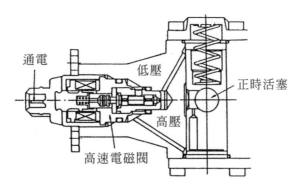

圖 9-2-6　電子正時器之構造

三、進氣量控制

一般使用波細 VE 型高壓分油式噴射泵之柴油引擎，進氣系統不加控制。I-TEC 電腦控制系統為改善引擎性能，減少怠速運轉噪音，在進氣管中裝有蝶形閥，如圖 9-2-1 所示。蝶形閥之開閉由真空操縱，非由電腦控制。

四、故障自己診斷及修正系統

五十鈴雙子星牌電腦控制柴油引擎轎車裝有故障自己診斷及修正系統，其診斷項目及修正處理如表 9-2-1 所示。當七項自己診斷項目中，有一項故障時，在儀錶板左側的引擎檢查燈發生閃亮，告知駕駛人需立刻將車子送工場檢修。安全對策之自動修正系統能立即產生作用，使車子仍能行駛。

表 9-2-1　故障自己診斷及修正系統表

故障自己診斷項目	診斷內容	修正處理	備考
冷卻水溫度感器信號系統	斷路或短路	固定在冷卻水溫 80℃	正常後復原
燃油溫度感知器信號系統	〃	固定在燃油溫度 50℃	〃
引擎轉速感知器信號系統	無輸入信號	燃油切斷	
車輛速度感知器信號系統	〃	自動行駛裝置完全解除	
油門位置感知器信號系統	斷路或短路	怠速狀態	
燃油噴射量換制系統	動作器、感知器及控制部不正常	燃油切斷	
自動行駛開關信號系統	短路	自動行駛裝置完全解除	

五、迅速起動裝置

　　五十鈴 I-TEC 電腦控制柴油引擎使用迅速預熱起動裝置 U-QOS (ultra quick on system)。普通使用一般預熱系統之柴油引擎，於低溫發動引擎前至少需預熱 20～30 秒才能發動，但 U-QOS 系統在氣溫零下 10～20℃ 之低溫下預熱起動僅需時 3.5 秒，起動性與汽油引擎完全相同。

六、怠速轉速控制

　　I-TEC 電腦控制柴油噴射系統附有怠速轉速控制裝置，正常怠速為 620 rpm；當引擎水溫低於 20℃ 或使用冷氣機時，或電瓶電壓低於 11V 時，能自動提高怠速轉速為 800rpm，如圖 9-2-7 所示。

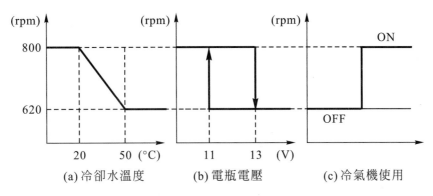

❀ 圖 9-2-7　I-TEC 怠速轉速控制情形

 ## 9-2-3　豐田 2L-TE 電腦控制柴油噴射系統

一、概述

　　豐田汽車公司皇冠(Crown)牌轎車所使用之 2L-TE 電腦控制柴油引擎構造及作用與五十鈴 I-TEC 系統有很大差異。2L-TE 型柴油引擎裝有排汽渦輪增壓進氣裝置，噴油量及正時之控制方法與 I-TEC 完全不同，圖 9-2-8 為 2L-TE 電腦控制柴油噴射系統之組成圖，其控制方塊如圖 9-2-9 所示。

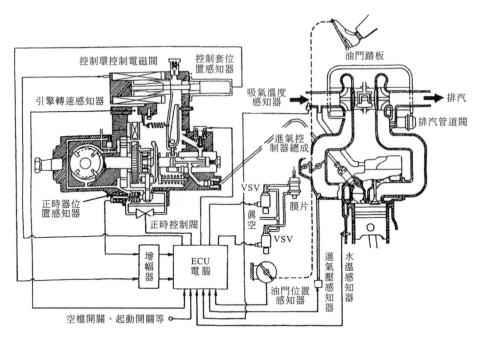

⚙ 圖 9-2-8　豐田 2L-TE 電腦控制柴油噴射系統組成圖

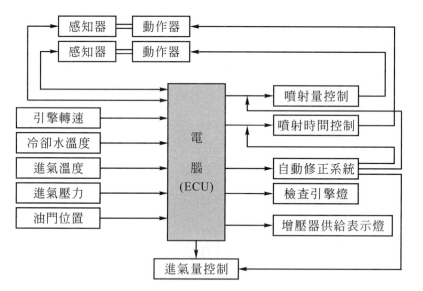

⚙ 圖 9-2-9　豐田 2L-TE 電腦控制柴油噴射系統作用方塊圖

二、噴油量控制

燃油噴射量之多少由洩放孔開放時間之早晚而定，洩放孔開放時間由控制環之位置決定，控制環之移動由電磁閥之鐵芯經連桿而操縱之，如圖 9-2-8 所示。電磁閥芯之移動量由油門踏板位置及引擎轉速之基本信號，加上冷卻水溫、進氣溫等修正信號共同提供給電腦計算後決定。

(一) 控制環控制電磁閥

控制環控制電磁閥之構造如圖 9-2-10 所示，電磁閥之驅動電流約 0.4～0.9A。

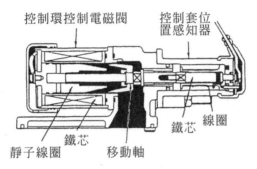

🌀 圖 9-2-10　控制環控制電磁閥及控制環位置感知器構造

(二) 控制環位置感知器

控制環位置感知器裝置情形如圖 9-2-10 所示，提供控制環位置信號給電腦，據以做更精密之控制。

(三) 進氣壓力感知器

進氣壓力感知器裝在進氣歧管上，當引擎進氣過給時，能提供信號以增加噴油量，以增大引擎動力；在海拔高於 900m 以上時，亦能提供信號以修正噴油量，防止冒黑煙。

(四) 油門位置感知器

2L-TE 之油門位置感知器為可變電阻式電位計，由油門鋼繩連動。油門未踩時，怠速連接點閉合，提供怠速運轉信號給電腦；踩下油門後將油門踏板之位置及位置變動率(加油速度)提供信號給電腦，以增減噴油量，其構造如圖 9-2-11 所示。

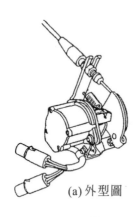
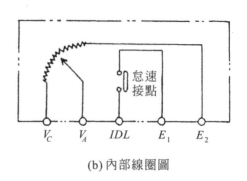

(a) 外型圖　　　　　　　(b) 內部線圈圖

⊛ 圖 9-2-11　油門位置感知器之構造

三、噴射時期控制

(一) 2L-TE 電腦控制柴油噴射系統使用之電子正時器之構造如圖 9-2-12 所示。由電磁閥線圈電流通斷時間的變化率來控制壓力油洩放速度，進而改變作用在正時活塞上之油壓，而使正時活塞位置發生變動而變更噴射開始時期。

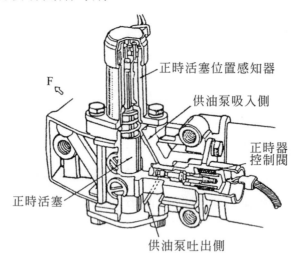

⊛ 圖 9-2-12　電子正時器之構造

(二) 正時器上設有正時活塞位置感知器，將正時活塞位置變動之信號提供給電腦，以做精密之正時控制，為一極精密之閉迴路控制系統。

四、進氣量控制

豐田 2L-TE 電腦控制柴油引擎為減少怠速時之引擎噪音，及在緊急時與引擎停止時限制進氣量，在進氣歧管入口處設有二只蝶形閥。大的蝶形閥①與油門踏板連動，小的蝶形閥②由真空膜片操縱，能做全閉、半開、全開三個位置之控制。真空動作器作用之真空及大氣壓力大小係由各感知器提供信號經電腦計算後決定之。引擎冷卻水溫在 60℃ 以下時，小蝶形閥全開，以增快怠速轉速，其控制系統如圖 9-2-13 所示。

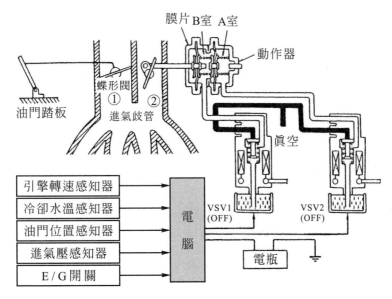

❀ 圖 9-2-13　2L-TE 進氣控制系統圖

五、怠速轉速控制

2L-TE 電腦控制柴油噴射系統能依自動變速箱排檔位置、冷卻水溫度及有無使用冷氣機等狀況改變怠速轉速，有 700、750、800rpm 三個不同怠速轉數值。

六、故障自己診斷及修正系統

2L-TE 電腦控制柴油噴射系統，各感知器與動作器有故障時，儀錶板上之檢查引擎燈即閃亮，告知駕駛人需迅速將車子送工廠檢修；同時自動修正系統立即發生作用，使車輛仍能繼續行駛。故障自動診斷項目有 13 項，修護工廠能使用含氧量感知器用檢驗器來檢查出故障所在。為防止引擎超速運轉，當轉速超過 5,600rpm 時，自動切斷燃料供應。

9-2-4 電腦控制 PE 型線列式噴射泵柴油噴射系統

一、概述

電腦控制 PE 型線列式噴射泵柴油噴射系統(electronically controlled PE in-line fuel injection pumps system)，是在傳統式的線列式噴射系統加裝各種感知器及齒桿作動器，省略了機械式調速器，使噴射泵的柴油噴射量控制更精確。如圖 9-2-14 所示。

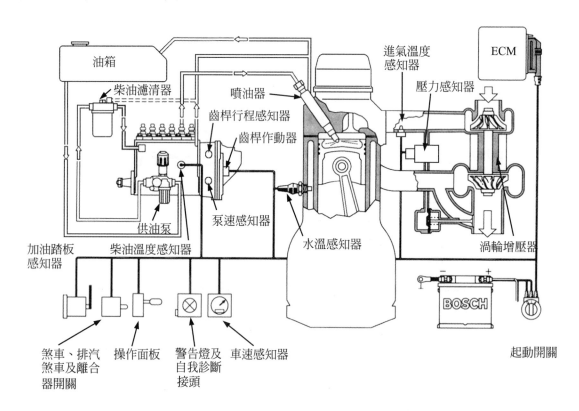

🌟 圖 9-2-14 電腦控制 PE 型線列式噴射泵柴油噴射系統的組成(Technical Instruction, BOSCH)

二、構造與作用

1. 電腦控制 PE 型線列式噴射泵柴油噴射系統的組成，如圖 9-2-14 所示，由齒桿行程感知器(rack travel sensor)、泵速感知器(pump speed sensor)、柴油溫度感知器(fuel temperature sensor)、水溫感知器、進氣溫度感知器、加油踏板感知器(accelerator pedal sensor)、煞車、排汽煞車及離合器開關(switches for brakes, exhaust brake, clutch)、車速感知器、壓力感知器等，及 ECM 與齒桿作動器等所組成。而圖 9-2-15 所示，為整個系統的作用方塊圖。

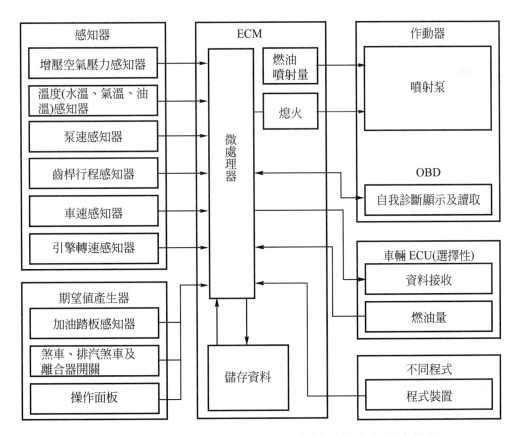

🏵 圖 9-2-15 電腦控制 PE 型線列式噴射泵柴油噴射系統的作用方塊圖(Technical Instruction, BOSCH)

2. 各零組件說明

(1) 齒桿行程感知器：用以送出噴射泵齒桿所在位置之信號。

(2) 泵速感知器：為磁電式感知器，用以送出噴射泵凸輪軸的轉速信號。

(3) 溫度感知器：分別送出引擎冷卻水溫度、進氣溫度及柴油溫度等信號給 ECM。

(4) 壓力感知器：為壓電式感知器，用以感知渦輪增壓器的增壓氣體壓力。

(5) 加油踏板感知器：利用電位計取代機械式加油踏板連桿，將加油踏板的位置信號送給 ECM。

(6) 操作面板：駕駛員及技術員可鍵入或取消車速值，並可做怠速的微小變動。

(7) 煞車、排汽煞車、離合器開關：每一次煞車、排汽煞車或離合器作用時，開關將信號傳送給 ECM。

(8) ECM(engine control module)：ECM 接收從各感知器及期望值產生器來之信號，以負荷及轉速信號為其基本的參數，再配合其他的輔助信號，以控制齒桿作動器的作用。

(9) 齒桿作動器：利用電磁線圈使作動器產生線性移動，與作動器連接的齒桿也隨之移動，以控制柴油噴射量，如圖 9-2-16 所示。當引擎熄火時，回位彈簧將齒桿推至切斷燃油位置；引擎發動後，ECM 控制電磁線圈的電流量越大時，作動器越向左移，齒桿也越向左移動，使柴油噴射量增加，即柴油噴射量的多少，與電磁線圈的電流量成正比。

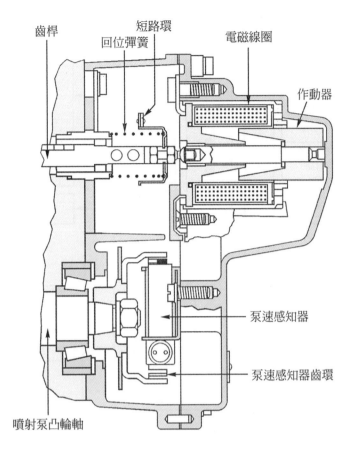

齒桿　　　　短路環　　　電磁線圈
回位彈簧　　　　　　　　　　　　作動器
泵速感知器
泵速感知器齒環
噴射泵凸輪軸

※ 圖 9-2-16　齒桿作動器的構造(Technical Instruction, BOSCH)

 9-2-5　電腦控制 VE 型分配式噴射泵柴油噴射系統

一、概述

　　電腦控制 VE 型分配式噴射泵柴油噴射系統，是在傳統式的 VE 噴射泵系統加裝各種感知器、控制套作動器及噴射開始正時控制電磁閥，省略了機械式調速器，使噴射泵的柴油噴射量控制更精準，且噴射正時的控制也更理想，如圖 9-2-17 所示。

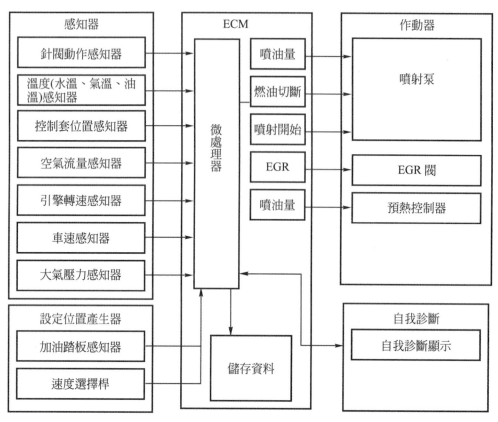

● 圖 9-2-17 電子控制 VE 型分配式噴射泵柴油噴射系統的作用方塊圖(Technical Instruction, BOSCH)

二、構造與作用

1. 電腦控制 VE 型分配式噴射泵柴油噴射系統的作用方塊圖，如圖 9-2-17 所示，整個系統由針閥動作感知器(needle motion sensor)、柴油溫度感知器(fuel temperature sensor)、控制套位置感知器(sensor for control collar position)、水溫感知器、空氣溫度感知器、空氣流量感知器、引擎轉速感知器、車速感知器、大氣壓力感知器、加油踏板感知器等，及 ECM 與控制套作動器、正時控制電磁閥等所組成。

2. 各零組件說明

(1) 針閥動作感知器：感知器裝在噴油嘴架上，由壓力銷的傳導，以感知針閥的動作，可偵測噴射開始，如圖 9-2-18 所示。

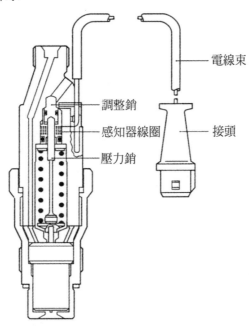

電線束

調整銷

感知器線圈　　接頭

壓力銷

⊕ 圖 9-2-18　針閥動作感知器的構造(Technical Instruction, BOSCH)

(2) 控制套作動器：電磁旋轉式作動器利用一支軸與控制套連接，如圖 9-2-19 所示，改變控制套的位置，使柱塞斷閉槽關閉或打開，以改變噴油量。噴油量可在零與最大噴油量間無限變化，當 ECM 無電壓送給電磁線圈時，作動器的回位彈簧使軸回至定位，故噴油量為零。

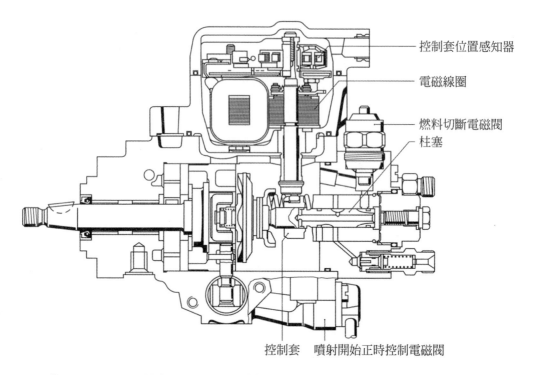

控制套位置感知器

電磁線圈

燃料切斷電磁閥
柱塞

控制套　噴射開始正時控制電磁閥

✿ 圖 9-2-19　控制套作動器的構造(Technical Instruction, BOSCH)

(3) 噴射開始正時控制電磁閥：作用在噴射正時活塞側的油壓是由電磁閥調節，如圖 9-2-6 所示，當電磁閥全開時，油壓降低，噴射開始正時延遲；當電磁閥全閉時，油壓升高，噴射開始正時提前；其他時候電磁閥的 ON/OFF 比，由 ECM 依當時的信號做無限之變化。

 9-2-6　電腦控制單體式油泵柴油噴射系統

一、概述

電腦控制單體式油泵柴油噴射系統，其壓油與量油的動作，是在各油泵內完成，噴油器只負責噴油。油泵柱塞是由引擎凸輪軸驅動，各缸油泵各自獨立配置在引擎凸輪軸上方。

二、構造與作用

1. 本系統係使用個別獨立的油泵(pump)，裝在汽缸體孔內，由引擎體內的凸輪軸驅動，凸輪軸同時驅動進氣門及排汽門，故一個汽缸有三個凸輪，如圖 9-2-20 所示。

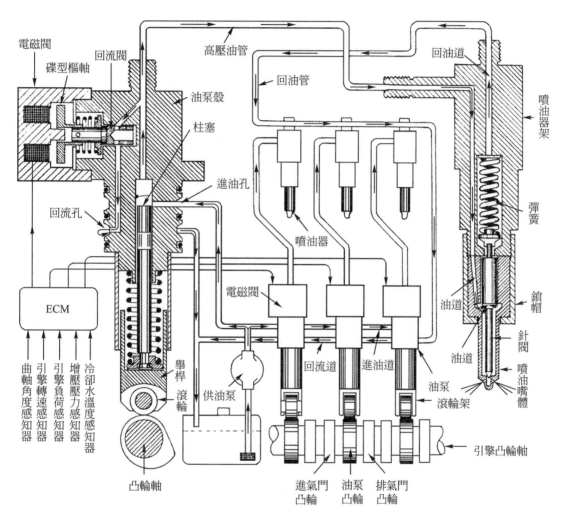

⊛ 圖 9-2-20　電子控制單體式油泵柴油噴射系統(VEHICLE AND ENGINE TECHNOLOGY, Heinz Heisler)

2. 噴油器(injector)裝在汽缸蓋的正中央，其外徑小，很適合小汽缸內徑的柴油引擎，因此適用於小型及中型柴油引擎。

3. 油泵與噴油器間以很短的高壓鋼管連接，因此即使柴油壓力達1800bar，柴油噴射正時及切斷均能精確進行。不過，目前本系統的柴油噴射壓力約達 1600bar，而最佳的線列式噴射泵系統，其最高壓力也僅能達 1100bar。

4. 油泵係由柱壓、柱壓筒、彈簧、舉桿、滾輪、油泵殼及裝在上方的電磁操作回流閥(solenoid-operated spill valve)等所組成。

5. 引擎控制模組(ECM)

   (1) 引擎控制模組俗稱電腦，接收曲軸角度位置、加油踏板位置、引擎轉速、進氣管空氣壓力與溫度及冷卻水溫度等信號，同時也接受曲軸與凸輪軸正時齒輪上正時記號之信號，與電腦內儲存的資料比較後，進行最適當之控制，以獲得低油耗、低污染、低噪音、引擎平穩運轉及良好驅動性能。

   (2) 電腦送出電壓脈波信號給油泵上的回流控制電磁線圈(spill control solenoid)，使回流閥(spill valve)動作，以控制噴射正時及噴油量。

6. 油泵的作用

   (1) 進油作用：當柱塞在下死點時，回流閥在打開狀態，供油泵送出的柴油從汽油缸蓋內的進油道，經進油孔送入柱塞上方的壓力室，直至柱塞上行將進油孔蓋住，如圖 9-2-20 所示。

   (2) 回流作用：當柱塞繼續上行，被壓之柴油從打開的回流閥，經回流道流出。柱塞在上行過程中，只要回流閥打開，則回流作用持續進行。

(3) 噴射作用

① 當回流控制電腦線圈通電時，電磁吸力吸引碟型樞軸，使回流閥關閉，此一瞬間，因柱塞繼續上行，柱塞與噴油器間之柴油立刻變成高壓，克服噴油器彈簧彈力，從多孔噴油嘴噴入燃燒室。

② 柱塞繼續上行時，噴射持續作用，直至電磁線圈斷電，回流閥打開時，噴射作用才結束。

③ 故當回流閥關閉之瞬間，柴油噴射開始；回流閥打開之瞬間，噴射結束。柴油之噴射開始與結束均由電腦控制電磁閥而精確作用。

(4) 壓力降低作用：當計量柴油噴射後，回流閥打開，使高壓油管內的柴油壓力迅速降低，因此噴油器內針閥立刻關閉，噴射結束。

 ## 9-2-7　電腦控制共管式柴油噴射系統

一、概述

1. 電腦控制共管式柴油噴射系統，有一共管(common rail)，或稱共軌，又稱共同油道，與汽油噴射系統各噴油器上方之燃油管(fuel rail) 非常相似，只是共管內柴油油壓可高達 1350bar(1376.5 kg/cm^2)，為高壓共管式，而汽油燃油管內油壓僅約為 2.5～3.5 kg/cm^2(一般非缸內直接噴射的汽油引擎)。

2. 共管式配合電腦控制，可精確控制噴射正時、噴油量及噴射率等，由於各缸間的噴射誤差幾乎為零，因此從低速到最高轉速的引擎各種性能可控制在最佳狀態。

二、共管式柴油噴射系統的優點

1. 在較佳省油性、較低污染氣體排放及更低柴油引擎噪音的要求下，傳統機械式調速的柴油噴射系統已無法達成目標，只有高噴射壓力、精密噴油率(Rate-of-Discharge)及精確的柴油噴油量計量的共管式柴油噴射系統才能完成。

2. 要達成越來越嚴苛的排汽與噪音標準，以及低燃油消耗的要求，必須特別著重於柴油燃燒程序(直接或非直接噴射)。同時為確保有效率的空氣／柴油混合形成，噴射系統必須以 350～2000 bar 的壓力將柴油噴入燃燒室中，柴油噴射量也必須非常精確的計量。

3. Bosch 在 1927 年開始將線列式噴射泵系統應用在柴油引擎上，此系統目前仍廣用於各種大小型商用柴油引擎、定置式柴油引擎與船用柴油引擎。但柴油引擎的發展，不但要求提高動力輸出，且希望減低油耗、噪音與排汽污染。目前 Bosch 使用在直接噴射(direct injection，DI)柴油引擎上的共管式噴射系統，比傳統凸輪軸驅動的噴射系統，具有較佳的彈性自由度(flexibility)，其優點為

   (1) 廣泛的使用範圍，從小客車，每缸輸出 40ps 的輕型商用車，到每缸最大輸出達 272ps 的重型車輛、火車、船用引擎等，都可採用共管式噴射系統。

   (2) 高噴射壓力，最高可達 1400 bar(Bosch 第一代共管式噴射系統的噴射壓力為 1350 bar，第二代為 1600 bar，第三代為 1600～1800 bar，第四代將達 2000 bar 以上)。

   (3) 可變噴射開始(variable start of injection)。

   (4) 噴射時期可分先導噴射(pilot injection)、主噴射(main injection)及後期噴射(post injection)。

   (5) 依作用模式的變化，可配合供給不同的噴射壓力。

三、基本構造與作用

1. 共管式的柴油噴射系統，油壓產生與柴油噴射是互不相干的，油壓產生與引擎轉速及柴油噴射量也是無關的。高壓柴油是儲存在共管中準備噴射，各缸噴油器是否噴油，是由 ECU 控制噴油器電磁閥之作用而決定。

2.　如圖 9-2-21 所示，為共管式柴油噴射系統的基本構造，包括計測引擎轉速的曲軸轉速感知器(crankshaft speed sensor)，決定爆發順序的凸輪軸轉速感知器(camshaft speed sensor)，使用電位計將加油踏板踩踏量信號送給 ECU 的加油踏板感知器(accelerator pedal sensor)，以及空氣質量計(air mass meter)、冷卻水溫度感知器與 ECU 等。

3.　其基本作用為在正確的油壓下，於正確時間，噴射正確的柴油量。

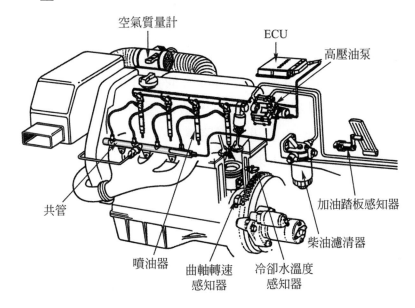

⊛ 圖 9-2-21　Bosch 共管式柴油噴射系統的基本構造(Technical Instruction, BOSCH)

四、噴射特性

1.　傳統式柴油噴射系統的噴射特性

(1)　採用傳統線列式及分配式柴油噴射系統的引擎，只有主噴射，無先導噴射及後噴射，如圖 9-2-22 所示。但由電磁閥控制的分配式噴射系統較進步，具有先導噴射作用。

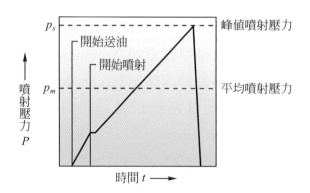

⚙ 圖 9-2-22　傳統式柴油噴射系統的噴射特性(Technical Instruction, BOSCH)

　　(2)　傳統式柴油噴射系統，因凸輪及柱塞的動作，產生油壓與
　　　　 柴油噴射具有連帶關係。對噴射特性有下列的影響
　　　　 ① 當引擎轉速升高及噴油量增加時，噴射壓力變高。
　　　　 ② 實際噴射過程中，噴射壓力逐漸增加，但隨著噴射結
　　　　　　 束，油壓迅速下降。

　　(3)　其產生的結果爲
　　　　 ① 較低油壓時噴油量較少。
　　　　 ② 峰值壓力(peak pressure)比平均壓力大兩倍以上。

　2.共管式柴油噴射系統的噴射特性

　　(1)　與傳統式柴油噴射系統比較，下列的要求爲理想的噴射特
　　　　 性。
　　　　 ① 產生油壓與柴油噴射各自獨立，且可與引擎任一作用
　　　　　　 狀況配合，故可提供更高的自由度，以達到理想的空
　　　　　　 燃比。
　　　　 ② 噴射初期噴油量可極少量噴射。

　　(2)　如圖 9-2-23 所示，共管式以其先導噴射與主噴射的特色，
　　　　 可符合上述的噴射特性。

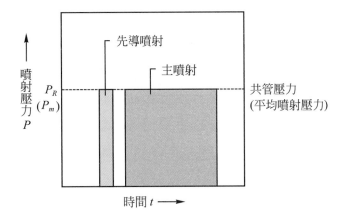

● 圖 9-2-23　共管式柴油噴射系統的噴射特性(Technical Instruction, BOSCH)

(3) 先導噴射

① 先導噴射可提前達 90°BTDC，若提前少於 40°BTDC，則柴油可能堆積在活塞頂面及汽缸壁上，造成機油沖淡。

② 先導噴射時，約 1～4mm³ 的柴油噴入燃燒室中，由於燃燒效率改善，故可達到以下的效果。

　• 因部分柴油燃燒，使壓縮壓力稍微增加。

　• 減少主噴射時柴油的著火延遲。

　• 減低燃燒壓力上升及減少峰值燃燒壓力。

③ 以上的效果，可使燃燒噪音降低，減少柴油消耗及減低排汽污染。

④ 如圖 9-2-24 所示，為無先導噴射的汽缸壓力曲線圖，在 TDC 前，可明顯看出壓力曲線和緩上升，隨著主噴射後，壓力陡升，此種陡峭的升高壓力與尖銳的峰值，會造成柴油引擎的燃燒噪音。為主噴射時的針閥升程 (needle lift)。

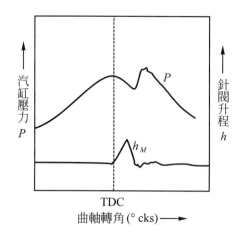

● 圖 9-2-24　無先導噴射的汽缸壓力曲線(Technical Instruction, BOSCH)

⑤ 如圖 9-2-25 所示，為具先導噴射的汽缸壓力曲線圖，
在 TDC 附近，壓力達某一高值，隨著主噴射後，燃燒
壓力升高比較沒有那麼迅速。由於著火遲延縮短，先
導噴射的作用，對引擎扭矩的提升也有助益。

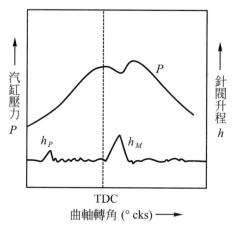

● 圖 9-2-25　有先導噴射的汽缸壓力曲線(Technical Instruction, BOSCH)

(4) 主噴射：引擎的扭矩輸出，主要是靠主噴射。以共管式噴
射系統而言，在整個噴射過程中，噴射壓力是一直保持一
定的。

(5)　二次噴射(secondary injection)

　　① 某些型式引擎裝有觸媒轉換器時，可利用二次噴射，以減少。

　　② 二次噴射發生在排汽行程，上死點後可達 200°，噴出精密計量的柴油於排汽中，吸熱霧化，不但可減少產生，且混合氣從排汽門排出後，部分氣體經 EGR 系統回流至燃燒室，具有如先導噴射般的效果。

 9-2-8　Bosch 共管式柴油噴射系統的構造與作用

一、燃油系統各零件的構造與作用

　1.　Bosch 共管式燃油系統的組成，如圖 9-2-26 所示，是由低壓油路零件、高壓油路零件及 ECU 等所構成。

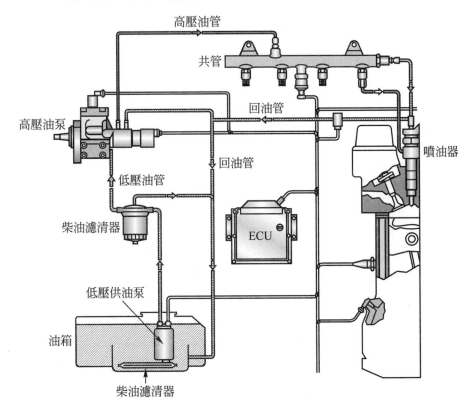

⚙ 圖 9-2-26　Bosch 共管式燃料系統的組成(Technical Instruction, BOSCH)

2. 低壓油路各零件的構造與作用

    (1) 低壓供油泵(presupply pump)

$$低壓供油泵的種類 \begin{cases} 滾柱(roller\text{-}cell)式 \\ 齒輪(gear)式 \end{cases}$$

    (2) 滾柱式低壓供油泵

       ① 滾柱式低壓供油泵為電動式，僅用於小客車或輕型商用車輛，可裝在油箱內(in-tank)或油箱外低壓油管上(in-line)；並有如汽油噴射引擎般的安全電路，當引擎停止運轉，而起動開關在 ON 位置時，電動低壓供油泵停止運轉。

       ② 如圖 9-2-27 所示，為滾柱式低壓供油泵的構造與作用，當出油端壓力過高時，將壓力限制閥推開，過多的柴油回到進油端。

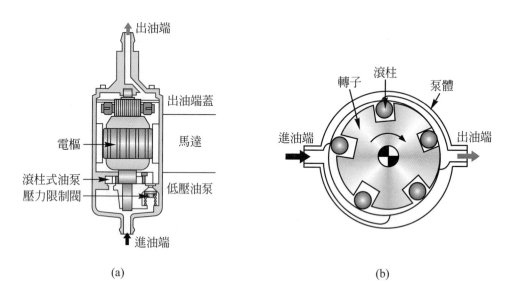

    (a)   (b)

⊛ 圖 9-2-27　滾柱式低壓供油泵的構造與作用(Technical Instruction, BOSCH)

(3)齒輪式低壓供油泵

    ① 齒輪式低壓供油泵為機械式，用在小客車、商用車輛及越野車輛。可與高壓油泵組合在一起，或由引擎直接驅動。

    ② 如圖 9-2-28 所示，為齒輪式低壓供油泵的構造與作用。齒輪式低壓供油泵的送油量與引擎轉速成正比，因此必須在壓力端設溢油閥(overflow valve)；另外必須在齒輪式低壓供油泵或低壓管路上設手動泵，以排除低壓管路內的空氣。

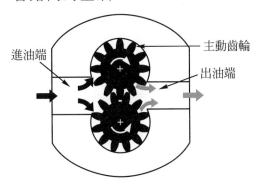

進油端　主動齒輪　出油端

⊛ 圖 9-2-28　齒輪式低壓供油泵的構造與作用(Technical Instruction, BOSCH)

(4)　柴油濾清器

    ① 柴油中的雜質，可能導致油泵零件、輸油門及噴油嘴等之磨損；另外柴油中含水，可能變成乳狀物或因溫度變化而凝結，若水進入噴射系統，則可能導致零件銹蝕。

② 與其他噴射系統相同，共管式噴射系統也需要附有水
份儲存室的柴油濾清器，如圖 9-2-29 所示，必須定期
打開放水螺絲放水。現在越來越多的小客車用柴油引
擎設有自動警告裝置，當必須洩放柴油濾清器內的水
份時，警告燈會點亮。

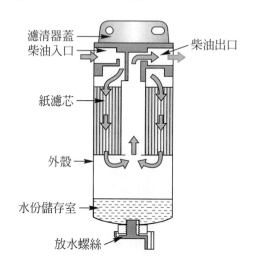

🌼 圖 9-2-29　柴油濾清器的構造(Technical Instruction, BOSCH)

3. 高壓油路各零件的構造與作用

(1) 組成高壓油路的各零件，包括高壓油泵(high-pressure
pump)、油壓控制閥(pressure-control valve)、高壓蓄油器
(high-pressure accumulator，即共管 rail)、共管油壓感知器
(Rail-Pressure Sensor)、壓力限制閥(pressure limiter
valve)、流量限制器(flow limiter)及噴油器(injectors)，如
圖 9-2-30 所示。

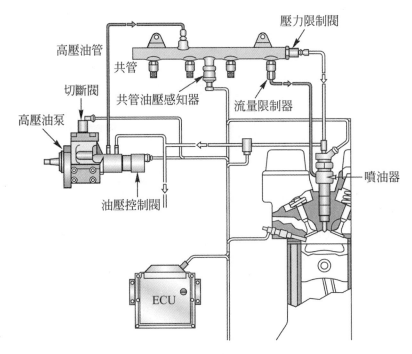

⊕ 圖 9-2-30　組成高壓油路的各零件(Technical Instruction, BOSCH)

(2)　高壓油泵

① 高壓油泵負責將低壓柴油轉變成可達 1350bar 的高壓
柴油，送入共管內；在所有引擎作用狀態下，均能提
供足夠的高壓柴油，並能提供額外柴油以供迅速起動
用，以及能夠快速建立起共管內的壓力。

② 高壓油泵的構造，如圖 9-2-31 所示為其縱斷面，圖
9-2-32 所示為其橫斷面，由三組輻射狀排列的柱塞組所
組成。驅動軸一轉，有三次送油行程，油壓連續且穩
定；驅動軸扭矩為 16N-m，只有分配式噴射泵的 1/9，
相當省力。

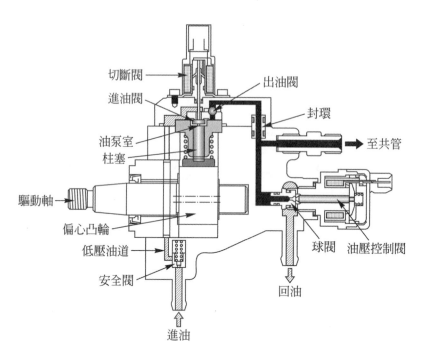

切斷閥
進油閥
出油閥
油泵室
柱塞
封環
至共管
驅動軸
偏心凸輪
低壓油道
安全閥
球閥　油壓控制閥
回油
進油

🌸 圖 9-2-31　高壓油泵的縱斷面構造(Technical Instruction, BOSCH)

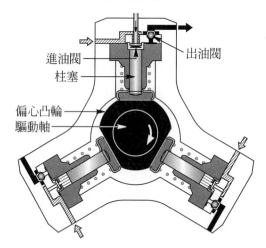

進油閥
柱塞
出油閥
偏心凸輪
驅動軸

🌸 圖 9-2-32　高壓油泵的橫斷面構造(Technical Instruction, BOSCH)

③ 高壓油泵由引擎以聯結器(coupling)、齒輪、鏈條或皮帶傳動,轉速為引擎的 1/2,由柴油潤滑油泵內零件。

④ 高壓油泵的作用

- 如圖 9-2-30 所示，低壓供油泵送來約 0.5～1.5 bar 的低壓柴油，從柴油入口，經安全閥(safety valve)，進入低壓油道，再經進油閥(suction valve)，送入正在下行柱塞之上方，此時為吸油行程(suction stroke)。

- 當柱塞過了 BDC 上行時，進油閥關閉，油壓升高，推開出油閥(outlet valve)，將柴油送往共管，直到柱塞抵達 TDC，此時為送油行程(delivery stroke)。

- 由於高壓油泵是設計用來大量送油用，因此在怠速及部分負荷時送油量會過多，造成動力損耗與柴油溫度升高，因此如圖 9-2-31 所示，在三組柱塞的其中一組設有切斷閥(shutoff valve)，當共管不需要送入太多柴油時，切斷閥 ON，閥中央的銷桿將進油閥推開，使該組柱塞無送油作用，柴油被壓回低壓油道中。

(3) 油壓控制閥

① 用以保持共管內正確的油壓。

② 油壓控制閥的構造，如圖 9-2-33 所示，用以分隔高壓及低壓端。施加在樞軸(armature)的力量有兩個，一為彈簧力，一為電磁力。為了潤滑及冷卻，整個樞軸是永久浸泡在柴油中。

③ 油壓控制閥的作用

- 不通電時：只要油壓超過彈簧力，油壓控制閥即打開，且依送油量大小，會保持一定之開度。彈簧力的設定，使油壓可達 100bar。

- 通電時：當共管內壓力必須提高時，油壓控制閥通電，彈簧力加上電磁力，使送油壓力提高。要改變送油量或送油壓力，可由脈波寬度調節(pulse width

modulation，PWM)方式改變電流量，以產生不同的
電磁力來變化操作，通常 1kHz 的脈動頻率就足以
阻止樞軸移動。

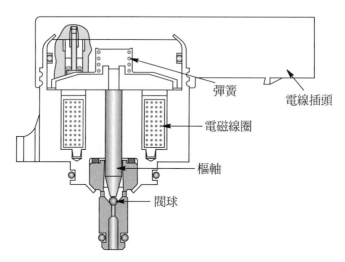

🌑 圖 9-2-33　油壓控制閥的構造(Technical Instruction, BOSCH)

(4) 共管
　① 共管內的油壓應隨時保持一定，以確保當噴油器打開
　　的瞬間，噴射壓力能維持一定值。
　② 共管的構造，如圖 9-2-34 所示，為一長型儲油管，經
　　流量限制器，將高壓柴油送往各缸噴油器。共管上裝
　　有油壓感知器、壓力限制閥及流量限制器。

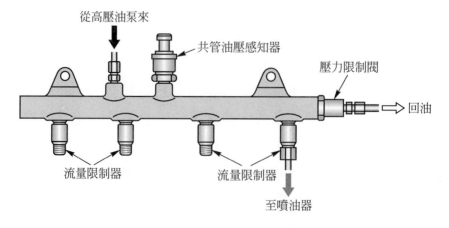

🌑 圖 9-2-34　共管的構造(Technical Instruction, BOSCH)

(5) 共管油壓感知器

　① 共管油壓感知器必須迅速、精確計測共管內瞬間的壓力變化，將電壓信號送給 ECU，以調節適當的油壓。

　② 共管油壓感知器的構造，如圖 9-2-35 所示，膜片上的感知元件(sensor element)為半導體裝置(semiconductor device)，可將壓力轉變為電子信號，經計算電路(evaluation circuit)放大後送給 ECU。

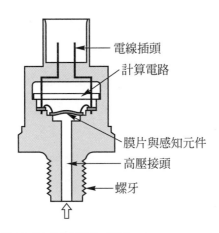

電線插頭
計算電路
膜片與感知元件
高壓接頭
螺牙

⊛ 圖 9-2-35　共管油壓感知器的構造(Technical Instruction, BOSCH)

　③ 共管油壓感知器的作用

　　• 當膜片因油壓而變形時，半導體裝置的變化範圍從 0～70mV，再由計算電路放大為 0.5～4.5V。

　　• 壓力 1500bar 時膜片的變形量約 1 mm，計測精度為 2%。

　　• 若共管油壓感知器失效時，ECU 會以緊急功能及固定值(即 Limp-Home 模式)控制油壓控制閥作用，使車輛可開回修護廠。

(6) 壓力限制閥

　① 打開通道，以限制共管內的最大壓力，功用與過壓閥(overpressure valve)相同。壓力限制閥允許共管內壓力短暫時間內達 1500bar。

② 壓力限制閥的構造，如圖 9-2-36 所示，由錐形限制閥、柱塞及彈簧等組成。

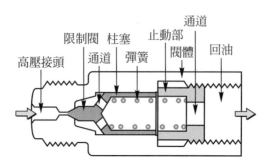

🌐 圖 9-2-36　壓力限制閥的構造(Technical Instruction, BOSCH)

③ 在正常作用壓力約 1350bar 時，錐形閥關閉；當系統超過最大壓力時，錐形閥打開，柴油流回油箱。

(7) 流量限制器

① 在噴油器持續永久打開的異常狀況下，為防止噴油器連續噴射，當流出共管的柴油量超過一定值時，流量限制器會關閉送往噴油器的通道。

② 流量限制器的構造，如圖 9-2-37 所示，在限制器內的柱塞被彈簧推向共管端，外殼內壁(housing walls)被柱塞封閉時，柱塞中央的縱向通道可連通油壓，不過縱向通道下端的內徑變小，如同喉管般的作用，可精密限制柴油的流動率。

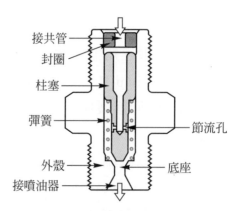

🌐 圖 9-2-37　流量限制器的構造(Technical Instruction, BOSCH)

③ 流量限制器的作用

- 正常作用時：柱塞在其行程上方，當柴油噴射時，噴油器端噴射壓力的降低，使柱塞向下移，藉由柱塞位移，使柴油由共管流出，以補償柴油容積；當噴射末期時，柱塞在底座(seat)上方，並沒有將出口完全封閉；接著彈簧將柱塞再向上推至定位，等待下一次噴射，此時柴油能從喉管處流動。

- 大量洩漏(leakage)時：由於大量柴油流出共管，流量限制器內柱塞被壓向下頂住底座，以阻止柴油送往噴油器。

- 輕微洩漏時：如圖 9-2-38 所示，由於漏油量的關係，柱塞不在行程的上方；在經過一段時間的噴射後，柱塞移至下方保持固定，直到引擎熄火。

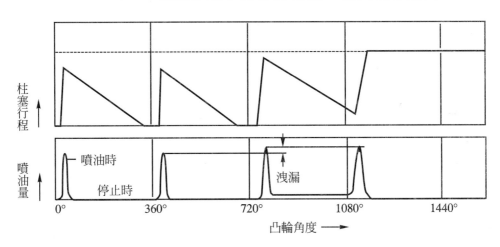

圖 9-2-38 　正常與輕微洩漏時的流量限制器作用(Technical Instruction, BOSCH)

(8) 噴油器

① 與直接噴射柴油引擎噴油器的固定方法相同，是以固定夾(clamps)定位，因此共管式噴射系統的噴油器可直接裝在現有 DI 系統的汽缸蓋上，不需要做大幅度的修改。

② 噴油器的構造

- 如圖 9-2-39 所示，依功能之不同，可分為孔型噴油嘴(hole-type nozzle)、液壓伺服系統(hydraulic servo system)與電磁閥(solenoid valve)三部分。

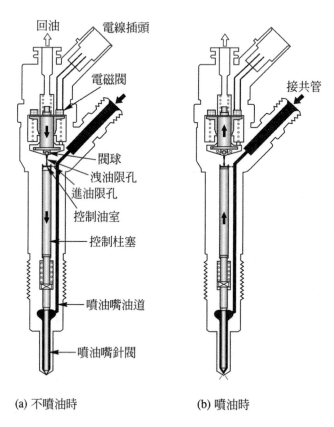

(a) 不噴油時　　　(b) 噴油時

⊛ 圖 9-2-39　噴油器的構造與作用(Technical Instruction, BOSCH)

- 柴油從高壓接頭進入噴油嘴油道，也經進油限孔 (feed orifice)進入控制油室(control chamber)，控制油室內的柴油，經由電磁閥控制打開的洩油限孔 (bleed orifice)，與回油道相通。
- 當洩油限孔出口被閥球(valve ball)封閉時，油壓作用在控制柱塞(control plunger)上，加上彈簧壓力，使針閥壓緊在座上，此時不噴油。

- 當電磁閥通電時，洩油限孔出口打開，使控制油室內油壓下降，因此控制柱塞向上，使噴油孔打開，柴油噴入燃燒室中。

③ 噴油器的作用，可分成四個作用狀態

- 噴油嘴關閉狀態：如圖 9-2-39(a)所示，電磁閥不通電，閥彈簧將閥球壓緊在洩油限孔座上，洩油限孔被封閉；共管油壓進入噴油嘴油道，針閥(needle)底端，也進入控制油室，控制油室油壓加上彈簧力，力量大於針閥底端的壓力，故控制柱塞向下，噴油嘴在關閉狀態。

- 噴油嘴剛開狀態：如圖 9-2-39(b)所示，高電流量送入電磁線圈，電磁力大於閥彈簧彈力，故閥軸(armature)迅速上移，閥球打開洩油限孔出口，幾乎就在全開的瞬間，電流值降為保持所需電磁力之量。由於控制油室壓力降低，針閥底端油壓高於控制柱塞上方油壓，故針閥上移，噴油嘴打開，開始噴油作用。

- 噴油嘴全開狀態：針閥向上打開的速度，取決於進油限孔與洩油限孔流動率(flow rate)的差異。針閥升至最高點時，噴油嘴全開，此時的噴射壓力與共管內的壓力幾乎相同。

- 噴油嘴回關狀態：當電磁閥斷電時，閥球關閉洩油限孔出口，控制柱塞再度下移，噴油嘴關閉。針閥關閉的速度，取決於進油限孔的流動率。

④ Bosch 第一代共管式噴油嘴的噴射壓力能做大幅度的變化，從怠速的 250bar，到一般轉速時的 1350bar，噴油量是由電磁閥持續打開的時間與噴射壓力的大小來決定。

二、電子柴油控制系統

1. 共管式噴射裝置的電子柴油控制(electronic diesel control，EDC)
   系統，是由感知器(sensors)、ECU 及作動器(actuators)三部分
   所組成，如圖 9-2-40 所示。此控制系統的構造及作用，與汽油
   引擎採用的零件很多都是相同的，本節僅做必要及不同部分的
   說明。

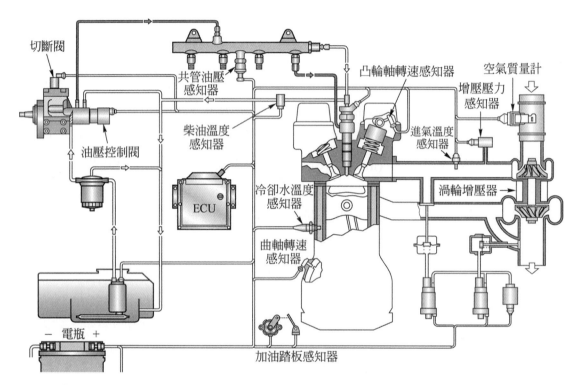

切斷閥
共管油壓感知器
柴油溫度感知器
油壓控制閥
ECU
冷卻水溫度感知器
曲軸轉速感知器
凸輪軸轉速感知器
增壓壓力感知器
進氣溫度感知器
空氣質量計
渦輪增壓器
－ 電瓶 ＋
加油踏板感知器

✪ 圖 9-2-40　電子柴油控制系統的組成(Technical Instruction, BOSCH)

2. 感知器
   (1) 曲軸轉速感知器：採用霍爾式，以測定引擎轉速。
   (2) 凸輪軸轉速感知器：採用霍爾式，通知 ECU 第一缸已達
       壓縮行程上死點。

(3) 各溫度感知器：採用負溫度係數(negative temperature coefficient，NTC)電阻，用以測定引擎冷卻水溫度、進氣溫度、機油溫度及回油管內的柴油溫度。

(4) 熱膜式空氣流量計(hot-film air-mass meter)：其計測作用完全不受脈動(pulsation)、逆向氣流(reverse flow)、EGR、可變凸輪軸控制(variable camshaft control)及進氣溫度變化之影響。

(5) 加油踏板感知器：感知器內電位計提供不同電壓信號給ECU，為線控驅動(drive-by-wire)之型式。

(6) 增壓壓力感知器(boost-pressure sensor)：裝在進氣管上，以計測進氣管內 0.5～3.0bar 的絕對壓力變化。感知器膜片表面上有壓阻(piezoresistive)式電阻器以電橋電路方式連接，當不同壓力加在膜片而變形時，電阻值發生改變，微小電壓值由計算電路(evaluation circuit)放大後送給ECU，即可知道增壓壓力的大小。

3. ECU

(1) 由於 Bosch 公司仍習慣以 ECU 代表引擎電腦，故本節中仍以 ECU 稱之，而不稱為 ECM 或 PCM。

(2) 引擎起動時，由水溫與引擎搖轉速度信號來決定噴油量；當車輛在行駛時，則主要是由加油踏板感知器信號與引擎轉速信號來決定噴油量。

(3) ECU 的信號處理

① ON/OFF 開關、霍爾式轉速感知器等數位電壓信號，可直接由微處理器處理，如圖 9-2-41 所示。

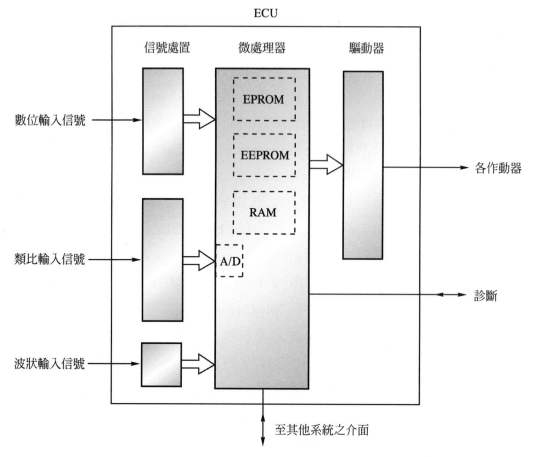

🌀 圖 9-2-41　ECU 的信號處理(Technical Instruction, BOSCH)

② 空氣流量計、水溫感知器、進氣溫度感知器、電瓶電
壓等類比電壓信號，經 A/D 轉換器轉換為數位信號後，
由微處理器處理。

③ 為了抑制由引擎轉速及參考記號(reference mark)等感
應(induction)式感知器，如磁電式感知器等，所產生的
波狀(pulse-shaped)信號受到干擾，信號是由 ECU 內特
殊電路處理，並轉換成方形波(square-wave)形式。

④ 由於微處理器內有 EEPROM 記憶體，故能在製造汽車
的最後階段，再將完整資料輸入，可減少生產多種不
同型式的電腦。

(4) ECU 進行的其他控制

① 怠速轉速控制(idle-speed control)：除維持最低怠速轉速，以節省燃油外，在電器負載、空調壓縮機運轉、AT 入檔及操作動力轉向時，為調節一定的怠速轉速，利用怠速控制器(idle controller)改變柴油噴射量以達到目的。

② 平穩運轉控制(smooth-running control)

- 由於機械磨損之關係，引擎各缸產生的扭矩會有差異，而導致運轉不穩定，尤其是在怠速時。

- 平穩運轉控制，就是測量汽缸爆發時的轉速變化，且各缸間做比較，依此而調節各缸噴油量，使產生的扭矩相同。此控制僅在較低引擎轉速範圍內才有作用。

③ 車速控制器(vehicle-speed controller)

- 即巡行控制(cruise control)，也就是定速控制，駕駛操作儀錶板上的開關，以控制車速，車速控制器增減噴油量直至實際車速等於設定車速。

- 當定速控制作用時，若駕駛踩下離合器或煞車踏板，則控制程序會被中斷；若加油踏板再踩下，車速提高到先前的設定值後放開油門，車速會調節回復到原先的設定。若定速控制被關閉，則駕駛僅需壓下回復鍵(reactivate key)，即可重新選擇上一次的設定值。

④ 主動式轉速起伏緩衝控制(active surge-damping control)

- 當加油踏板突然踩下或釋放時，由於噴油量的迅速變化，導致引擎輸出扭矩也發生急劇改變，此種突然的負荷變化所造成的引擎腳墊回彈及氣門傳動系統的跳躍振動，會導致引擎轉速的升降。

- 如圖 9-2-42 所示，本控制在上述的狀況發生時改變噴油量，當轉速上升時減少噴油量，當轉速下降時增加噴油量，可有效緩衝轉速起伏的現象。

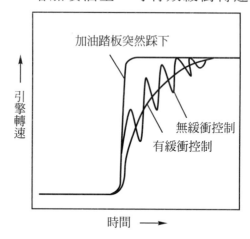

✪ 圖 9-2-42　主動式轉速起伏緩衝控制作用(Technical Instruction, BOSCH)

4.　作動器

(1)　噴油器。

(2)　油壓控制閥。

(3)　預熱塞控制器(glow control unit)：使冷起動作用確實有效，並可縮短暖車時間。

(4)　增壓壓力作動器(boost-pressure actuator)

① 如圖 9-2-43 所示，當增壓壓力過高時，增壓壓力作動器作用，高壓進入壓力作動器(pressure actuator)，使洩壓閥打開。

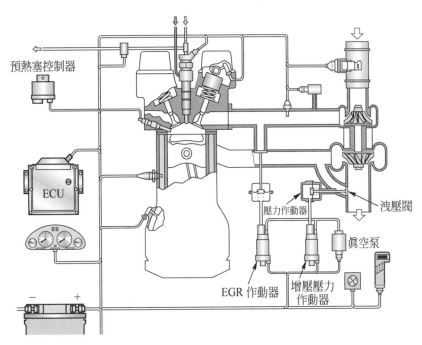

預熱塞控制器

ECU

壓力作動器

洩壓閥

真空泵

EGR 作動器

增壓壓力
作動器

－　　＋

⊛ 圖 9-2-43　增壓壓力作動器的位置(Technical Instruction, BOSCH)

② 採用可變渦輪幾何(variable turbine geometry，VTG)型
式之增壓器時，可改變渦輪葉片角度，以配合不同的
增壓壓力變化，並可取代洩壓閥。

(5) 漩渦控制器(swirl controller)：以往都是利用螺旋狀
(spiral-shaped)的進氣道來得到渦流，現在是在進氣道安裝
翼片(flap)或滑動閥(slide valve)，以造成強烈的進氣渦流。

(6) EGR 作動器(EGR positioner)

①如圖 9-2-44(a)所示，EGR 作動器作用，當 EGR 比率(rate)
在 40%左右時，NO_x、HC 與 CO 的排出量均在理想範
圍內。

② 如圖 9-2-44(b)所示，當 EGR 比率在 40%時，黑煙的排
放與燃油消耗率雖非在最低範圍，但也在變化不大的
範圍內。

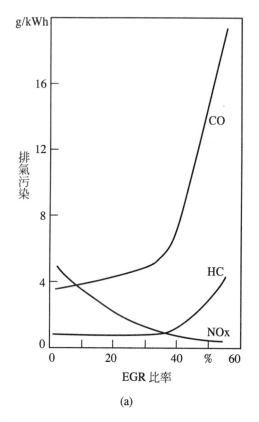

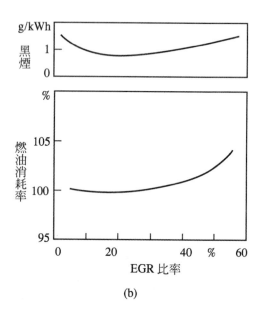

(a)　　　　　　　　　　　　　　　　(b)

 圖 9-2-44　EGR 比率高低與排汽污染、黑煙及燃油消耗率之關係(Technical Instruction, BOSCH)

9-2-9　Bosch 新型共管式柴油噴射系統

一、Bosch 第一代共管式柴油噴射系統(1997 年)

　　如上所述，爲 Bosch 第一代共管式柴油噴射系統的構造與作用，其噴射壓力爲 1350 bar(19.6 ksi)。如圖 9-2-45 所示，爲用在 Fiat Alfa 與 Lancia 車系 2.4L JTD 引擎的 Bosch 第一代共管式柴油噴射系統。

🌀 圖 9-2-45　採用 Bosch 第一代共管式柴油噴射系統的 Fiat 引擎
(Automotive Engineering, SAE)

二、Bosch 第二代共管式柴油噴射系統(2001 年)

1. 整個系統的構造及作用與第一代大致相同，但噴射壓力提升到 1600 bar(23.2 ksi)。

2. 為達到更有效率的作用，Bosch 縮短先導噴射與主噴射間之間隔(Interval)，並設計新的由進氣側控制的高壓油泵，噴油器的間隙更小，且更有效率的 ECU 藉由傳送觸發脈波(trigger pulse)給電磁閥，使噴油器作用更精確，可更節省燃油、降低排汽污染及噪音。如圖 9-2-46 所示，為 Bosch 第二代共管式柴油噴射系統的剖面圖。

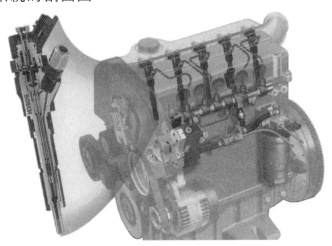

🌀 圖 9-2-46　採用 Bosch 第二代共管式柴油噴射系統的引擎(Automotive Engineering, SAE)

三、Bosch 第三代共管式柴油噴射系統(2003 年)

1. 2003 年 Audi New A8 3.0L 柴油引擎，首先採用 Bosch 第三代共管式壓電(piezoelectro)型噴油器的噴射系統，壓電式作動器裝在噴油器軸上，非常靠近噴油嘴針閥。此系統的生產量，從 2003 年的 20,000 組，2004 年的 300,000 組，到 2005 年超過 2 百萬組，供應給 Audi、BMW、DaimlerChrysler、Renault 等公司。

2. 第三代共管式噴射系統的噴射壓力初期是與第二代相同，但重點是放在壓電式噴油器上，工程師們使噴油器內移動零件的重量減少 75%，而且使移動零件的數量從 4 個減少成為 1 個，因此零件的移動速度是以往型式的兩倍，且外型更小。

3. 第三代共管式的壓電作動器(piezo actuator)，比上兩代的電磁線圈控制(solenoid controlled)式更簡小化。在個別噴射間可更彈性具有多重噴射(multiple injection)作用，每一行程的預噴射(pre-injection)量甚至小於 1 mm^3 (0.0006 in^3)；更進一步目標是能達到 3～5 重(Fold)噴射，使噪音及排汽污染更低；而且進行 λ 控制(lambda control)，使噴油量計量更精確。

4. 例如在部分負荷時，由於噴油量可減少，因此污染氣體排放減少 15～20%。整體的排污減少可達 20%以上，引擎動力提高 5～7%，油耗減少 3%，而引擎噪音則降低 3 dB(A)。

5. 雖然 Bosch 第三代共管式的噴射壓力初期為 1600 bar，但 Bosch 配合壓電式噴油器，在 2005 年將噴射壓力提升到 1800 bar。

四、Bosch 第四代共管式柴油噴射系統

1.　是在不增加系統本身壓力的情況下，利用所謂可變幾何噴油器噴孔(variable geometry injector jets)的方式，將噴射壓力提高到 2000 bar 以上。

2.　從第一代到第二代的噴油器，都是利用單油路，在單段動作下，讓柴油從 5～7 個噴孔噴入燃燒室。而可變幾何噴油器噴孔式，在噴油嘴孔(nozzle holes)有雙油路，為雙段動作，在怠速及部分負荷時，第一段動作打開小孔徑的第一油路，噴出更精密的柴油量，以更進一步減低油耗及污染氣體排放；第二段動作打開原有的噴油嘴孔，在最短時間內，噴出精密計量柴油，以提升引擎的最大輸出。如圖 9-2-47 所示。

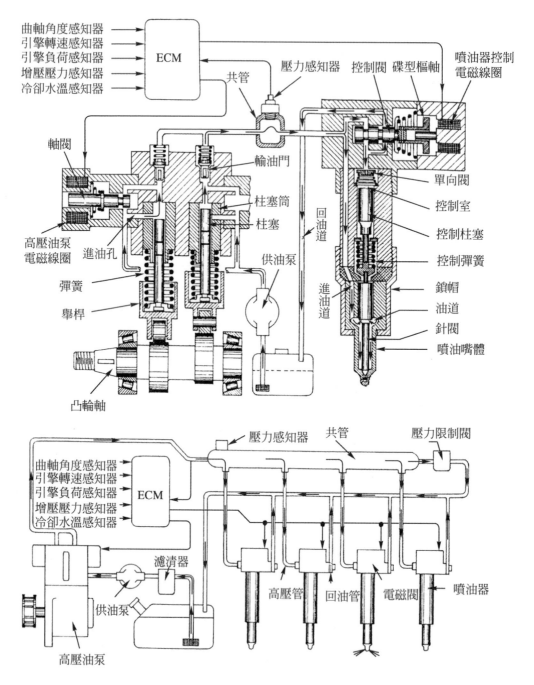

⊛ 圖 9-2-47　電腦控制共管式柴油噴射系統(VEHICLE AND ENGINE TECHNOLOGY, Heisler)

9-2-10　Caterpillar/Navistar 共管式柴油噴射系統各零件的構造與作用

一、概述

1. 美國 Caterpillar 與 Navistar 兩公司所合作開發的共管式柴油噴射系統，是應用在大型柴油引擎上，如圖 9-2-48 所示。

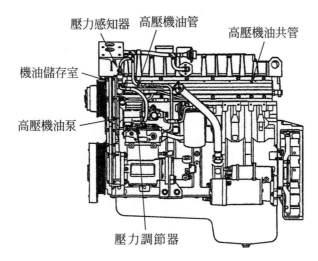

🌠 圖 9-2-48　Navistar 大型柴油引擎採用之 HEUI 系統(Medium/Heavy Duty Truck Engines, Fuel & Computerized Management, Sean Bennett)

2. Caterpillar/Navistar 的油壓電子控制單體噴油器(hydraulically electronically controlled unit injector，HEUI)，是共管式噴射系統的一種，與 Isuzu 使用在小型柴油引擎的系統相同，有兩支共管，柴油共管與機油共管，如圖 9-2-49 所示，作用上也與 Isuzu 的系統相同。

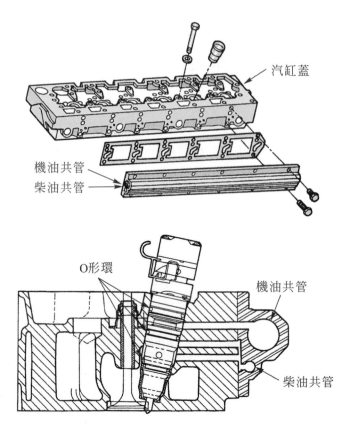

汽缸蓋

機油共管
柴油共管

O形環

機油共管

柴油共管

⚙ 圖 9-2-49　兩支共管的位置(Medium/Heavy Duty Truck Engines, Fuel & Computerized Management, Sean Bennett)

二、HEUI 各系統的構造與作用

1. 燃油供應系統

(1) 供油泵(fuel pump)由引擎凸輪軸驅動,將柴油從油箱吸出,經初次濾清器、主濾清器,進入汽缸蓋旁的柴油共管內,如圖 9-2-50 所示。

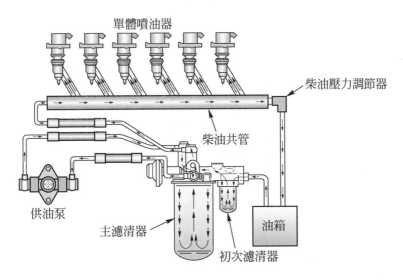

單體噴油器

柴油壓力調節器

柴油共管

供油泵

主濾清器

初次濾清器

油箱

✵ 圖 9-2-50　HEUI 的燃油供應系統(Medium/Heavy Duty Truck Engines, Fuel & Computerized Management, Sean Bennett)

(2) 裝在柴油共管端的柴油壓力調節器(fuel pressure regulator)，調節供油壓力，也就是柴油共管內的壓力在 206～412kPa(2～4atms)之間。

2. 油壓作動系統

(1) 高壓機油泵由曲軸齒輪經惰輪傳動，泵內旋轉斜盤(swash plate)再驅動數組雙作用活塞，構造及作用原理與 A/C 壓縮機相同，能將機油壓力升高到 20MPa，最高可達 27.5MPa，如圖 9-2-51 所示。

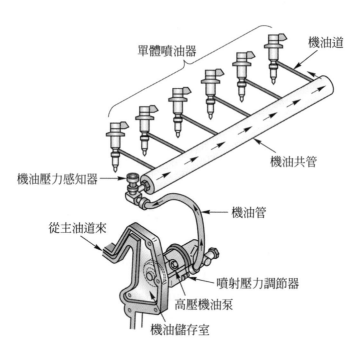

單體噴油器

機油道

機油共管

機油壓力感知器

機油管

從主油道來

噴射壓力調節器

高壓機油泵

機油儲存室

⚙ 圖 9-2-51　油壓作動系統的組成(Medium/Heavy Duty Truck Engines, Fuel & Computerized Management, Sean Bennett)

(2) 實際的機油壓力由電子控制噴射壓力調節器調節，調節壓力最低 3.3 MPa，最高可達 24 MPa。噴射壓力調節器內有軸閥(spool valve)，由 ECM 送出的 PWM(脈波寬度調節)改變電磁線圈的磁場強度，以改變與樞軸(armature)成一體的提動閥(poppet valve)之位置，使軸閥位置改變，即可調節送出機油壓力之大小，如圖 9-2-52 所示。(註：機油最高壓力有 20、27.5、24 MPa 等不同規格，係因不同廠牌、不同車型之故)。

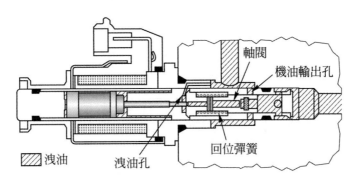

(a) 引擎熄火時

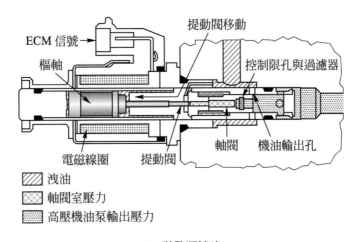

(b) 引擎運轉時

🌑 圖 9-2-52　噴射壓力調節器的構造與作用(Medium/Heavy Duty Truck Engines, Fuel & Computerized Management, Sean Bennett)

(3) 機油共管與各缸單體噴油器連接，當噴油器的電磁線圈 ON 時，提動閥打開，高壓機油進入放大活塞(amplifier piston/Navistar 稱法)或加強活塞(intensifier piston/ Caterpillar 稱法)上方，使活塞下移，將低壓柴油變成高壓 柴油，從噴油嘴孔噴出，如圖 9-2-53 所示。

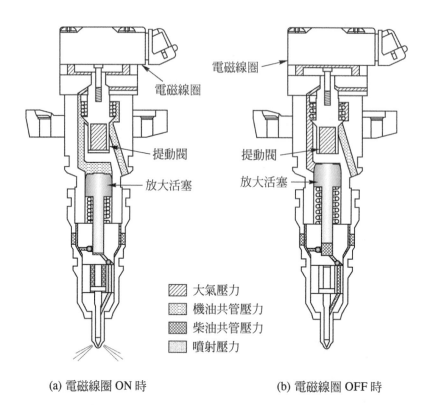

電磁線圈

電磁線圈

提動閥

提動閥

放大活塞

放大活塞

大氣壓力
機油共管壓力
柴油共管壓力
噴射壓力

(a) 電磁線圈 ON 時   (b) 電磁線圈 OFF 時

🌐 圖 9-2-53　高壓機油使放大活塞動作(Medium/Heavy Duty Truck Engines, Fuel & Computerized Management, Sean Bennett)

3.　單體噴油器的構造與作用

(1)　單體噴油器具備壓油(pumping)、量油(metering)與霧化(atomizing)等功能。

(2)　噴油器上方的電磁線圈，其作用電壓為 115 V。

(3)　提動閥

① 提動閥與電磁閥的樞軸是成一體的，提動閥組有上閥座與下閥座，平常提動閥與下閥座接觸，阻止高壓機油進入放大活塞上方。

② 當電磁線圈 ON 時，提動閥向上，下閥座打開，高壓機油進入放大活塞上方，如圖 9-2-54 所示。當提動閥全開時，上閥座關閉，以阻止機油流出。

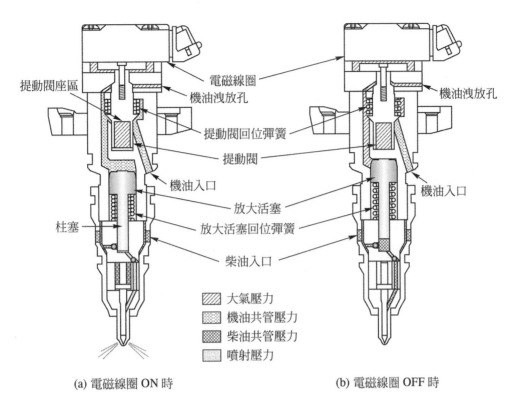

提動閥座區
電磁線圈
機油洩放孔
機油洩放孔
提動閥回位彈簧
提動閥
機油入口
放大活塞
機油入口
柱塞
放大活塞回位彈簧
柴油入口

大氣壓力
機油共管壓力
柴油共管壓力
噴射壓力

(a) 電磁線圈 ON 時　　　　　　　　　　(b) 電磁線圈 OFF 時

✿ 圖 9-2-54　單體噴油器的構造與作用(Medium/Heavy Duty Truck Engines, Fuel & Computerized Management, Sean Bennett)

(4) 放大活塞或加強活塞

① 由 ECM 控制噴射壓力調節器，改變進入放大／加強活塞上方的機油壓力，可決定放大／加強活塞下行的速率及變化柴油的噴射壓力。

② 設柱塞的斷面積為 1，則放大／加強活塞的斷面積大小，可決定機油壓力作用時能產生的倍數。如 Caterpillar 放大活塞的斷面積為 6，Navistar 加強活塞的斷面積為 7，則當機油壓力都是 20 MPa 時，Caterpillar 的柴油噴射壓力為 120 MPa，Navistar 的柴油噴射壓力則為 140 MPa。

(5) 噴油嘴的噴射開始壓力介於 35 MPa 至 165 MPa 之間。

(6) 較新型的單體噴油器，每一次噴射均有引導噴射作用，以減少 NO_x 排出。

9-2-11　VAG 柴油共軌噴射燃料系統

一、燃油系統簡圖如圖 9-2-55 所示，實體圖如圖 9-2-56 所示。

1. 燃油泵

   持續輸送燃油至供油管。

2. 含預加熱器的燃油濾清器

   預加熱器閥可避免車外溫度低時濾清器阻塞與結晶石蠟形成。

3. 輔助燃油泵

   將燃油從供油管輸送至燃油泵。

4. 濾清器濾網

   保護高壓泵免於受到髒污微粒污染。

5. 燃油溫度傳感器

   量測目前的燃油溫度。

6. 高壓燃油泵

   產生噴射所需的高壓燃油。

7. 燃油計量閥

   視需要調節壓縮的燃油量。

8. 燃油壓力調壓閥

   調整高壓範圍內的燃油壓力。

9. 高壓蓄壓器(燃油軌)

   儲存所有汽缸噴射所需的高壓燃油。

10. 燃油壓力傳感器

    判斷高壓範圍內的目前燃油壓力。

11. 壓力維持閥

    將噴嘴油的回油壓力維持在 10bar。這是噴油嘴運作時所需的壓力。

12. 噴油嘴

高壓230-1800bar

來自噴油嘴的回油壓力10bar

供給壓力
回油壓力

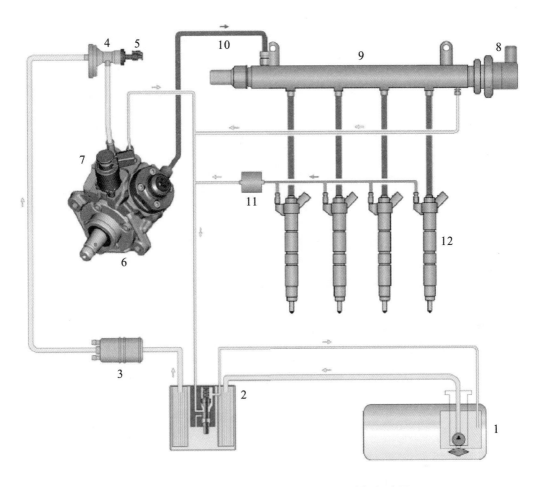

1. 燃油泵	7. 燃油計量閥
2. 含預加熱器的燃油濾清器	8. 燃油壓力調壓閥
3. 輔助燃油泵	9. 高壓蓄壓器(燃油軌)
4. 濾清器濾網	10.燃油壓力傳感器
5. 燃油溫度傳感器	11.壓力維持閥
6. 高壓泵	12.噴油嘴

✿ 圖 9-2-55　VAG 柴油共軌噴射燃料系統簡圖

二、燃油系統的特性如下

- 幾乎可無限制地選擇噴射壓力並可配合引擎運轉狀態做調整。
- 最高 1800bar 的高噴射壓力可達到最佳的混合汽成分。
- 具有多種前導與二次噴射過程……等靈活的燃油噴射階段。

針對引擎運轉狀態，共軌燃油噴射系統提供多種調整噴射壓力與噴射過程的選擇。

因此可提供極佳的必要條件以符合持續提升的低油耗、低廢氣排放及平穩運轉特性之要求。

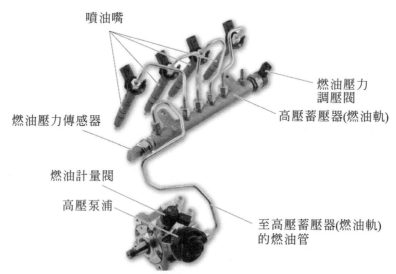

噴油嘴

燃油壓力調壓閥

燃油壓力傳感器

高壓蓄壓器(燃油軌)

燃油計量閥

高壓泵浦

至高壓蓄壓器(燃油軌)的燃油管

⊛ 圖 9-2-56　VAG 柴油共軌噴射燃料系統實體圖

三、噴油嘴

圖 9-2-57 所示為共軌系統採用壓電控制式噴油嘴。

此種噴油嘴是由壓電作動器所控制。壓電作動器的切換速度大約是電磁閥的 4 倍快。

與電磁閥控制噴油嘴相比，壓電技術減少噴油嘴針閥將近約 75%的移動質量。

有以下的優點：

• 極短的開關時間

• 每一工作循環可執行數次的噴射

• 精確的噴射量

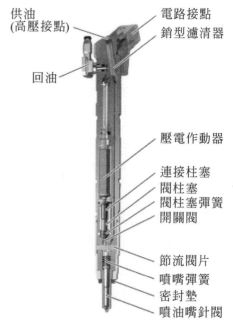

供油
(高壓接點)

電路接點

銷型濾清器

回油

壓電作動器

連接柱塞
閥柱塞
閥柱塞彈簧
開關閥

節流閥片
噴嘴彈簧
密封墊
噴油嘴針閥

⊛ 圖 9-2-57　壓電控制式噴油嘴

四、噴射過程

　　壓電控制式噴油嘴極短的開關時間能更靈活而精確的控制噴射過程與噴射量。因此，可配合引擎的各種運轉需求調整噴射過程。每一噴射過程最多可執行 5 次局部噴射。如圖 9-2-58 所示。

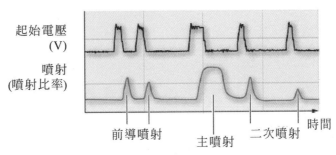

⊛ 圖 9-2-58　噴射過程波型

五、輔助燃料泵

　　輔助燃油泵是一種滾子葉片式泵。裝在引擎室，其任務是將燃油從油箱沿著供油管輸送至高壓泵。輔助燃油泵是由引擎控制電腦透過繼電器作動，並以油箱內的電動燃油泵將供油壓力提升到約 5bar。如此可確保高壓泵在各種運轉狀態下都能供應燃油。如圖 9-2-59(a)(b)所示。

故障的影響

　　若輔助燃油泵故障，引擎可繼續運轉但性能會降低。將無法啓動引擎。

(a)輔助燃料泵安裝位置

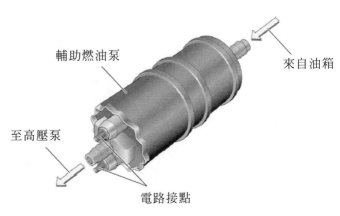

(b)輔助燃料泵實體圖

⊛ 圖 9-2-59　輔助燃料泵

五、濾清器濾網

　　一組濾清器濾網用於保護高壓泵免於遭受髒污微粒(例如：機械磨耗)的汙染。如圖 9-2-60 所示。

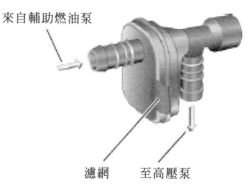

❀ 圖 9-2-60　濾清器濾網

六、高壓泵

　　此高壓泵是一種單活塞泵。由曲軸帶動的齒型皮帶以引擎轉速驅動。

　　高壓泵的任務是產生燃油噴射所需的 1800bar 高燃油壓力。

　　驅動軸上的兩組凸輪間隔 180°在各缸工作循環噴射時同步產生壓力。因此泵驅動的負載平均且高壓範圍的壓力變動極小。

　　滾子則確保驅動凸輪與泵活塞之間的低摩擦動力傳輸。如圖 9-2-61 所示。

(一) 高壓泵設計

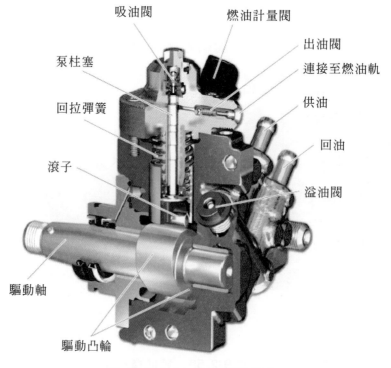

❀ 圖 9-2-61　高壓泵構造

(二) 高壓泵設計簡圖

如圖 9-2-62 所示。

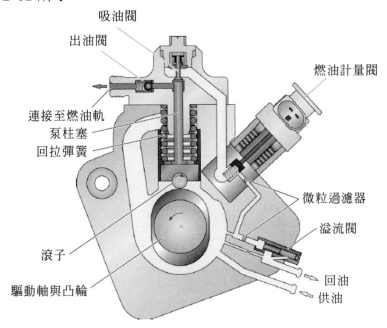

吸油閥

出油閥

燃油計量閥

連接至燃油軌
泵柱塞
回拉彈簧

微粒過濾器

溢流閥

滾子

回油
供油

驅動軸與凸輪

◉ 圖 9-2-62　高壓泵設計簡圖

(三) 高壓範圍

在引擎各種工作範圍都由輔助燃油泵供應足夠的燃油給高壓泵。燃油經由燃料計量閥進入引擎的高壓區。

驅動軸的凸輪駛泵活塞上下運動。如圖 9-2-63 所示。

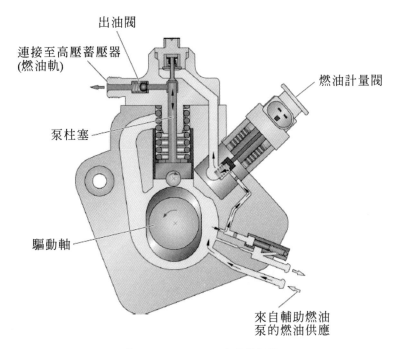

出油閥

連接至高壓蓄壓器
(燃油軌)

燃油計量閥

泵柱塞

驅動軸

來自輔助燃油泵的燃油供應

◉ 圖 9-2-63　高壓範圍

(四) 吸油行程

泵柱塞往下移動使壓縮室的容積增加。此動作使高壓泵與壓縮室燃油之間產生壓力差。吸油閥開啟且燃油流入壓所室。如圖 9-2-64 所示。

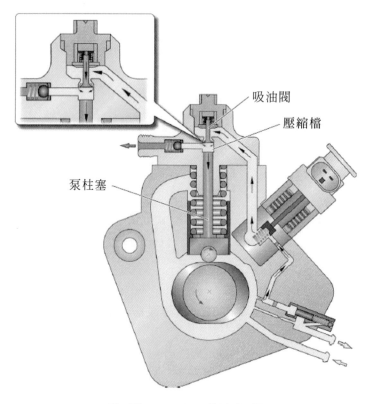

吸油閥

壓縮檔

泵柱塞

✪ 圖 9-2-64　吸油行程

(五) 出油行程

當泵柱塞開始往上移動且吸油閥關閉時，壓縮室內的壓力會升高。壓縮室內的燃油壓力一超過高壓區的壓力時，出油閥即開啟然後燃油流入高壓蓄壓器(燃油軌)。如圖 9-2-65 所示。

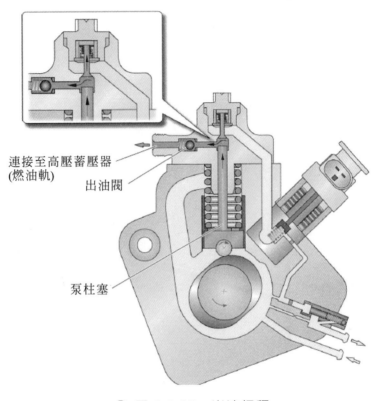

連接至高壓蓄壓器
(燃油軌)

出油閥

泵柱塞

⊕ 圖 9-2-65　出油行程

(六) 燃料計量閥

燃料計量閥安裝於高壓泵上，能確實視需求調整高壓區內的燃油壓力。燃料計量閥調節產生高壓所需的燃油量。其優點是：高壓泵只需產生目前運轉狀態所需的壓力。如此即可減少高壓泵的動力損耗並避免燃油受到非必要的加熱。如圖 9-2-66 所示。

功能

沒有供應電流時，燃料計量閥是開啟的。引擎控制電腦以脈衝寬度調節訊號(PWM)作動燃料計量閥以減少供應至壓縮室的油量。

由於 PWM 訊號，使燃料計量閥以脈衝關閉。根據脈衝負荷係數、控制柱塞的位置而改變高壓泵壓縮室的燃油供應量。

故障的影響

引擎輸出功率降低。

引擎監理系統以緊急運轉模式運作。

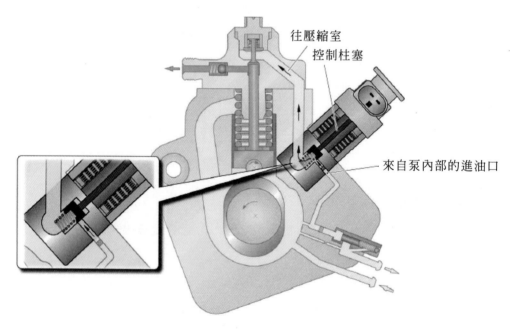

⊕ 圖 9-2-66　燃料計量

(七) 低壓區

溢流閥

溢流閥調節高壓泵低壓區的燃油壓力。

功能

輔助燃油泵以大約 5bar 的壓力將燃油從油箱輸送到高壓泵。如此可確保高壓泵在各種運轉狀態下都能供應燃油。

溢流閥將高壓泵中的燃油壓力調節至大約 4.3bar 的壓力。

輔助燃油泵輸送的燃油對活塞與溢流閥的活塞彈簧施力。燃油壓力高於

4.3bar 時，溢流閥即開啓並使通往回油管的通路暢通。任何過多的燃油均經由回油管流回油箱。如圖 9-2-67 所示。

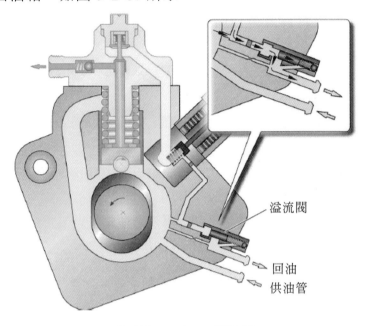

溢流閥

回油
供油管

❀ 圖 9-2-67　低壓區

(八) 高燃油壓力的調節

共軌燃油噴射系統，其高燃油壓力是以所謂的雙調節器概念作調節。有鑒於此，以脈衝寬度調節訊號(PWM)作動燃油壓力調壓閥與燃料計量閥。視引擎的運轉狀態，由兩者或其一調節高燃油壓力。兩個閥都由引擎控制電腦控制。如圖 9-2-68 所示。

以燃油壓力調壓閥進行調節

起動引擎時，是由燃油壓力調節閥調節高燃油壓力將燃油加溫。高壓泵輸送更多燃油並視需要加以壓縮，以迅速加溫燃油。燃油壓力調壓閥將過多的燃油送回到回油管。

以燃料計量閥進行調節

有高噴射量與高燃油軌壓力時，由燃料計量閥調節高燃油壓力。致使高燃油壓力視需要做調節。可減少高壓泵的動力損耗並避免燃油受到非必要的加熱。

由兩組閥門做調節

於怠速、減速及小噴射量時，燃油壓力是由兩組閥門同時做調節。精確的調節可改善怠速品質以及減速時的轉換。

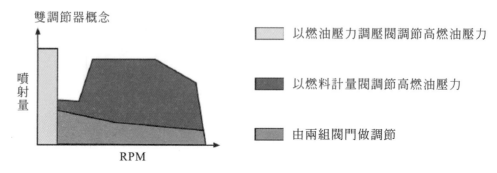

⊛ 圖 9-2-68　壓力調節圖

七、燃油壓力調節閥

燃油壓力調節閥位於高壓蓄壓器(燃油軌)。

利用調壓閥的開閉調整高壓區的燃油壓力。

燃油壓力調壓閥是由引擎控制電腦以脈衝寬度調節訊號(PWM)控制。如圖 9-2-69 所示。

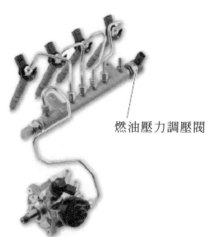

⊛ 圖 9-2-69　燃油壓力調節閥

(一) 工作原理

此閥門不供電時是開啓的。如圖 9-2-70 所示。

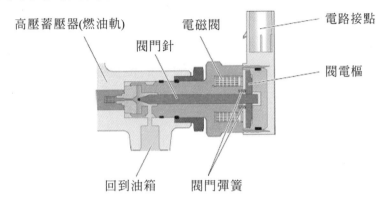

圖中標示：高壓蓄壓器(燃油軌)、閥門針、電磁閥、電路接點、閥電樞、回到油箱、閥門彈簧

⊛ 圖 9-2-70 燃油壓力調節閥剝面圖

調節閥在原點位置(引擎 OFF)

假如調節閥沒有作動，閥門彈簧會將壓力調節閥頂開。

高壓區與回油管相通。如圖 9-2-71 所示。

如此可確保高壓與低壓燃油區之間的量相等。可避免引擎熄火時在冷卻過程燃油軌發生氣鎖，並改善引擎起動性能。

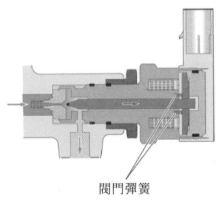

圖中標示：閥門彈簧

⊛ 圖 9-2-71 調節閥在原點位置(引擎 OFF)

(二) 調節閥初始化(引擎 ON)

引擎控制電腦 J623 利用脈衝寬度調節訊號(PWM)將調節閥初始化，使高壓蓄壓器中的工作壓力達到 230 至 1800bar。因而使電磁閥產生磁場。閥電樞產生拾波並壓迫閥針進入閥座。因此產生磁力抵抗高壓蓄壓器中的燃油壓力。視初始化的脈衝負荷係數、通往回油管的流動截面，因此改變流量。也因此補償了高壓蓄壓器的壓力變化。如圖 9-2-72 所示。

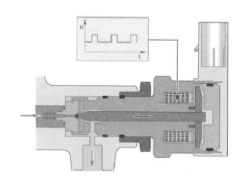

✿ 圖 9-2-72　調節閥初始化(引擎 ON)

故障的影響

燃油壓力調壓閥故障時引擎無法運轉，因為無法建立噴油所需足夠的高壓燃油。

 ## 9-2-12　VAG 單體式油泵柴油噴射燃料系統

一、概述

燃油箱中的電動燃油泵可作為燃油預先供油泵，並可將燃油加壓送至燃油濾清器中。

當引擎熄火時，止回閥可防止燃油軌的燃油從供油管路回流至燃油箱。

壓力調節閥會將燃油供油管路的燃油壓力設定至大約 8.5bar。

限壓閥會將供油管路的燃油壓力限制在大約 1bar。因此，在燃油系統內的壓力狀況就能達到平衡。

燃油冷卻器會將流回燃油箱的燃油加以冷卻。

燃油濾清器可防止雜質及水份進入以保護噴射系統免於污染與磨損。

燃油泵將燃油從燃油濾清器中吸出並以高壓方式輸送至燃油供油管

路。如圖 9-2-73 所示。

　　燃油溫度傳感器所紀錄的燃油溫度是用來提供給引擎控制電腦。

　　泵式噴油嘴，是引擎控制電腦作動的電磁閥。同時，亦作爲控制噴射正時與噴油量之用。

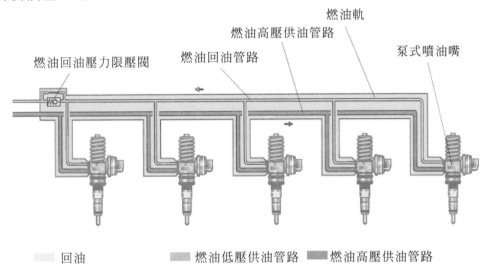

⊛ 圖 9-2-73　VAG 單體式油泵柴油噴射燃料系統

二、燃油泵

　　燃油泵與內齒輪泵的作動方式相同。下列個別圖列中 A、B、C 標示的部份就是燃油在泵內流動的情形。

　　而燃油供應路徑上的壓力控制閥會調節燃油壓力。

　　當引擎轉速在 4000rpm 時，其內部的燃油壓力最高可達 11.5bar。

　　位於燃油供油路徑上的壓力控制閥，會將回油壓力保持在大約 1bar。

　　如此一來，即確保單式噴油嘴電磁閥獲得相同且平均分配的燃油壓力。如圖 9-2-74、75、76 所示。

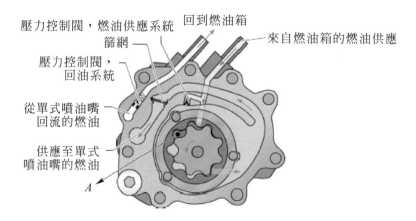

壓力控制閥，燃油供應系統
篩網
壓力控制閥，
回油系統
從單式噴油嘴
回流的燃油
供應至單式
噴油嘴的燃油
回到燃油箱
來自燃油箱的燃油供應
A

❀ 圖 9-2-74　燃油泵作用之一

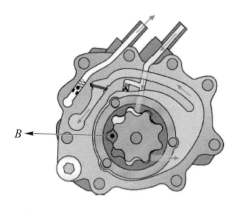

B

❀ 圖 9-2-75　燃油泵作用之二

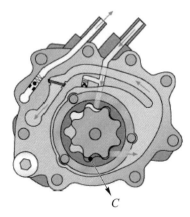

C

❀ 圖 9-2-76　燃油泵作用之三

三、噴油嘴電磁閥

(一) 噴射階段之控制

　　新的壓電閥開關大約是以前電磁閥的 4 倍快，現在可以做到在每一個噴射階段將閥門關閉後，再打開它。這可使各個噴射階段更精確的控制與更有彈性的噴射量控制。如圖 9-2-77 所示。

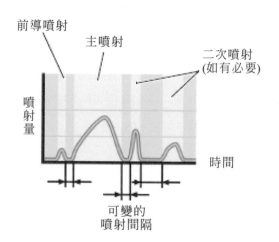

前導噴射
主噴射
二次噴射
(如有必要)
噴射量
時間
可變的
噴射間隔

❀ 圖 9-2-77　噴射階段之控制

(二) 噴射壓力

每一個噴射階段的噴射壓力皆不同。例如,前導噴射階段需要比較低的噴射壓力,而主噴射階段則需要非常高的噴射壓力。更廣泛的壓力控制範圍(130-2200bar)可使廢氣排放的水準提升且性能更佳。如圖 9-2-78 所示。

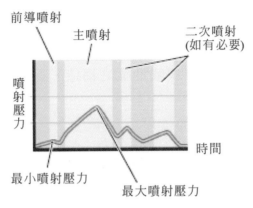

🌀 圖 9-2-78 噴射壓力之變化

(三) 噪音減低

典型的噪音產生,是於引擎怠速運轉時由單式噴油嘴產生而非燃燒所產生。這些噪音是因為在單式噴油嘴內快速、大範圍的壓力改變而產生,經由單式噴油嘴的驅動機構傳播到引擎。

現在,壓力的變化能被更快速和更精確的壓電閥控制而將噪音降低。

控制非常精確的壓電閥可控制各個噴射時期的壓力建立和降低。

因較小的柱塞泵直徑使得傳動裝置傳遞的機械噪音降低。需要驅動單式噴油嘴的動力也因此較低。

(四) 效率提升

在此情況下，較高的效率意味著需要較小的驅動力及較低的燃油消耗。省掉高壓室和輔助壓縮活塞可提高效率。

這種設計可以減少高壓燃油體積，只需要 6.35mm 的泵柱塞直徑即可產生所需要的噴射量。

四、電磁閥單式噴油嘴

圖 9-2-79 所示為電磁閥單式噴油嘴之構造，不需要高壓室，泵柱塞直徑 8mm。

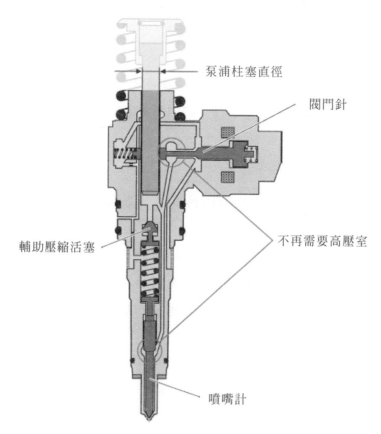

⊕ 圖 9-2-79　電磁閥單式噴油嘴

五、壓電單式噴油嘴

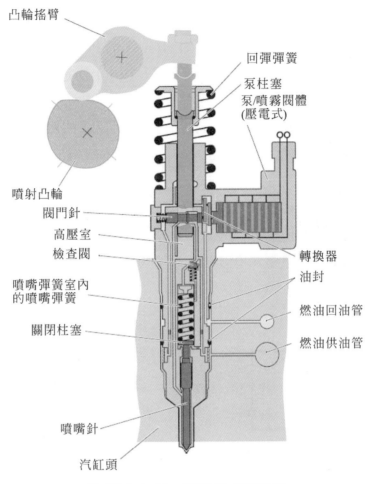

凸輪搖臂

回彈彈簧

泵柱塞
泵/噴霧閥體
(壓電式)

噴射凸輪

閥門針

高壓室

檢查閥

轉換器

油封

噴嘴彈簧室內
的噴嘴彈簧

燃油回油管

關閉柱塞

燃油供油管

噴嘴針

汽缸頭

⊛ **圖 9-2-80　壓電單式噴油嘴**

(一) 壓電式噴油嘴概說

　　在新單式噴油嘴上最重要的特點就是壓電閥，它取代了以前所用的電磁閥。壓電閥有較高的開關速率且行程可由供應電壓控制。在泵筒中由一個有外殼和接頭的壓電作動器、轉換器和閥門針構成。

(二) 壓電致動器

壓電致動器 Piezo(希臘語) = 壓力

壓電效應實際上已廣泛應用於感知器(sensor)上。壓力作用再壓電源鍵上會產生一個可被測量的電壓。這是一種水晶(crystal)構造的反應，稱為壓電效應。

但是應用於壓電致動器(actuator)時，是利用反向的壓電效應。

也就是說，將電壓作用在壓電元件上，水晶結構的長度會改變。如圖9-2-81、82 所示。

壓電元件的長度變化和作用的電壓成正比。即壓電元件(或稱壓電致動器)的長度變化，能由電壓控制。

壓電致動器的控制電壓是在 100V 和 200V。如圖 9-2-83 所示。

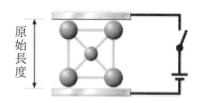

✪ 圖 9-2-81　沒有電壓之壓電元件

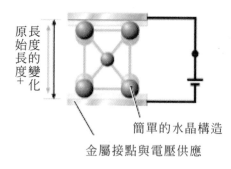

金屬接點與電壓供應

✪ 圖 9-2-82　有電壓之壓電元件

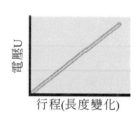

✪ 圖 9-2-83　壓電元件長度變化

電壓作用在大約 0.08mm 厚的壓電元件上，其厚度變化只有 0.15%。

若要達到大約 0.04mm 的最大致動器行程，必須堆疊數個壓電元件。在此壓電晶體堆中，個別的壓電元件則由金屬接觸板分開(電壓供應)。壓電堆與壓力板組成壓電作動器。圖 9-2-84 所示為壓電作動器示意圖。

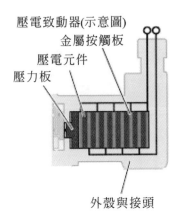

❀ 圖 9-2-84　壓電作動器示意圖

(三)轉換器

壓電致動器只有大約 0.04mm 的行程。但是閥針需要的致動行程大約是 0.1mm。為達到此需要的行程，就需使用槓桿原理的轉換器。

如果壓電致動器沒有激活，則轉換器將在原始的位置。閥針由閥針彈簧開通。圖 9-2-85 所示為壓電致動器在原始位置圖。

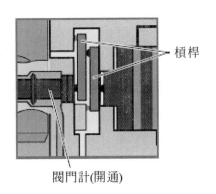

❀ 圖 9-2-85　壓電致動器在原始位置

如果壓電致動器供電激活,則壓力板將壓下轉換器。由於槓桿原理,壓電致動器行程被放大到約 0.1mm。

　　此時閥針被封閉,噴射壓力開始建立。圖 9-2-86 所示壓電致動器在作動情形。

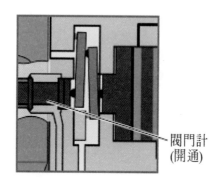

閥門計
(開通)

❀ 圖 9-2-86　壓電致動器在作動

(四) 噴嘴彈簧室

　　噴嘴彈簧室包含噴嘴彈簧,它負責封閉噴嘴並預防噴油階段提早開始。但是噴嘴彈簧力(噴嘴針口的封閉力)的需求非常不同。例如,噴嘴針口需要在前導噴射時以低燃油壓力打開,而且能夠在主噴射階段在高燃油壓力情況下再度打開。

　　此外,噴嘴針口應該在噴射階段結束後非常快速地封閉。為符合這些不同的噴嘴彈簧力要求,噴嘴彈簧在主噴射過程中需要藉助於噴嘴彈簧室中的高燃油壓力支援。此支援是由檢查閥和關閉柱塞提供。

(五) 單向閥

　　在每一噴射階段結束時,噴嘴彈簧室內充滿了高壓燃油。此壓力會推開單向閥,燃油就會流回供油管而壓力即被釋放,然後由進油節流口保持住壓力。在單向閥被高壓燃油打開的同時,也開通了通往噴嘴彈簧室的通道。圖 9-2-87 所示為單向閥開啟情形。

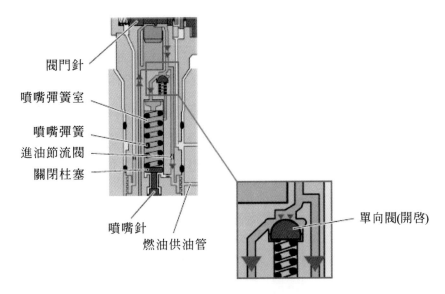

◈ 圖 9-2-87　單向閥開啟

　　燃油壓力在燃油供油管中被降低。單向閥再燃油壓力下降到一程度時又會封閉。此時燃油壓力可以在噴嘴彈簧室中維持住。圖 9-2-88 所示為檢查閥關閉情形。

(六)關閉柱塞

1. 關閉噴射嘴針口

　　當一噴射階段完成時，噴嘴彈簧室充滿了高壓燃油。此高壓燃油會支援噴嘴彈簧幫忙封閉噴嘴針柱塞。快速地封閉噴嘴針口在廢氣排放上面有正面的影響，而且運用在電磁閥的單式噴油嘴中的輔助活塞已不再需要。圖 9-2-89 所示為關閉噴嘴針口情形。

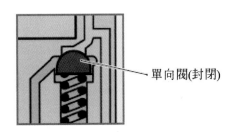

◈ 圖 9-2-88　單向閥關閉

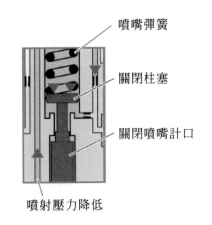

◈ 圖 9-2-89　關閉噴嘴針口

2.　噴嘴針打開

在完成該噴射時期之後，維持在噴嘴彈簧室中的燃油壓力，將
會影響下個噴射時期。

高燃油壓力也支援噴嘴彈簧並因此預防噴嘴針口太早開啓。

噴射階段以高噴射壓力開始。

在主噴射階段時期，高噴射壓力對於燃燒和排放廢氣的行程特
別重要。

圖 9-2-90 所示為噴嘴針打開情形。

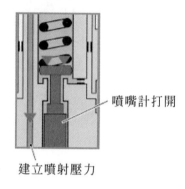

噴嘴計打開

建立噴射壓力

　　🌏 圖 9-2-90　噴嘴針打開

(七) 壓力降低

　　然而，前導噴射階段需要一個較低的噴射壓力。因此，在一個噴射循環
(前導時期、主噴射時期與二次噴射時期)之後，需降低在噴嘴彈簧室中的燃
油壓力。這是藉由關閉柱塞上的洩漏口達成。燃油壓力在兩次噴射循環之間
被降低，噴嘴彈簧不再受支援，使前導噴射階段能夠在較低的噴射壓力中開
始。如圖 9-2-91 所示，關閉柱塞上的洩漏口來降壓。

關閉柱塞上的洩漏口

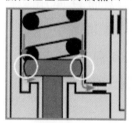

　　🌏 圖 9-2-91　柱塞上的洩漏口

(八) 前導噴射階段

1.　高壓室充填行程

噴射凸輪的轉動與凸輪搖臂的向上運動，使得回彈簧將泵柱塞向上拉動。

特殊的噴射凸輪外型會讓柱塞緩慢的向上運動。

高壓室被擴大。

壓電閥未激活，閥門針是開通的。高壓室經由燃油供油管充滿燃油。圖 9-2-92 所示為高壓室的充填行程。

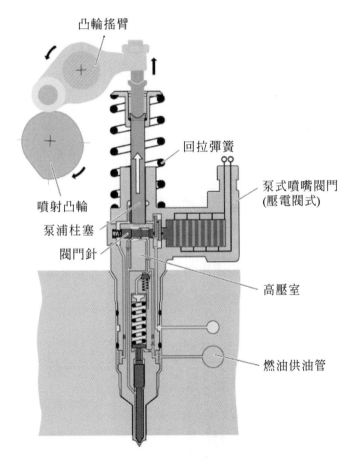

凸輪搖臂

回拉彈簧

泵式噴嘴閥門
(壓電閥式)

噴射凸輪

泵浦柱塞

閥門針

高壓室

燃油供油管

⚙ 圖 9-2-92　高壓室的充填行程

2. 前導噴射開始

噴射凸輪滾動並透過搖臂以高速下壓泵柱塞。

在壓電閥作用前,燃油會被推回燃油供油管中。一但壓電閥激活而封閉閥門針,燃油被壓縮則開始建立壓立。當壓力大到 130bar 以上時,噴嘴針上的燃油壓力即會大於噴嘴彈簧的力量。噴嘴針被推高,前導噴射階段開始。

如圖 9-2-93 所示。

噴嘴針的減震與電磁閥式單式噴油嘴的方式完全一樣。

在前導噴射階段期間,噴嘴針的運動被噴嘴針和噴嘴管之間的液壓限流限制住。因此,前導噴射階段中噴嘴針的開啓行程被限制住,而容許精確的小噴射量注入。

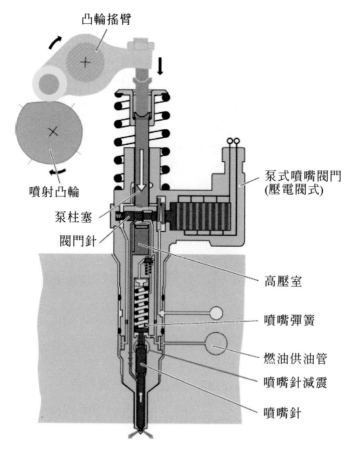

🌍 圖 9-2-93　前導噴射開始

3. 前導噴射階段結束

前導噴射階段結束時壓電閥不激活，因此閥門針開通。燃油壓力因為流回燃油供油管中而降低，然後噴嘴針口被噴嘴彈簧封閉。

燃油壓力會被流回供油管處的節流閥限制而持續緩降，此持續降低的燃油壓力經由開通的單向閥仍會支援噴嘴彈簧。如圖9-2-94 所示為前導噴射階段結束。

凸輪持續下壓高壓燃油柱塞，因此可以加速封閉噴嘴針口。

依照引擎運轉的模式，引擎控制電腦能在每一次的噴射循環中觸發一個或兩個前導噴射階段。

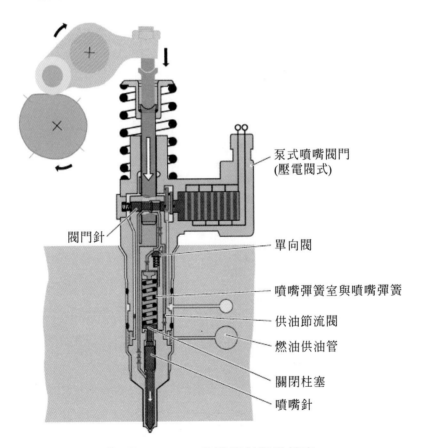

　泵式噴嘴閥門
　(壓電閥式)

閥門針

單向閥

噴嘴彈簧室與噴嘴彈簧

供油節流閥

燃油供油管

關閉柱塞

噴嘴針

✦ 圖 9-2-94　前導噴射階段結束

(九) 主噴射階段

1. 主噴射階段開始

由於凸輪的運轉泵柱塞仍持續往下移動。一但閥門針封閉，燃油壓力會再次建立，然後主噴射階段開始。爲確保噴嘴針只能在高壓中開啓，噴嘴室中的燃油壓力會支援噴嘴彈簧。圖9-2-95 所示爲主噴射階段開始情形。

在前導噴射之後，噴射室中的單向閥會封閉以維持油壓，此維持的壓力會抵住柱塞。

在最大引擎輸出時，噴射壓力提高到 2,200bar。

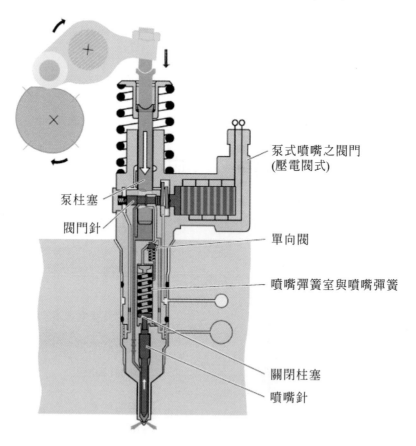

泵柱塞

閥門針

泵式噴嘴之閥門
(壓電閥式)

單向閥

噴嘴彈簧室與噴嘴彈簧

關閉柱塞

噴嘴針

⊛ 圖 9-2-95　主噴射開始

2. 主噴射階段結束

　　當閥門針開通時主噴射階段結束。在噴嘴彈簧室中的高壓燃油會導通到供油管中因而降低。

　　噴嘴針口被噴嘴彈簧和關閉柱塞封閉。圖 9-2-96 所示為主噴射階段結束情形。

　　噴油嘴冷卻的方式和電磁閥式單式噴油嘴一樣。當燃油進入噴油嘴時會先被節流然後再流入回流閥，同時滲漏到外殼的燃油也一併流入回油管。

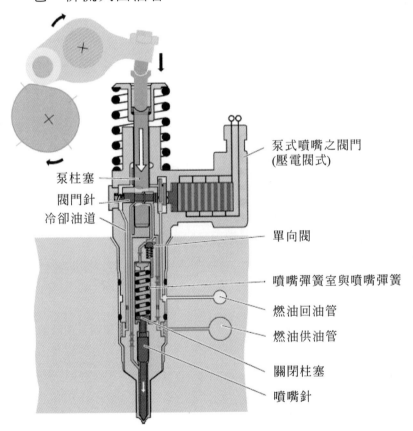

泵式噴嘴之閥門
(壓電閥式)

泵柱塞
閥門針
冷卻油道

單向閥

噴嘴彈簧室與噴嘴彈簧

燃油回油管

燃油供油管

關閉柱塞

噴嘴針

🛞 圖 9-2-96　主噴射階段結束

(十) 二次噴射階段

1. 二次噴射階段開始

以下將說明二次噴射階段。實際上，至少有兩次的二次噴射，但都是相同的原理。

二次燃油噴射只有系統要求再生黑煙微粒過濾器時才被觸發。圖 9-2-97 所示為二次噴射開始情形。

凸輪的轉動會讓泵柱塞繼續向下移動，一旦閥門針封閉而且到達噴嘴開啟壓力後，二次噴射階段開始。

二次噴射階段的運作與主噴射階段相似。唯一不同的是噴射量可能比較少，因為噴射時間比較短。

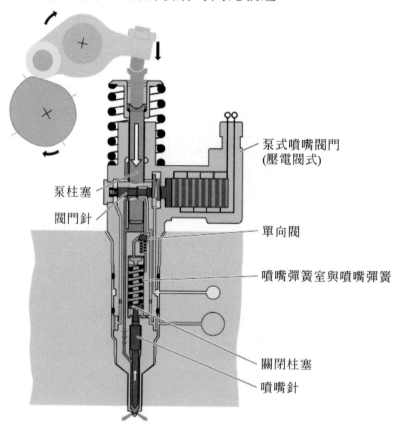

泵式噴嘴閥門
(壓電閥式)

泵柱塞

閥門針

單向閥

噴嘴彈簧室與噴嘴彈簧

關閉柱塞

噴嘴針

🌐 圖 9-2-97　二次噴射階段開始

2. 二次噴射階段結束

　　當閥門針開通時，二次噴射階段結束。高燃油壓力降低然後噴嘴針口封閉。此時，單向閥開通，高燃油壓力再次建立在噴嘴彈簧室。為確保下次噴射時能夠再次在低油壓下進行，高壓燃油需從噴嘴彈簧室洩出。

　　藉由封閉柱塞上的洩漏口，可以在個別噴射循環間有足夠的時間讓燃油流回供油管。

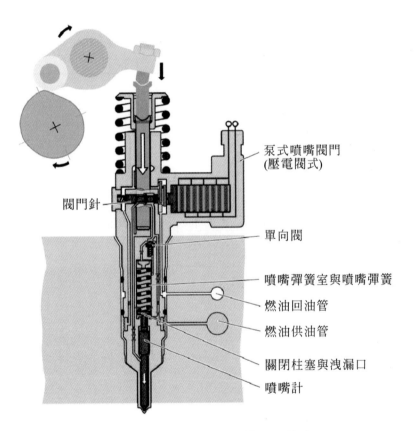

泵式噴嘴閥門
(壓電閥式)

閥門針

單向閥

噴嘴彈簧室與噴嘴彈簧

燃油回油管

燃油供油管

關閉柱塞與洩漏口

噴嘴計

🌐 圖 9-2-98　二次噴射階段結束

六、技術資料概要

	壓電閥式單式噴油嘴 (PPD1.1)	電磁閥式單式噴油嘴 (PEDP2)
泵柱塞直徑(mm)	6.35	8.0
最小噴射壓力(bar)	130	160
最大噴射壓力(bar)	2200	2050
可能的前導噴射次數	0-2(可變的)	1(固定的)
可能的二次噴射次數	0-2(可變的)	0 或 2
在前導、主要和二次噴射之間的間距(曲軸角度)	>6(可變的)	大約 6～10(固定的)
前導噴射量(mm)	任何(>大約 0.5)	大約 1～3
前導噴射的控制	壓電閥(電子式)	輔助壓縮活塞(機械/液壓)
主噴射壓力的提升方式	關閉柱塞、檢查閥	輔助壓縮活塞

國家圖書館出版品預行編目資料

現代汽車引擎 / 黃靖雄.初郡恩編著. -- 三版.
-- 新北市：全華圖書.2017.09
面 ； 公分
ISBN 978-986-463-621-1(平裝)
1. 引擎 2. 汽車維修
447.121 106013645

現代汽車引擎

作者 / 黃靖雄、初郡恩

發行人 / 陳本源

執行編輯 / 蔣德亮

封面設計 / 楊昭琅

出版者 / 全華圖書股份有限公司

郵政帳號 / 0100836-1 號

印刷者 / 宏懋打字印刷股份有限公司

圖書編號 / 0277102

三版二刷 / 2018 年 04 月

定價 / 新台幣 520 元

ISBN / 978-986-463-621-1 (平裝)

全華圖書 / www.chwa.com.tw

全華網路書店 Open Tech / www.opentech.com.tw

若您對書籍內容、排版印刷有任何問題，歡迎來信指導 book@chwa.com.tw

臺北總公司(北區營業處)
地址：23671 新北市土城區忠義路 21 號
電話：(02) 2262-5666
傳真：(02) 6637-3695、6637-3696

中區營業處
地址：40256 臺中市南區樹義一巷 26 號
電話：(04) 2261-8485
傳真：(04) 3600-9806

南區營業處
地址：80769 高雄市三民區應安街 12 號
電話：(07) 381-1377
傳真：(07) 862-5562

歡迎加入 全華會員

● 會員獨享
會員享購書折扣、紅利積點、生日禮金、不定期優惠活動…等。

● 如何加入會員
掃 QRcode 或填妥讀者回函卡直接傳真 (02) 2262-0900 或寄回，將由專人協助登入會員資料，待收到 E-MAIL 通知後即可成為會員。

如何購買 全華書籍

1. 網路購書
全華網路書店「http://www.opentech.com.tw」，加入會員購書更便利，並享有紅利積點回饋等各式優惠。

2. 實體門市
歡迎至全華門市（新北市土城區忠義路21號）或各大書局選購。

3. 來電訂購
(1) 訂購專線：(02) 2262-5666 轉 321-324
(2) 傳真專線：(02) 6637-3696
(3) 郵局劃撥（帳號：0100836-1 戶名：全華圖書股份有限公司）
※ 購書未滿 990 元者，酌收運費 80 元。

全華網路書店 www.opentech.com.tw
E-mail: service@chwa.com.tw

※ 本會員制如有變更則以最新修訂制度為準，造成不便請見諒。

親愛的讀者：

感謝您對全華圖書的支持與愛護，雖然我們很慎重的處理每一本書，但恐仍有疏漏之處，若您發現本書有任何錯誤，請填寫於勘誤表內寄回，我們將於再版時修正，您的批評與指教是我們進步的原動力，謝謝！

全華圖書 敬上

勘 誤 表

書　號			書　名	作　者
頁　數	行　數	錯誤或不當之詞句	建議修改之詞句	

我有話要說：（其它之批評與建議，如封面、內容、編排、印刷品質等．．．）

讀者回函卡

掃 QRcode 線上填寫 ▶▲●

姓名：　　　　　　生日：西元　　　年　　　月　　　日　性別：□男 □女

電話：（　　　）　　　　　　　手機：

e-mail：　　　　　　（必填）

註：數字零，請用 Φ 表示，數字 1 與英文 L 請另註明並書寫端正，謝謝。

通訊處：□□□□□

學歷：□高中・職 □專科 □大學 □碩士 □博士

職業：□工程師 □教師 □學生 □軍・公 □其他

學校/公司：　　　　　　　科系/部門：

・需求書類：

□A. 電子 □B. 電機 □C. 資訊 □D. 機械 □E. 汽車 □F. 工管 □G. 土木 □H. 化工 □I. 設計

□J. 商管 □K. 日文 □L. 美容 □M. 休閒 □N. 餐飲 □O. 其他

・本次購買圖書為：　　　　　　　書號：

・您對本書的評價：

封面設計：□非常滿意 □滿意 □尚可 □需改善，請說明

內容表達：□非常滿意 □滿意 □尚可 □需改善，請說明

版面編排：□非常滿意 □滿意 □尚可 □需改善，請說明

印刷品質：□非常滿意 □滿意 □尚可 □需改善，請說明

書籍定價：□非常滿意 □滿意 □尚可 □需改善，請說明

整體評價：請說明

・您在何處購買本書？

□書局 □網路書店 □書展 □團購 □其他

・您購買本書的原因？（可複選）

□個人需要 □公司採購 □親友推薦 □老師指定用書 □其他

・您希望全華以何種方式提供出版訊息及特惠活動？

□電子報 □DM □廣告 （媒體名稱　　　　　）

・您是否上過全華網路書店？（www.opentech.com.tw）

□是 □否 您的建議

・您希望全華出版哪方面書籍？

・您希望全華加強哪些服務？

感謝您提供寶貴意見，全華將秉持服務的熱忱，出版更多好書，以饗讀者。

填寫日期：　　/　　/

2020.09 修訂